EUROPE 欧洲风 春夏流行毛衫编织60款

日本宝库社 编著　梦工房 译

河南科学技术出版社
·郑州·

图书在版编目（CIP）数据

欧洲风春夏流行毛衫编织60款/日本宝库社编著；梦工房译. —郑州：河南科学技术出版社, 2013.6（2022.7重印）

ISBN 978-7-5349-6306-3

Ⅰ.①欧… Ⅱ.①日… ②梦… Ⅲ.①毛衣—编织—图解 Ⅳ.①TS941.763-64

中国版本图书馆CIP数据核字（2013）第091608号

出版发行：河南科学技术出版社

地址：郑州市郑东新区祥盛街27号　　邮编：450016

电话：（0371）65737028　　65788613

网址：www.hnstp.cn

策划编辑：刘　欣

责任编辑：张　培

责任校对：柯　姣

封面设计：张　伟

责任印制：张艳芳

印　　刷：河南新华印刷集团有限公司

经　　销：全国新华书店

开　　本：889 mm × 1194 mm　1/16　　印张：10　　字数：250千字

版　　次：2013年6月第1版　　2022年7月第2次印刷

定　　价：69.00元

如发现印、装质量问题，影响阅读，请与出版社联系并调换。

目录

Handwork Knit

感受手工魅力的特色编织

使用夏天不可或缺的优质编织材料。
使用棉或亚麻等材料以钩针或棒针编织精心设计的女式上衣、背心、毛线开衫等。
为了兼有手工编织的乐趣和愉悦的穿着感受，我们设计了考究的夏季编织方案。

1

这是款强调前育克和袖子颜色搭配的女式上衣。
前后身以短针和长针的条纹针边缘表现出凹凸感，还有大海一样的蓝色，夏天穿着感觉清爽无比。

编织方法：第 66 页

2

用缠绕着细细的金银丝的花色线编织而成的套头衫。大的蕾丝图案和小的蕾丝图案以绝妙的平衡感搭配在一起。环状饰边给人温柔的感觉。

编织方法：第 69 页

3

这是由三种镂空图案和下针收边织成的开襟毛衫。用等针直编享受毛线细节的变化。

编织方法：第 72 页

4

这是由三角形花片、立体花朵图案和菠萝针花样组合而成的美丽背心。使用棉、人造丝、亚麻缠绕在一起制成的柔软而有张力的花色线，有效地表现出了图案的特点。

编织方法：第 74 页

5

本款毛线开衫将细腻的细人造丝线的特性充分发挥了出来，麻花图案是其亮点。波纹状的下摆和袖口的饰边充分展现出优雅的气质。

编织方法：第 77 页

6

这是把叶子图案和正针交替编织完成的高腰开襟毛衫。单纽扣的短款设计会使人显得苗条、年轻。

编织方法：第 78 页

7

这是款菱形图案搭配绒球造型并带有装饰褶皱的开襟毛衫。小小的领子和短短的袖子营造出很可爱的感觉。

编织方法：第 81 页

8 a、b

这款蕾丝图案的短袖开衫是短款设计。即使不系扣敞开穿也极富魅力。a、b 是同样的设计，但是颜色不一样。

编织方法：第 83 页

Trend
Crochet Knit

最流行的钩针编织

执着于钩针编织潮流感的花边编织衫既适合优雅的搭配，又适合休闲的穿戴，最适合夏天穿着。休闲、度假的时候，能充分展示出个人独特的风格和魅力。

a

9 a、b

这款前后相同的四边形图案花边编织衫，带装饰穗带的下摆很漂亮。白天是轻快的 OL 风格，晚上穿上紫色款显示成人的优雅。可以有各种各样的穿法。

编织方法：第 86 页

b

10

钩针编织的扇形图案从脖子到下摆织得不密，使这件披肩有细腻的感觉，颜色的变化充满魅力。围在脖子上马上成为受欢迎的围脖。

编织方法：第 87 页

11

这款插肩开衫使用了本季很有人气的发光材料，金线的光芒增添了华丽的感觉。使用钩针精心编织出贝壳图案。袖口和下摆宽大的设计极富魅力，显得青春活泼。

编织方法：第 88 页

12

这件多色段染线编织的披肩用的是从后背中心分别向左右编织的简单手法。方眼编织和葡萄图案的细节变化有画龙点睛的作用。

编织方法：第 91 页

Natural
Knit

舒适的天然素材编织

这种凉爽、舒适的服装最适合初夏穿着。
长款、超短款的设计或 A 形都很好看。
请尽情欣赏这件有夏日感觉的作品吧。

13

这是一款用温柔的浅粉色线编织出的藤编图案无袖女式长背心。
A 形的设计很有魅力。下摆的花边给人优雅的印象。
可以在自己喜欢的地方穿入绳子作腰带，尽情享受这种打造自己独特风格的乐趣。

编织方法：第 93 页

14

下摆宽大的插肩式袖子套头衫。镂空图案和超宽的边缘设计协调统一。

前后身和袖子只用织出同样的4片就行了，非常简单。

编织方法：第96页

15

这是一款用深浅渐变的蓝色系毛线编织而成的清爽女式上衣，胸前正针编织和树叶花样搭配的细节变化很好看。

编织方法：第 85 页

16

混合材料织成的麻花图案背心通过分散减针形成 A 形外观。

前后领分别为 V 形和圆形，可以享受两种穿法的乐趣，休闲和优雅随意变化。

编织方法：第 101 页

17

这件下摆是镂空图案的长款开衫，
亮点是自然形成的扇形饰边。
超长距的段染线形成了独特的颜色
变化。

编织方法：第 104 页

18

这是有自然感觉的混色毛纱织成的蕾丝图案和麻花图案组合的迷你背心。

带系绳的领子边缘显得可爱。

编织方法：第 98 页

19

这是款正面中心为树叶图案，两侧搭配双罗纹针的 V 领毛衫。领子由前后身连续的树叶图案织成。有光泽感的珍珠纱轻薄、纤细，正适合夏天。

编织方法：第 106 页

20

这款反针编织的插肩式开衫
将线的特性发挥到极致。
下摆的镂空图案彰显可爱。

编织方法：第 108 页

Hat &
Bag

为夏日增色的帽子 & 手提包

夏天出门的时候经常会用到手工编织的帽子、手提包。
它们多由环保的天然材料制成，让我们夏天的生活更加舒适。

21 a、b

这款条纹图案的休闲手提包由短针织成，尺寸稍大，外出使用很方便。

编织方法：第 110 页

22 a、b、c

由透气性能良好的 100% 天然材料的和纸纤维制成，让夏日的着装更加凉爽。

这款有阔边的优雅帽子从顶端到边缘用短针环形编织而成。可以选择自己喜欢的颜色，充分展示自己独特的风格。

编织方法：第 109 页

b

c

23 a、b

这是由变化的枣形针织出的具有独特夏日风情的手提包。圆胖的可爱设计让拥有者显得很青春活泼，最适合休闲和约会时随身携带。

编织方法：第 111 页

a

b

Summer Chic Knit

别致的夏季毛衫

清爽又时髦的流行夏季毛衫采用钩针或棒针编织而成，不同的针法组合让花式毛线的表情变得更加丰富。

24

网眼编织使这款长款毛衣裙显得更加优雅。具有细微颜色变化的段染线带给人高雅的感受。

编织方法：第 112 页

25

正针编织巧妙利用了材料特性，前面中央部分的网眼编织为这款套头衫的亮点。领口设计成易搭配衣服的V形。

编织方法：第 114 页

26

这是款设计简约的钩针编织的背心。具有较大孔的网眼编织，是一件透气性良好且百穿不厌的小背心。

编织方法：第 116 页

a

27 a、b

这款披肩从后背中心线为起点分别向左右编织，是一件采用简单编织针法完成的作品。用有粗细变化的粗纺线来编织的话，可织成具有层次变化的披肩，尽显优雅和成熟。

编织方法：第 120 页

b

28

中央部分的蕾丝图案带来清凉感，是一件方领的短袖毛衣。领子、袖口和下摆部分的绒球荷叶边营造出优雅的感觉。

编织方法：第 122 页

29

这是一款连续编织叶子花样的夏季针织背心。清爽的淡绿色和荷叶边尽显可爱。

编织方法：第 125 页

Summer
Chic
Knit

30

这是一款具有可爱的黑莓花样并且领口有锯齿边装饰的开衫。衣服下摆和袖口的紫藤编织花样给毛衣添加了可爱元素。

编织方法：第 128 页

Fashionble Lame Knit

时尚的金银线织物

由人气材质金银线和棉、亚麻、锦纶合成的花式线织出的具传统风格的毛衫、背心等，散发出成熟女性的魅力。

31

这是一款设计简约的短袖对襟毛衣。金银毛线的光泽和荷叶饰边的组合营造出浪漫的气氛。这是一件可以充分展示成熟女性美的毛衣。

编织方法：第 124 页

32

这是一件有多层荷叶饰边的华丽圆育克毛衣，是迷人的古典风黑色款。

编织方法：第 130 页

Fashionble
Lame
Knit

33

这是一款用成熟的灰粉色系毛线编织的平翻领对襟毛衣。方块花样和双重前襟的网状花样的细节富有美感。

编织方法：第 131 页

34

这是用长间距段染线搭配金银线的花式线编织的华丽对襟毛衣。编织花样和毛衣内部方块花样的细节很典雅，也是一件必备的防寒毛衣。

编织方法：第 132 页

35

这是一款具有美丽的金银线光泽，由方眼花样编织而成的迷你背心。方眼编织具有良好的透气性，会带来清凉的感受。是一件适合外搭的背心。

编织方法：第 137 页

Fashionble
Lame
Knit

36

这是一款把不同的材料组合在一起编织的波浪状花样对襟毛衣。自然形成的衣服下摆和袖口的荷叶边是亮点。

编织方法：第 135 页

37

这是一款用具有金属光泽的毛线，由两种花样编织而成的A字连衣裙，适合与阔腿长裤搭配。再配以同材质的迷你手提包，魅力十足。

连衣裙编织方法：第140页
迷你手提包编织方法：第154页

Fashionble
Lame
Knit

Casual Knit

彰显成熟的休闲毛衫

这是适合休闲时穿着的原创毛衫，穿着舒适、轻便、优雅，适合各种不同的场合。

38

这是一款符合春夏季重叠穿衣法的法式套头衫。用钩针从肩织到衣服下摆。锦纶和亚麻混合线的自然美很有魅力。

编织方法：第 144 页

39

这是一款由交叉编织花样和小绒球花样纵向编织而成的毛衣。未经过漂白的原色毛线在夏季的阳光下闪烁，效果很美妙。

编织方法：第 146 页

40

在衣服下摆和胸前的部分稍微添加了一些亮点，是使用具有美丽光泽的棉线织出的淡蓝色的清爽七分袖对襟毛衫。

编织方法：第 147 页

41

这款较大尺寸的围巾，用棉和亚麻混合而成的细线编织而成。蕾丝花样提升了它的美感。不管是休闲装还是正式服装都容易搭配，有一种时尚美。

编织方法：第 150 页

42

这是一款用双罗纹针编织成前襟领的长背心。以简单的上针和下针编织而成，再加上超粗的条纹使得它在短时间内即可织成。长背心可以上下倒穿，是两种不同的风格。

编织方法：第 151 页

夏日时尚配饰——项链、帽子和包包

用精心编织而成的项链、帽子和包包等手织小物来扮靓自己吧！

43

按散落的小花形状编织的长项链可以增加领口部分的装饰性。

编织方法：第 152 页

a

44

用有金属光泽的毛线织成的长项链和以同样的材料编织的迷你手提包营造出可爱的气氛。

编织方法：第 153 页

45

金银线的光泽增加了迷你手提包的华丽感。这是一款在方眼花样上加入一面爆米花针的可爱小包。参加派对和旅游时都用得上。

编织方法：第 154 页

b

46 a、b、c

这款松叶花样的夏季包，用和纸纤维编织而成，给人带来清凉的感觉，是一款适合夏季携带的包。度假时可以使用大尺寸的。

编织方法：第 155 页

47

时尚的手工编织的柔软帽子可以帮你遮住夏日的阳光。用有人气的金银线与和纸纤维混合编织而成，是一款较中性的帽子。

编织方法：第 65 页

47

第 63 页

●**材料：** 作品a　和纸纤维　紫色系段染线（722）40g/1 团、绿色（754）10g/1 团，人造丝（86%）、锦纶（14%）　绿色（903）70g/3 团；作品b 和纸纤维　粉色系段染线（721）40g/1 团、米色（752）10g/1 团、人造丝（86%）、锦纶（14%）　金色（902）70g/3 团

●**工具：** 钩针 6/0 号、5/0 号

●**成品尺寸：** 头部周长 56cm，深 19cm

●**密度：** 短针 10cm 内 16 行

■**编织方法和要点：** 帽子从帽顶开始向下环形编织。帽顶锁针起针，第 1 圈的半针和内山 2 根线挑针织一半，另一侧挑起锁针 1 根线编织。第 2~15 圈参照图示边编织边加针。帽身不加减针地织短针，从第 10~16 圈配色编织。帽檐按照图示加针织 6 圈。第 7~10 圈边加减针边织短针，编织结束时引拔编织。

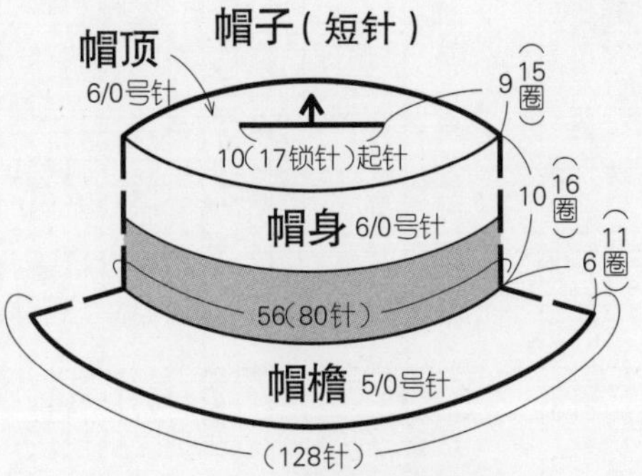

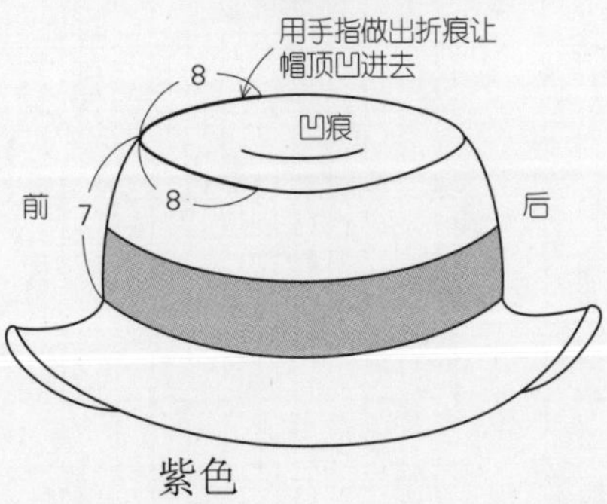

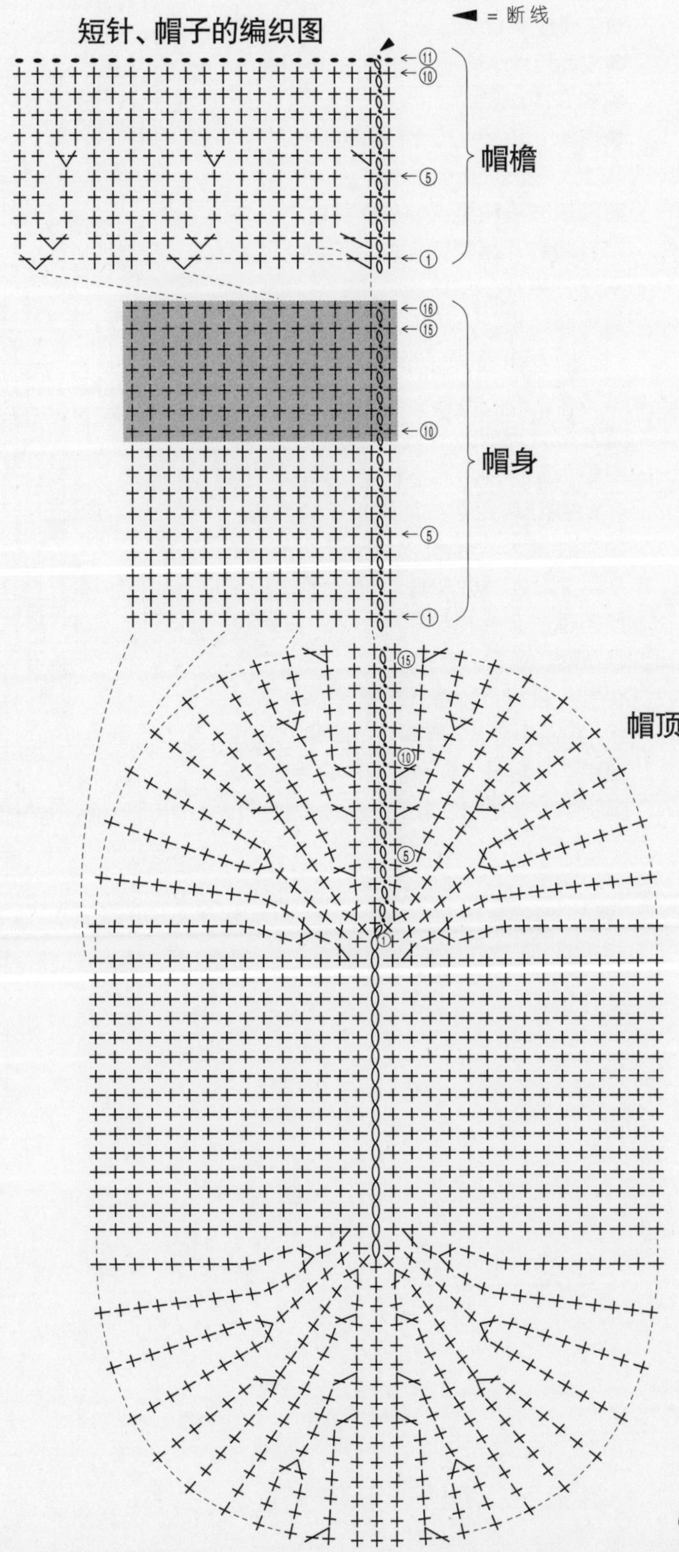

配色

	作品a		作品b	
	绿色	绿色	米色	金色
(灰色)	紫色系段染		粉红色系段染	

※所有线都是双股，两种线各1股

加针的方法

帽檐	第11圈	128针	无加减针
	⸽		
	第7圈	128针	
	第6圈	128针	+16针
	第3~5圈	112针	无加减针
	第2圈	112针	+16针
	第1圈	96针	+16针
帽身	第16圈	80针	无加减针
	⸽		
	第1圈	80针	
帽顶	第15圈	80针	+4针
	第13、14圈	76针	无加减针
	第12圈	76针	+4针
	第10、11圈	72针	无加减针
	第9圈	72针	+8针
	第8圈	64针	无加减针
	第7圈	64针	+8针
	第5、6圈	56针	无加减针
	第4圈	56针	+8针
	第3圈	48针	无加减针
	第2圈	48针	+8针
	第1圈	40针	

1

第5页

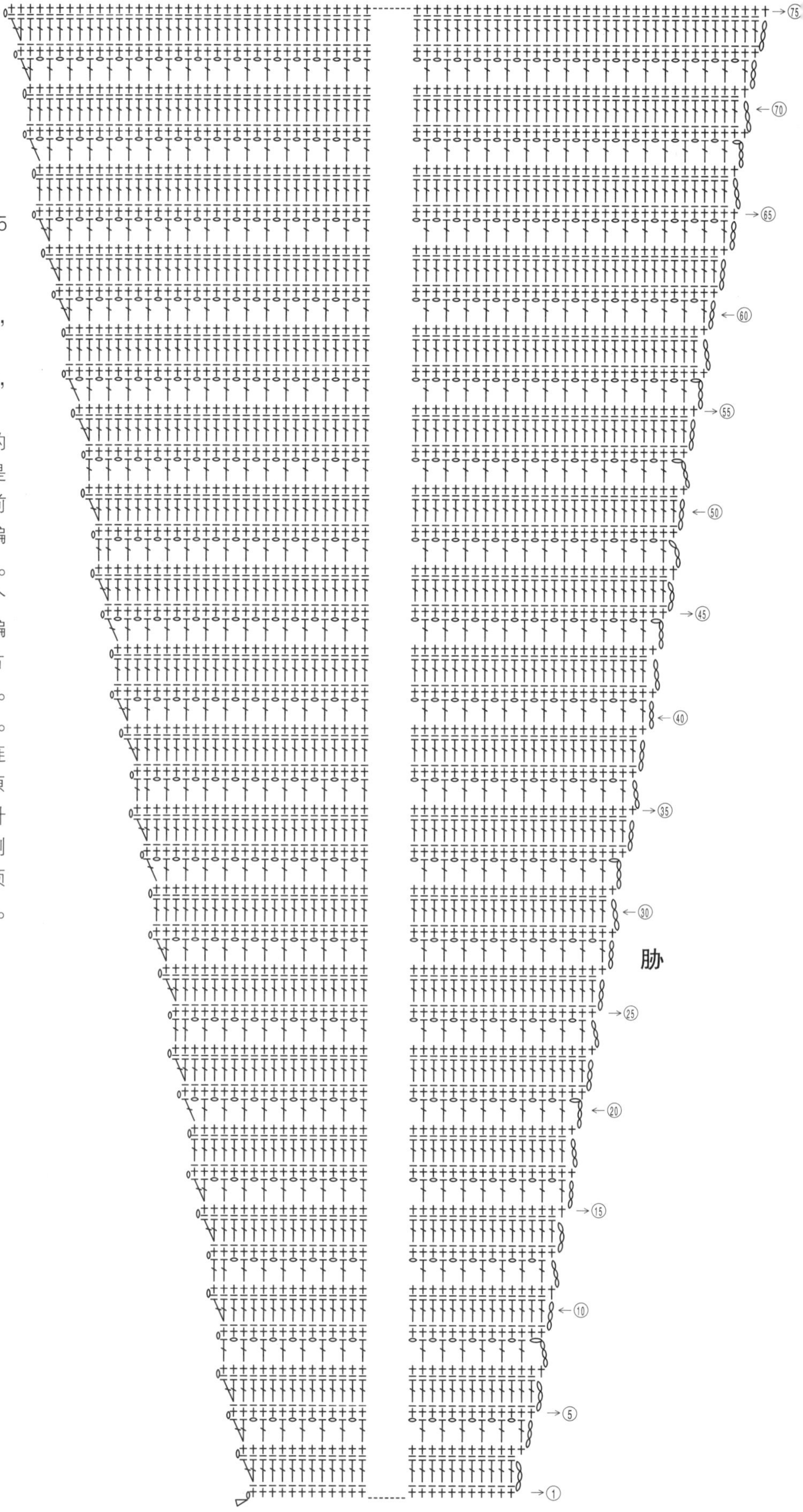

●**材料：** 棉线　深蓝色（315）365g/15团，米色（319）40g/2团

●**工具：** 钩针2/0号

●**成品尺寸：** 胸围87cm，身长75cm，袖长26.5cm

●**密度：** 10cmx10cm面积内：33针，18行，花片11cm方形

■**编织方法和要点：** 后身通过中心的锁针起针开始等针直编花样。反面是从起针的地方开始挑针。下侧是从前后身开始挑针，胁要如图所示加针编织。前身用线头环形起针编织花片。从第2个花片开始在最终行与前一个花片引拔连接。从花片开始挑针，编织胁后花样部分。下侧是从前后身片开始挑针编织花样。连接花片完成。袖子在最后一行引拔连接前后身片。从第2个花片开始在最后一行引拔连接前面的花片和前后身。下就保持原样不动。最后肩部织“2针短针、3针锁针”接缝，胁卷针缝缝合，胁下侧织“1针短针、3针锁针”接缝。后领窝织2行短针，连至前面的花片边缘。前面中心在指定位置卷针缝缝合。

编织花样

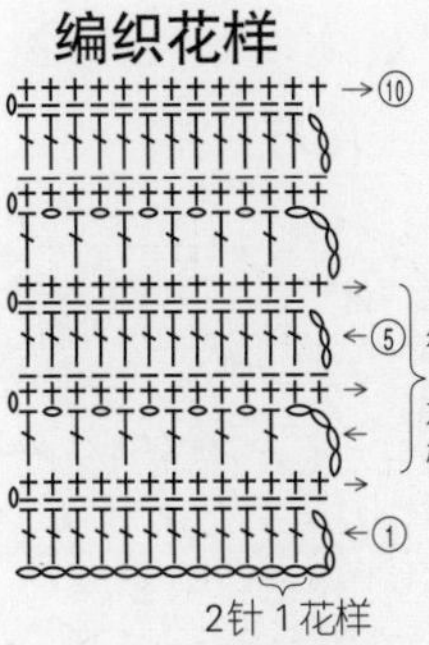

后领窝
（短针）

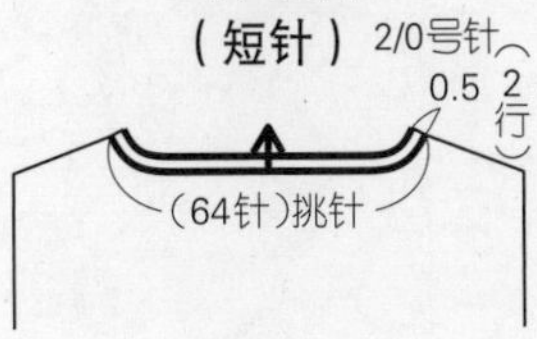

短针

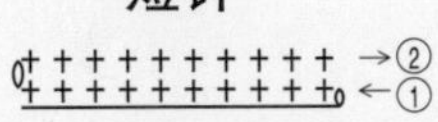

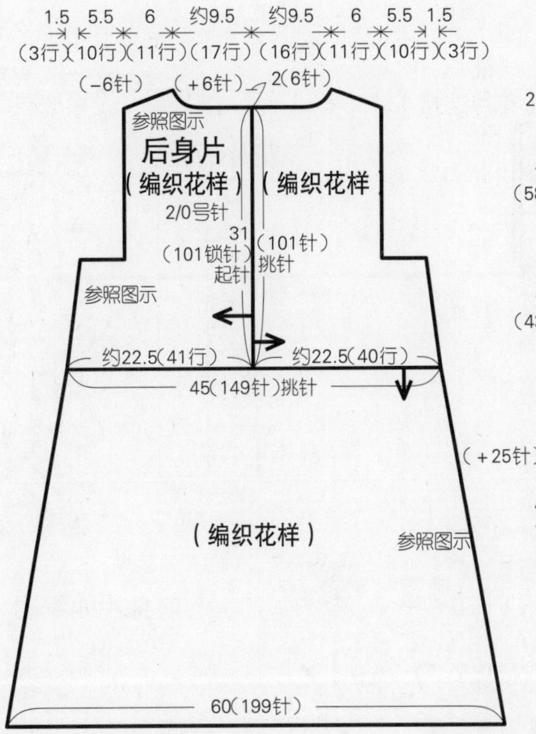

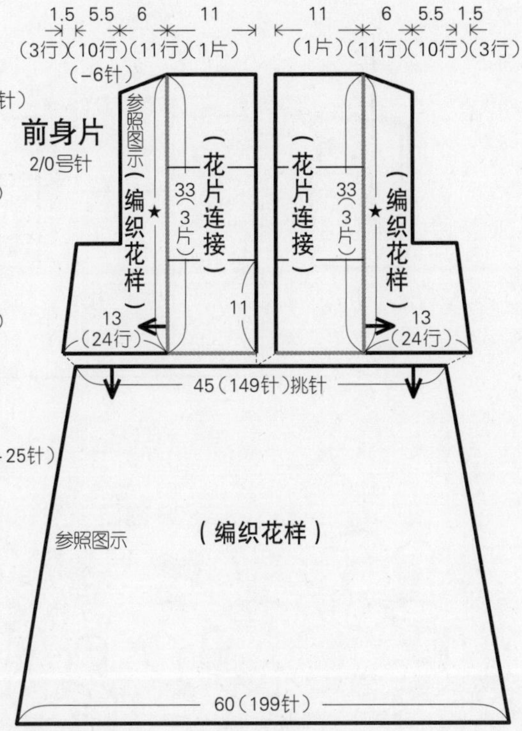

※除了指定的以外，全部都用深蓝色线编织

★ = 33（107针）挑针

— = 收边1行（第68页）

后身片编织图

± = 短针的条纹针

Ŧ = 长针的条纹针

◁ = 接线

◀ = 断线

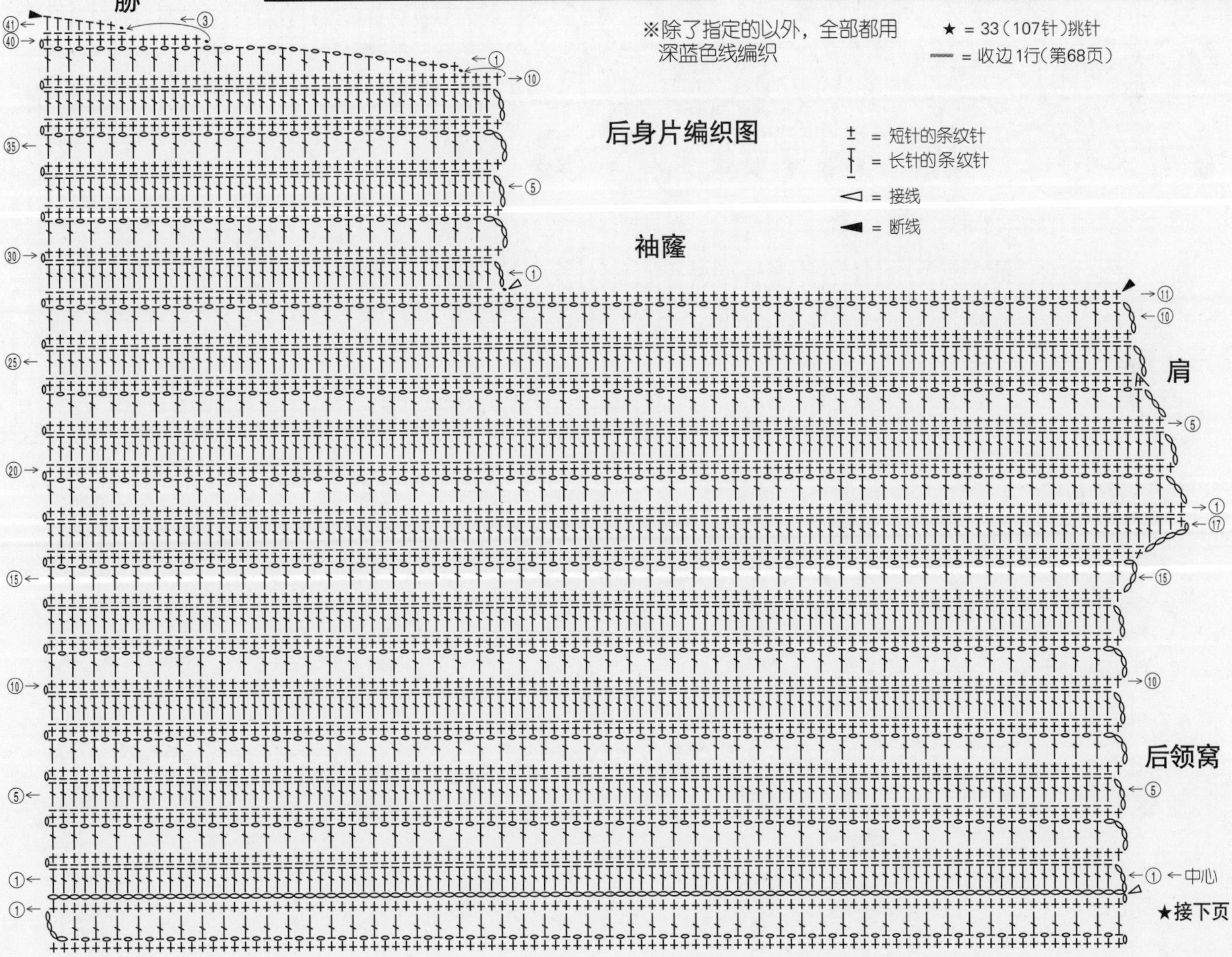

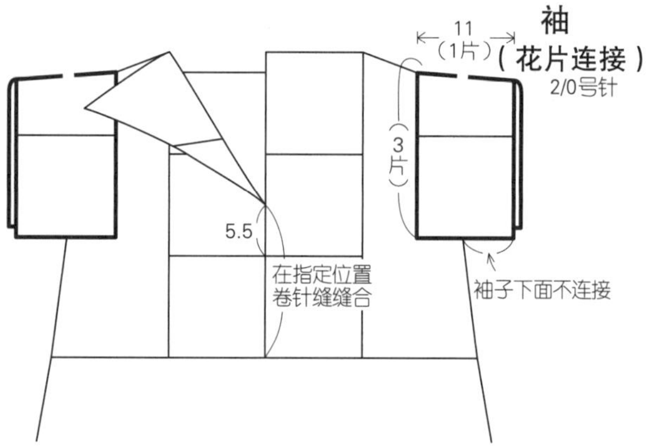

花片的配色

行	色
6行	a色
5行	b色
4行	a色
3行	
2行	b色
1行	

a色＝深蓝色
b色＝米色

花片 12片

前身片编织图

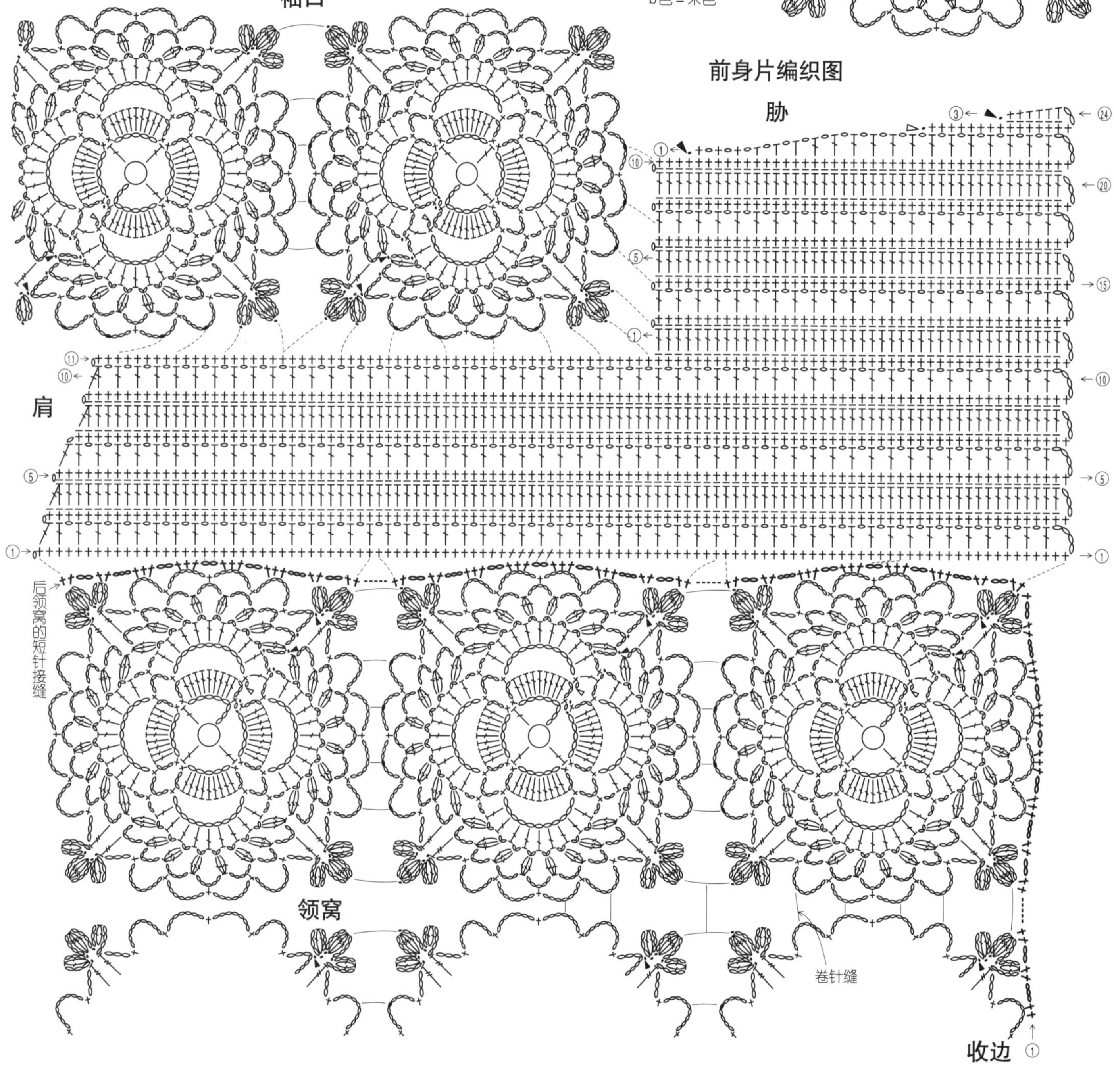

2
第6页

●**材料：** 棉（49%）、麻（47%）、锦纶（4%） 银灰色（403）240 g/6团

●**工具：** 棒针5号，钩针5/0号

●**成品尺寸：** 胸围90cm，肩背宽34cm，身长60.5cm，袖长15cm

●**密度：** 10cmx10cm面积内：正针编织25针，30行；编织花样A、B、C 24针，30行

■**编织方法和要点：** 前后身片另线锁针起针，织正针和花样A、B、C。胁立起一端1针减针，肩部引拔编织后休针，领窝、袖窿伏针收针，前身片休针，并立起一端1针减针。收边时在起针的锁针中挑针，织5行后休针。袖织花样C，袖山结束时伏针收针。组合时，肩部盖针订缝，胁、袖下接缝，下摆的收边第6行以钩针连接前后身。袖和身片引拔接缝。

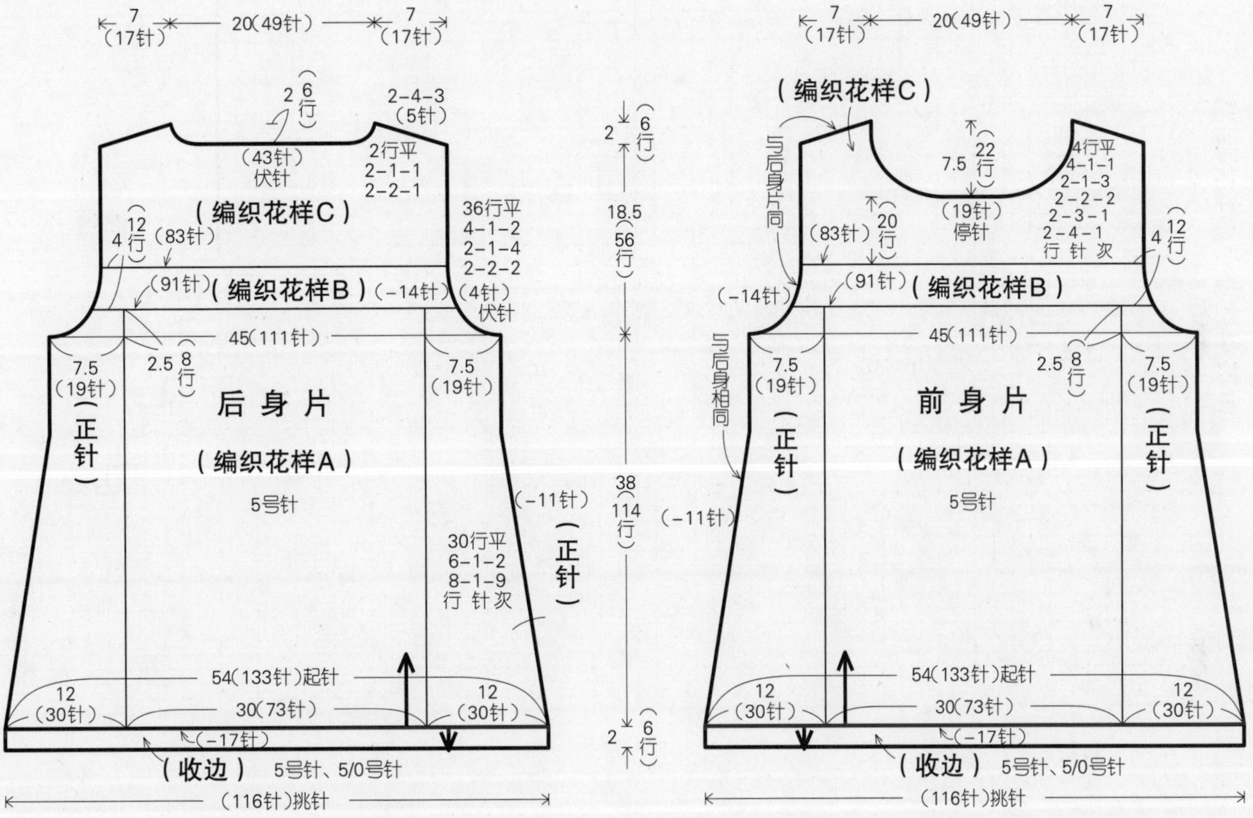

※收边的第6行是环形编织（228针）连接前后身，缝合胁

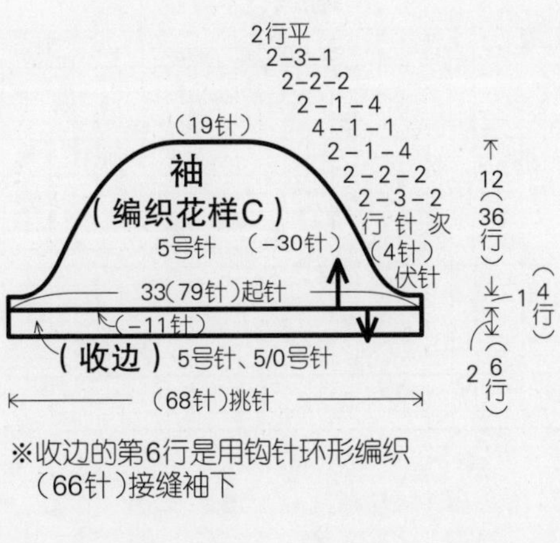

※收边的第6行是用钩针环形编织（66针）接缝袖下

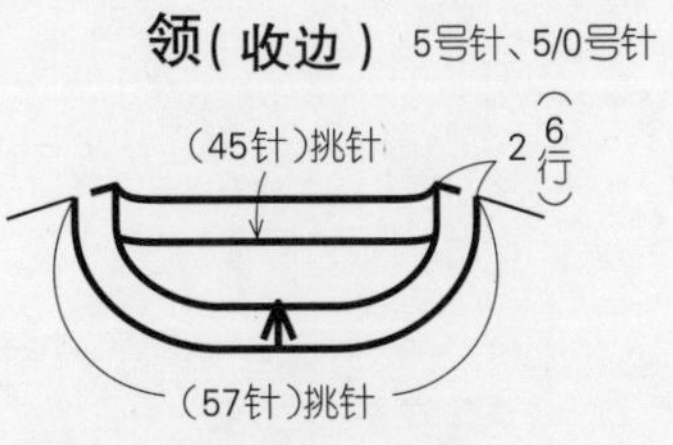

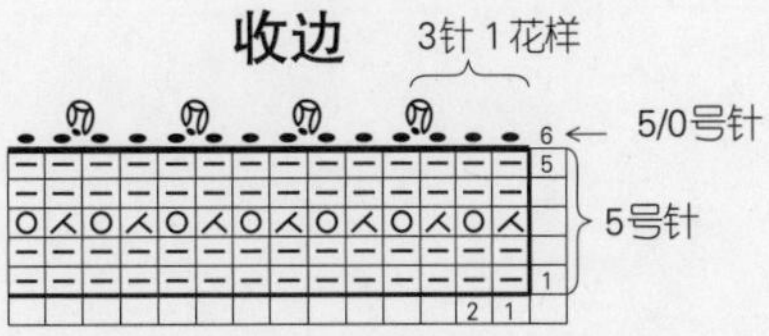

后身片编织图

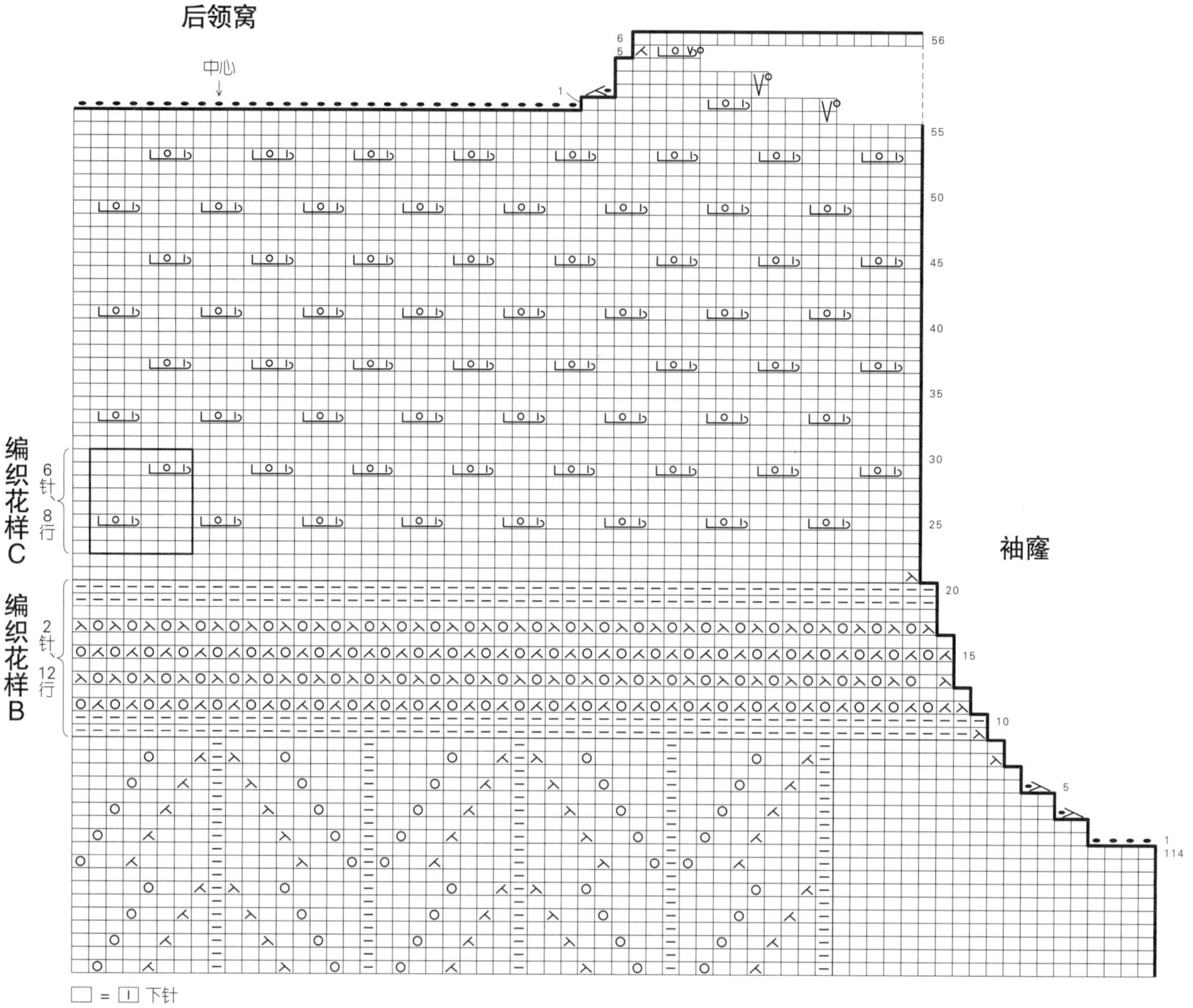

编织花样A

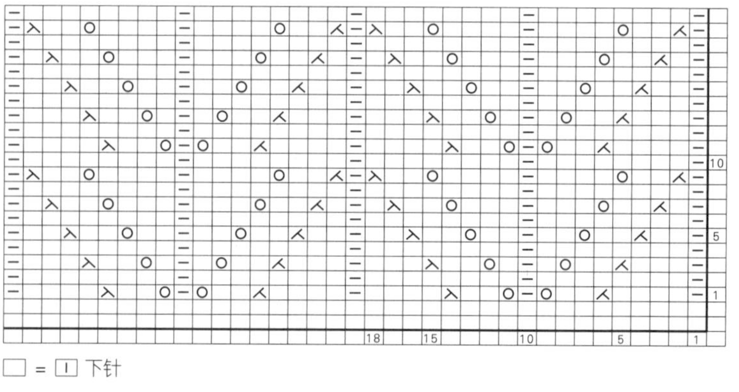

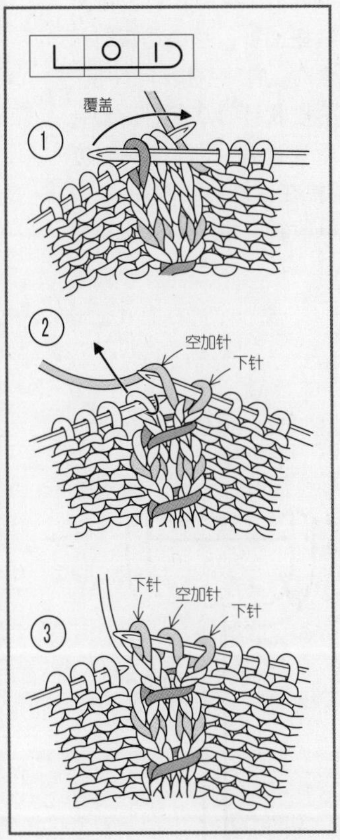

前身片编织图

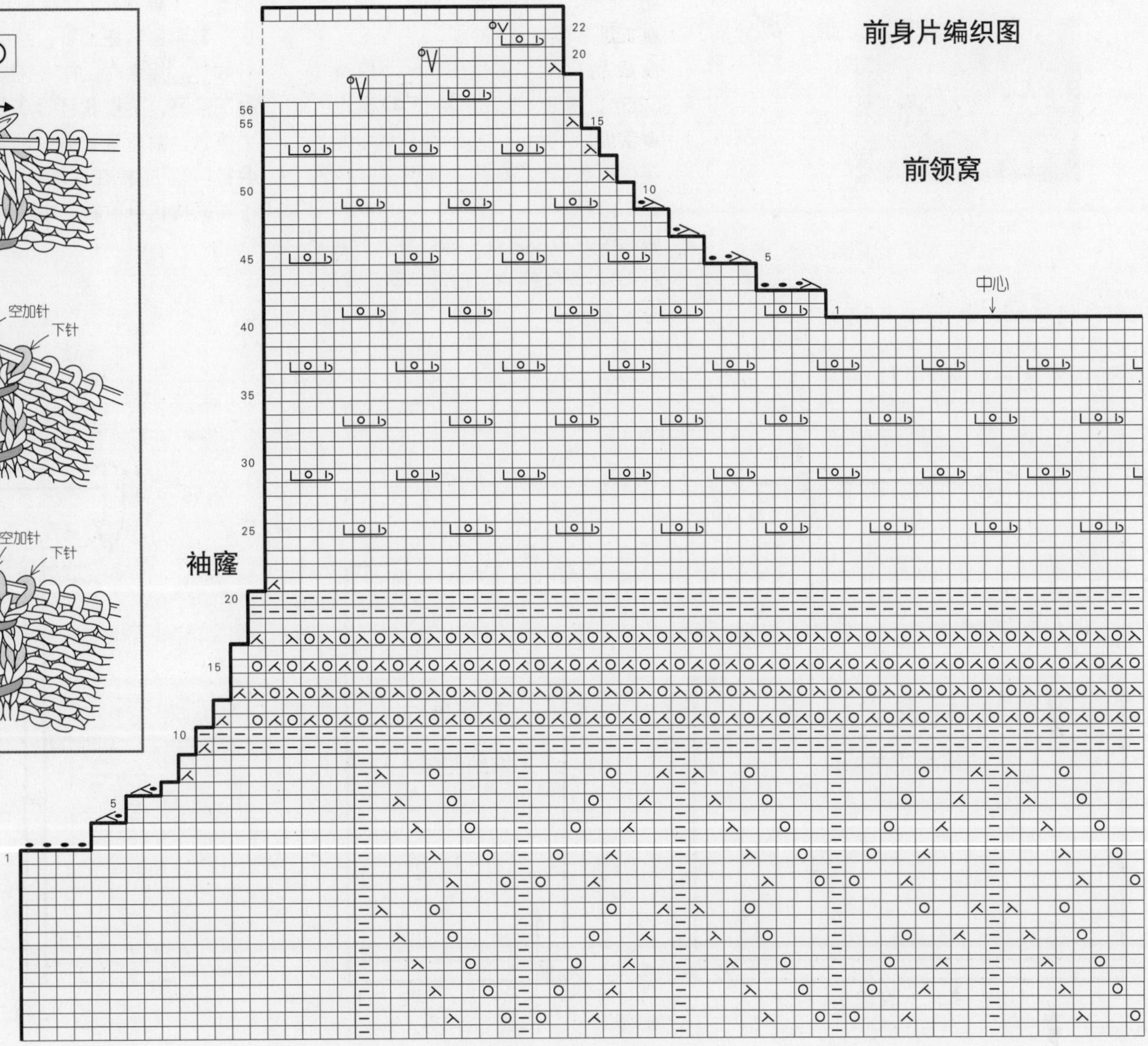

□ = ▣ 下针

袖编织图

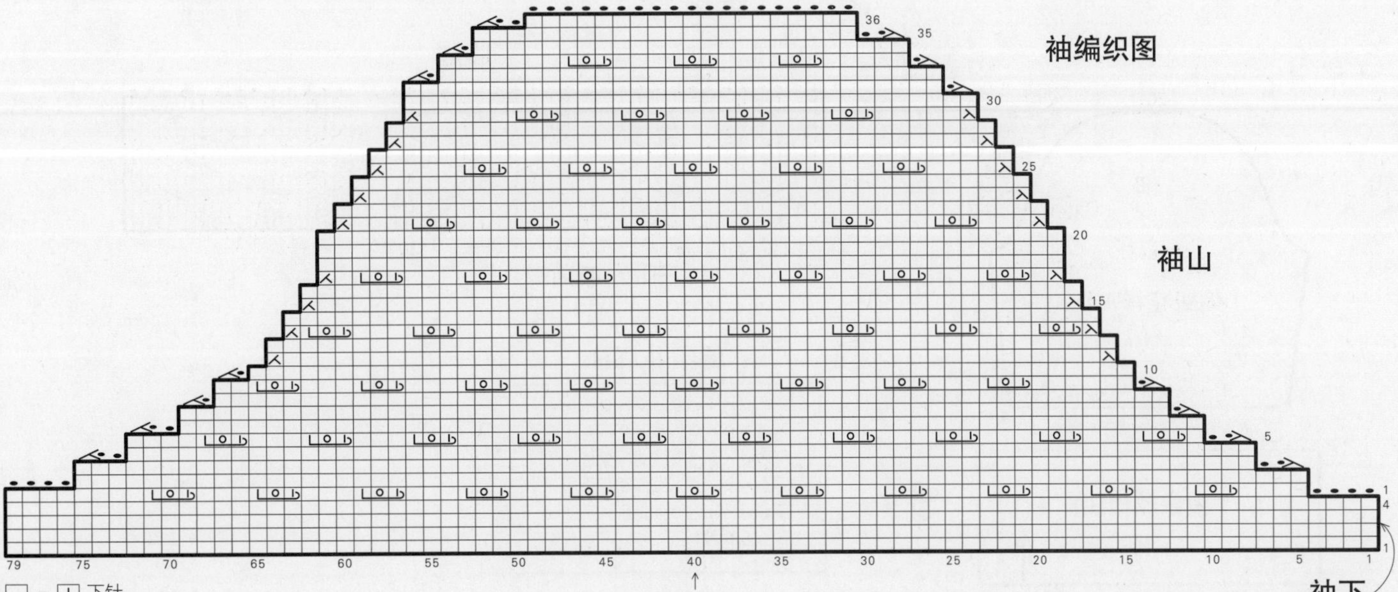

□ = ▣ 下针

3

第7页

●材料：棉线　米色（602）　290g/8团，直径2cm的纽扣1个

●工具：棒针4号

●成品尺寸：胸围94cm，肩背宽32cm，身长53cm，袖长41.5cm

●密度：10cmx10cm面积内：编织花样A 26针，36行；编织花样B 20针，38行

■编织方法和要点：前后身片另线锁针起针，织花样A。袖口和领口收针，并立起一端1针减针，肩部引拔编织后休针。袖是手指挂线起针，织花样B。在第50行分散加6针。袖下在一端内侧织扭加针，袖山结束时伏针收针。组合时，肩部引拔订缝，胁、袖下接缝，下摆收针时从起针的锁针中挑针，前后连续编织，上下针对齐收针。领、前襟在右侧织扣眼并收边，下摆同样伏针收针。袖和身片引拔接缝。

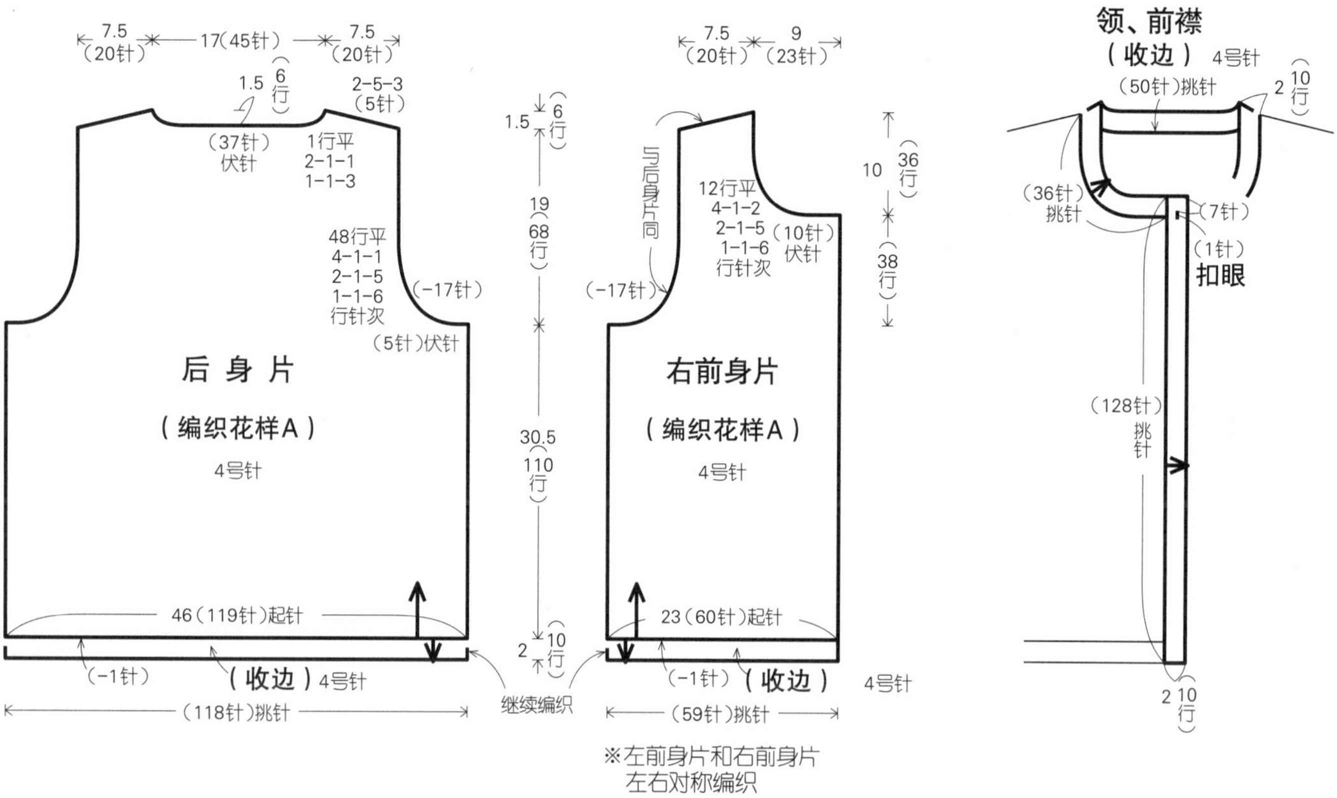

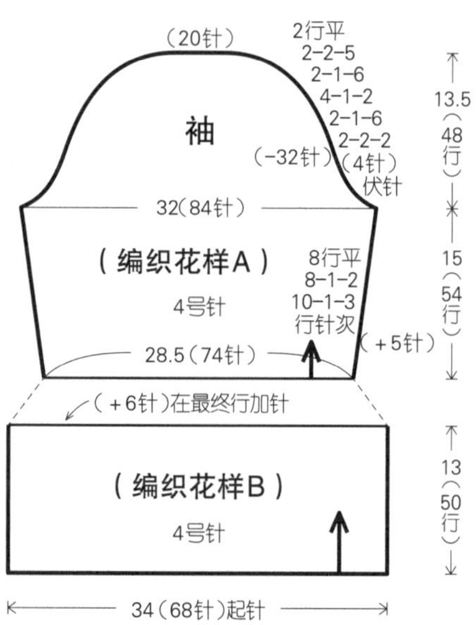

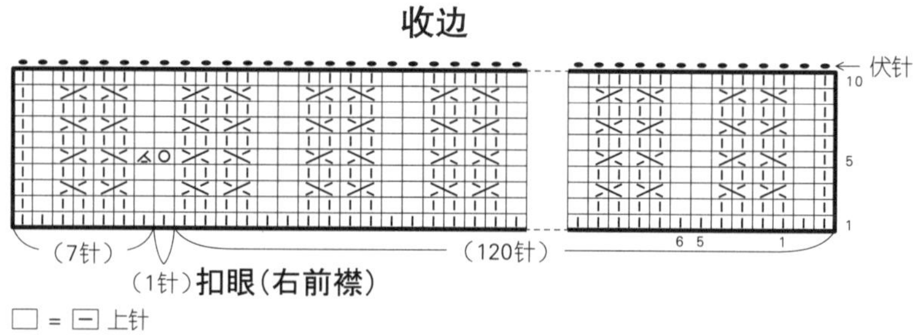

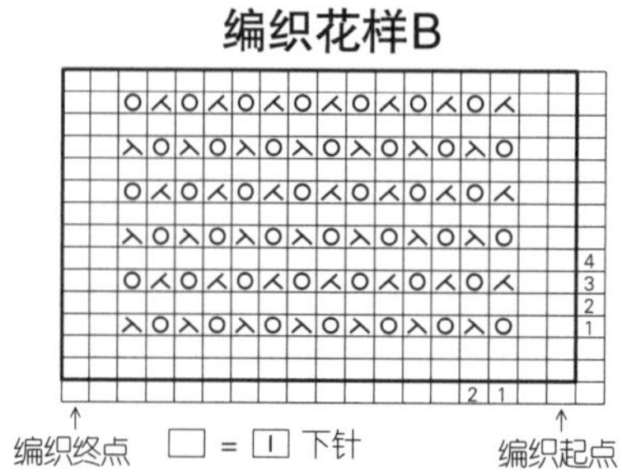

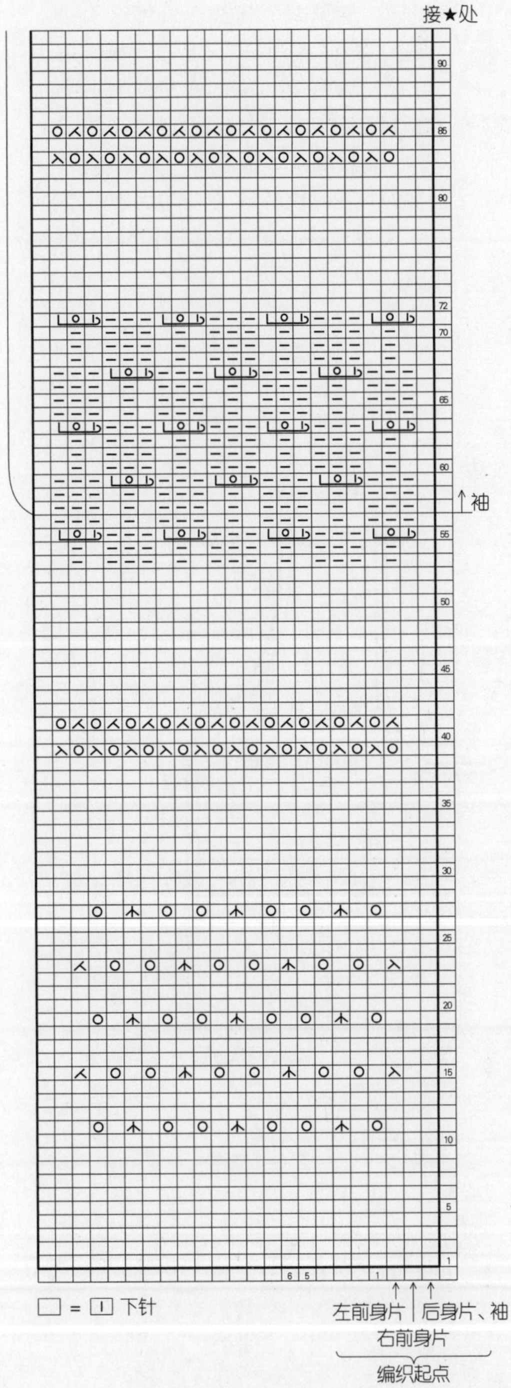

编织花样A

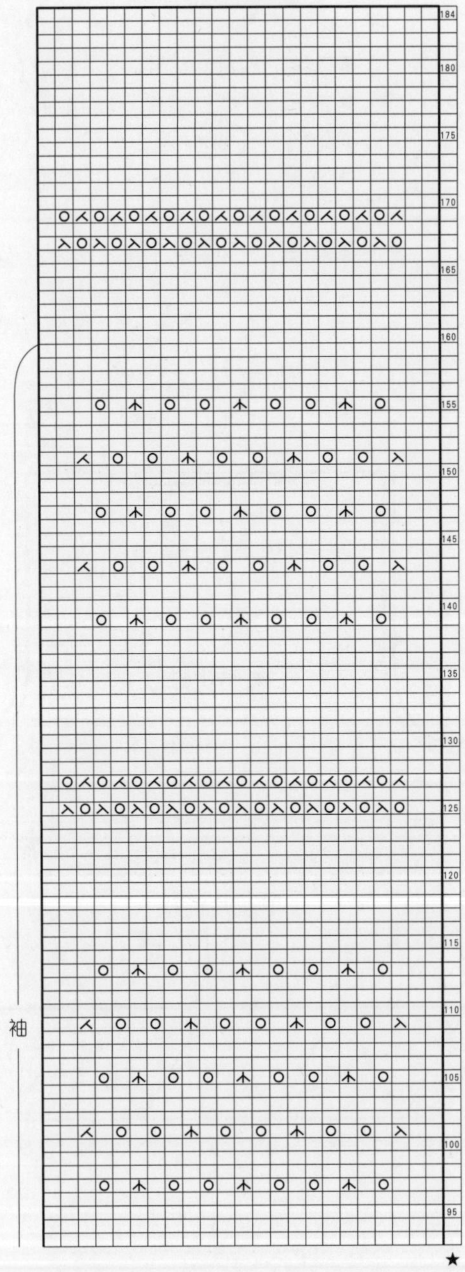

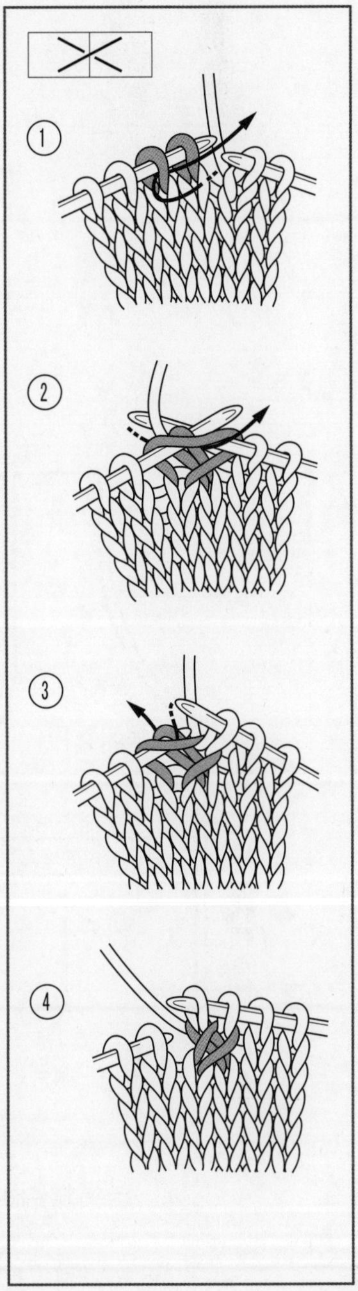

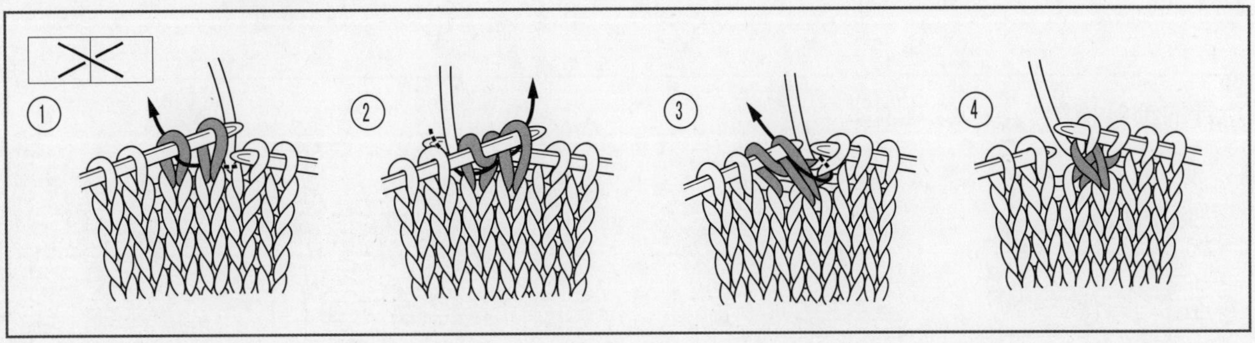

4

第 9 页

●**材料**：棉（40%）、人造丝（20%）、亚麻（20%） 青紫色（809）220 g / 6 团

●**工具**：钩针 4/0 号

●**成品尺寸**：胸围 86cm，肩背宽 32cm，身长 53cm

●**密度**：编织花样 B，1 花样 7cm，10cm 内 9 行

■**编织方法和要点**：花片部分，花片 A 线头环形起针，花片 B 锁针环形起针。从第 2 个花片在最终行引拔连接。前后身片按照号码顺序连续编织花片 A 和 B。花样 A 是从花片 B 的针目中挑针前后连续编织。花样 B 前后分开编织。组合时，肩部织“1 针短针、3 针锁针”的锁针订缝，肋织“1 针短针、3 针锁针”的锁针接缝。

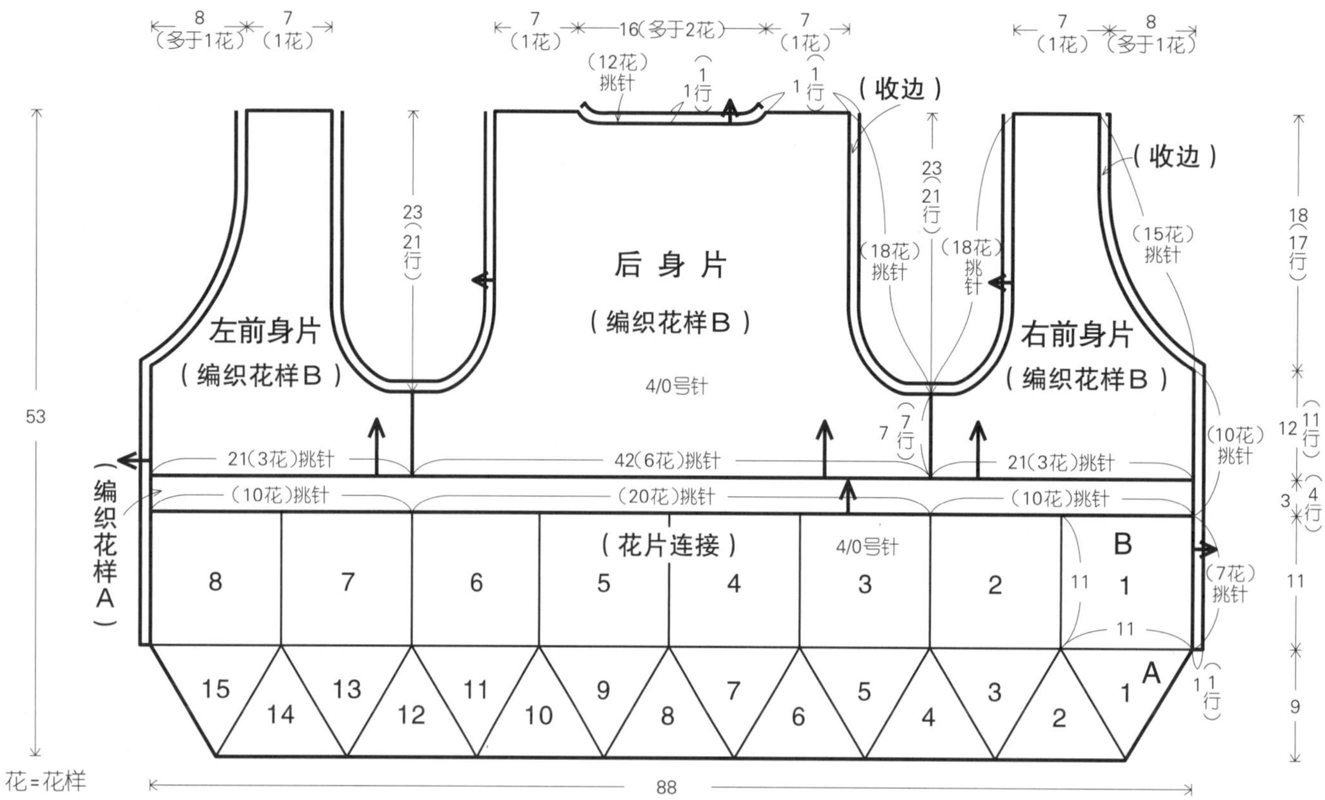

后领窝编织图

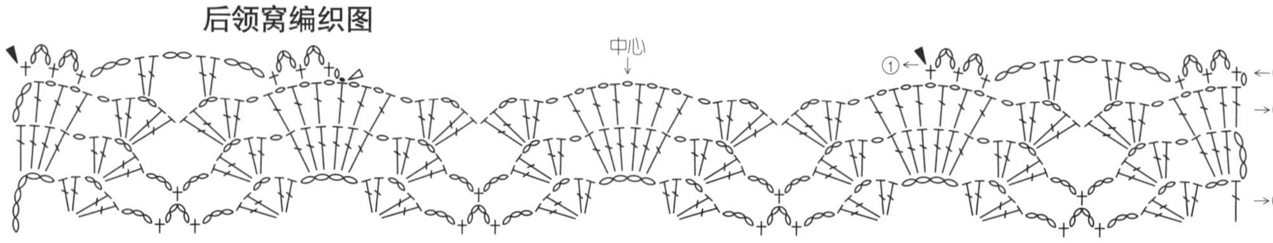

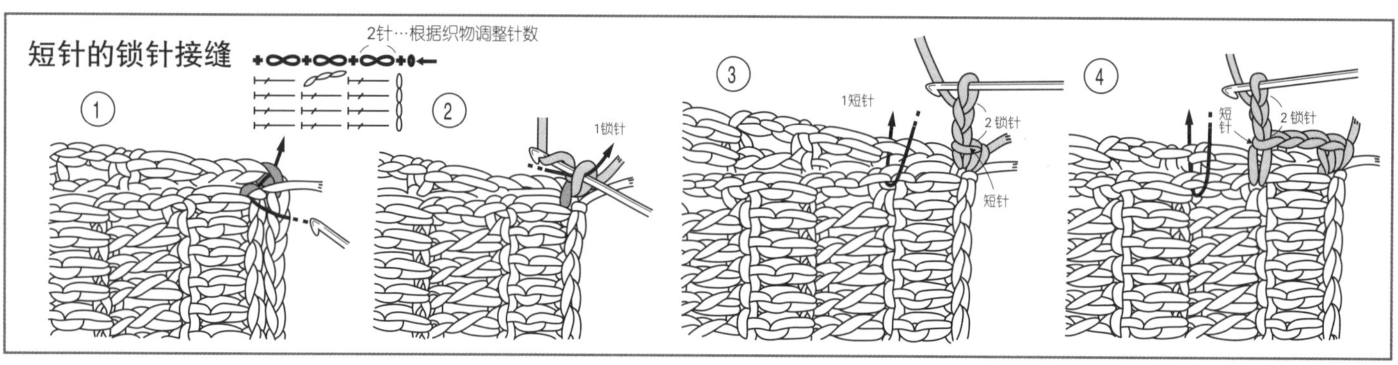

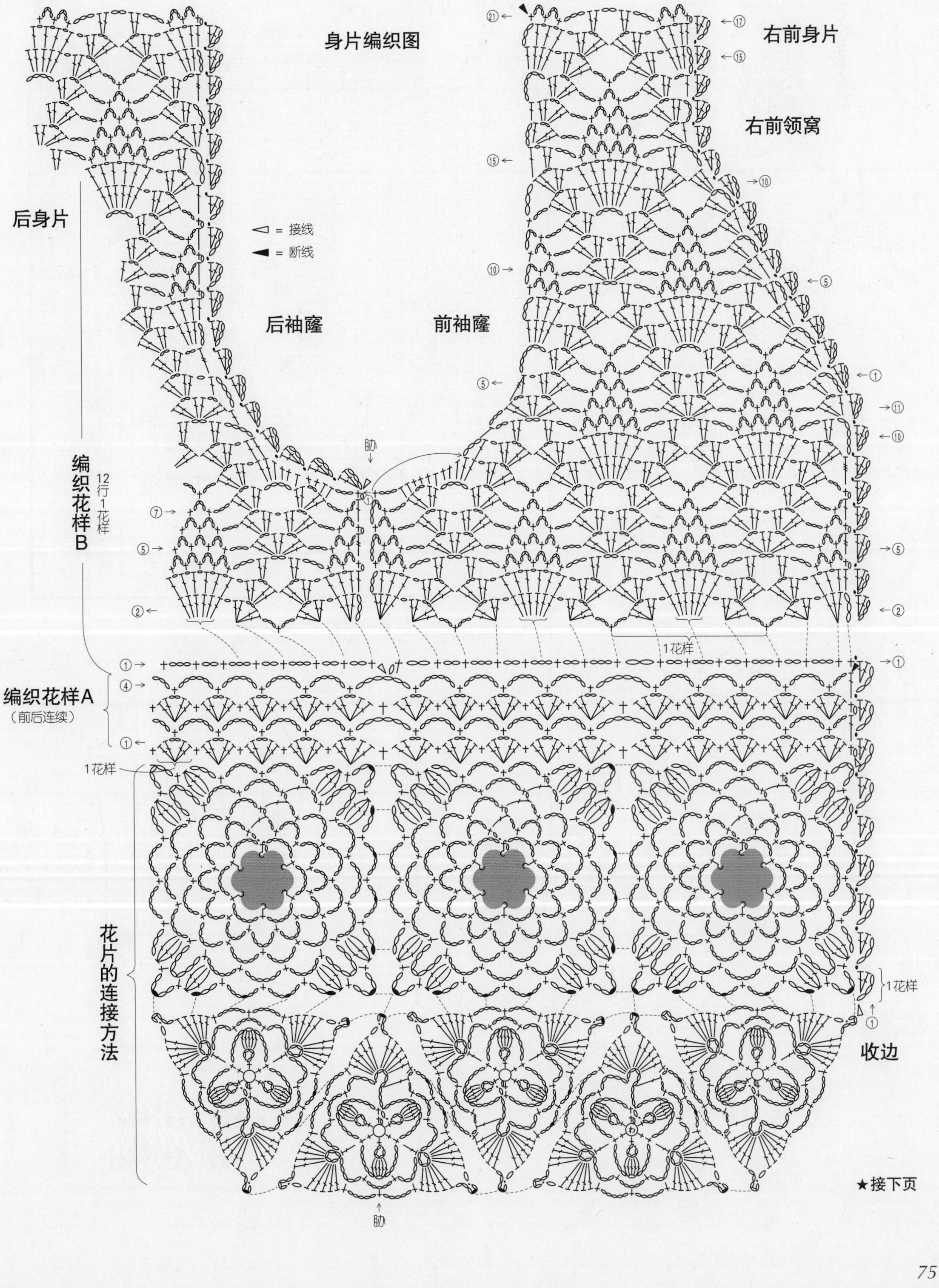
身片编织图
右前身片
右前领窝
后身片
◁ = 接线
◀ = 断线
后袖窿
前袖窿
肋
编织花样B
12行1花样
1花样
编织花样A
（前后连续）
1花样
花片的连接方法
1花样
收边
肋

★接下页

花片A

15片

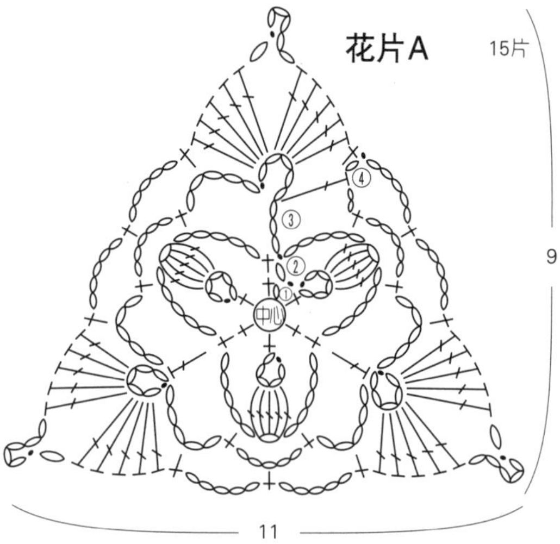

花片B

8片

第6~10圈

※第6圈的 是编织到第4圈的 上

花片B

中心
第1~5圈

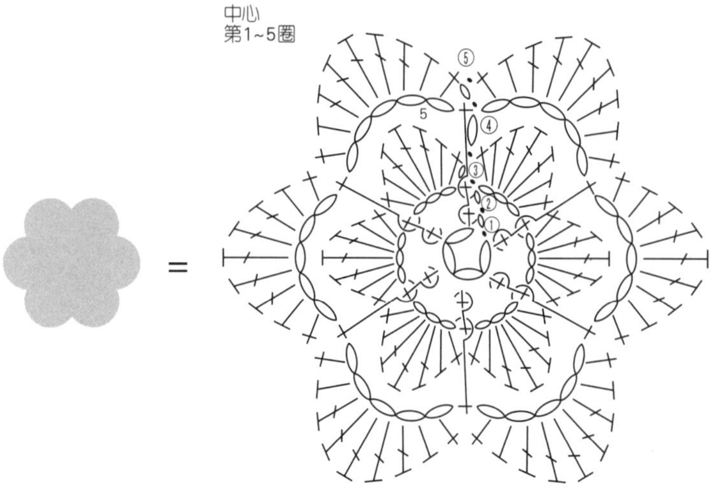

★作品5，接77页

右前身片

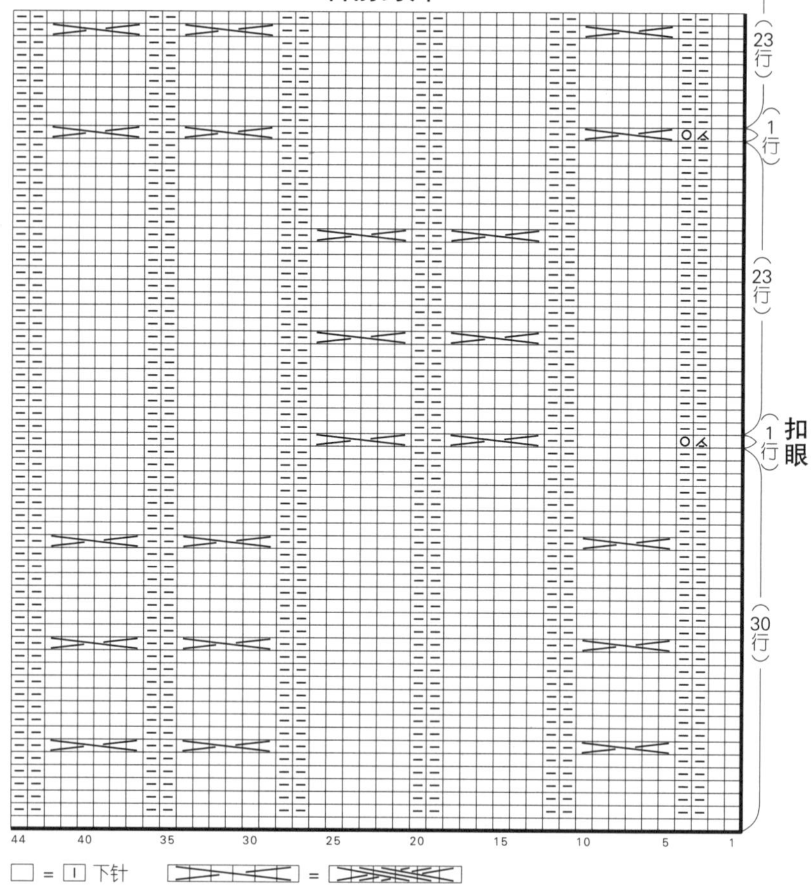

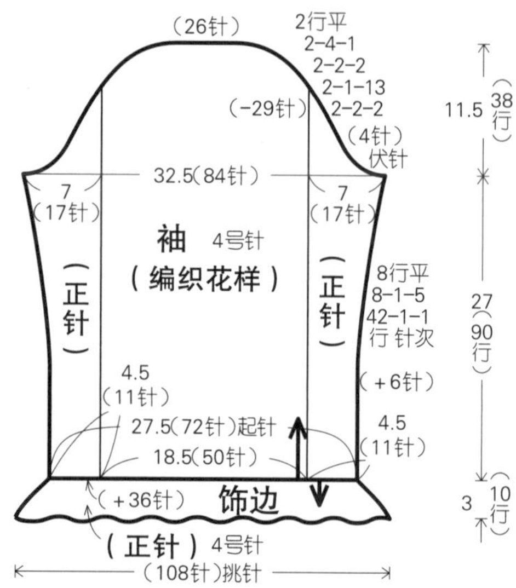

从起针开始向另一侧挑针

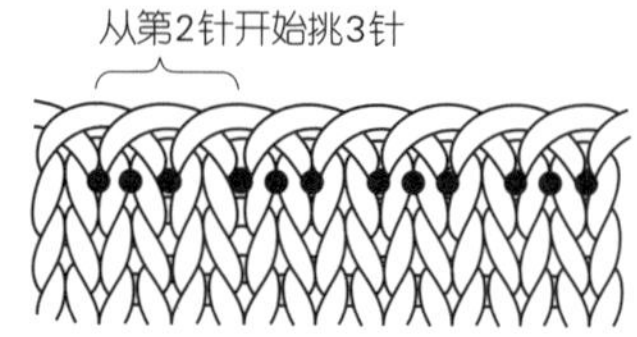

5

第10页

●材料：亚麻（92%）、锦纶（8%）棕黄色(503)300g/12团，直径1.8cm的纽扣5个

●工具：棒针4号

●成品尺寸：胸围93cm，肩背宽32cm，身长52.5cm，袖长41.5cm

●密度：10cmx10cm面积内：正针编织24针，33行，编织花样27针，33行

■编织方法和要点：后身片用手指挂线起针，如图所示编织正针和花样。袖窿、领窝伏针收针，立起开头1针减针，肩部引拔编织后休针。饰边是从下摆开始隔1针加1针，挑针织正针，伏针收针。前身片和后身片同样编织。右前身片的边缘开扣眼，编织饰边。左前身片同样编织。袖下在一针内侧织1针扭加针，袖山编织结束时伏针收针。编织饰边。组合时，肩部引拔订缝，胁、袖下接缝。领子织正针，伏针收针。袖和身片引拔接缝。纽扣缝在左前襟上。

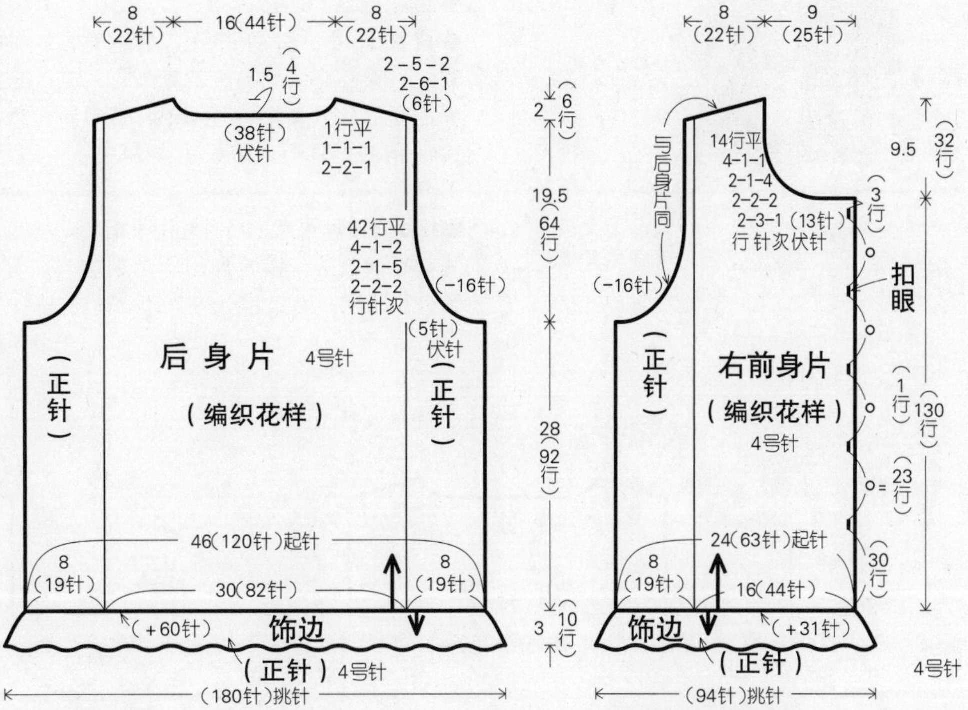

※饰边的加针 IVIV 隔1针挑2针

※左前身片和右前身片左右对称编织

编织花样

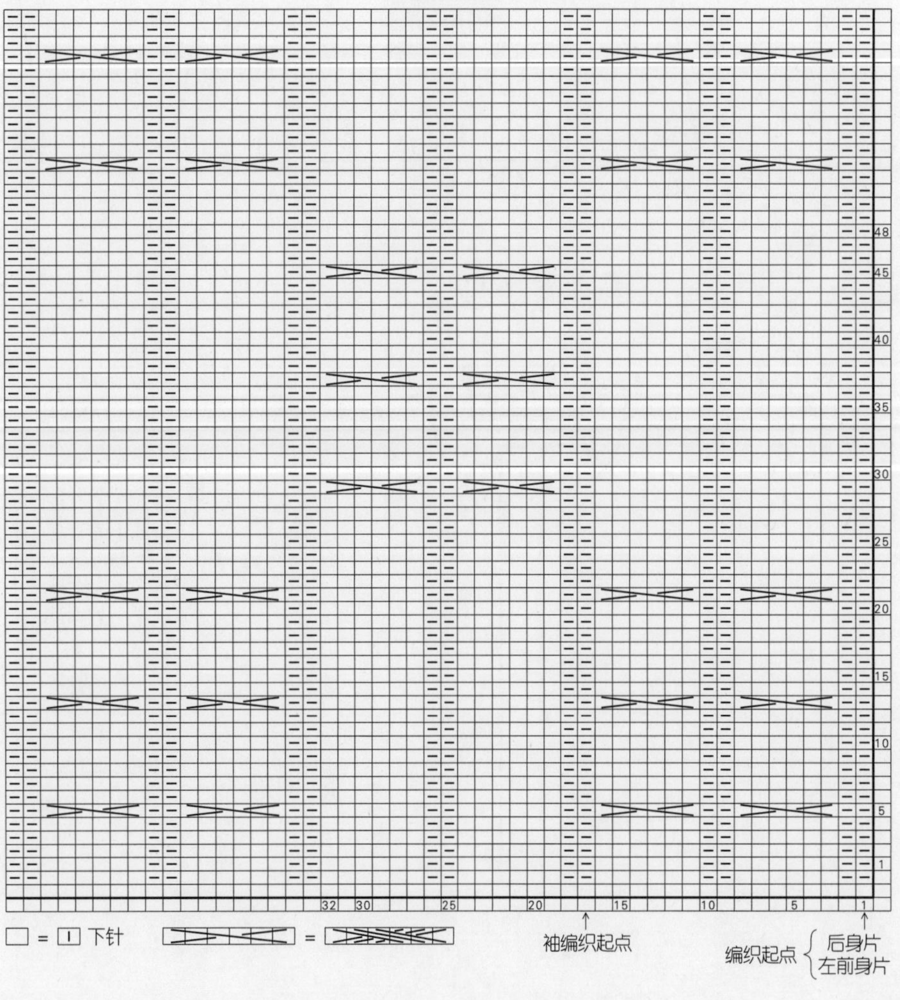

领（正针）4号针

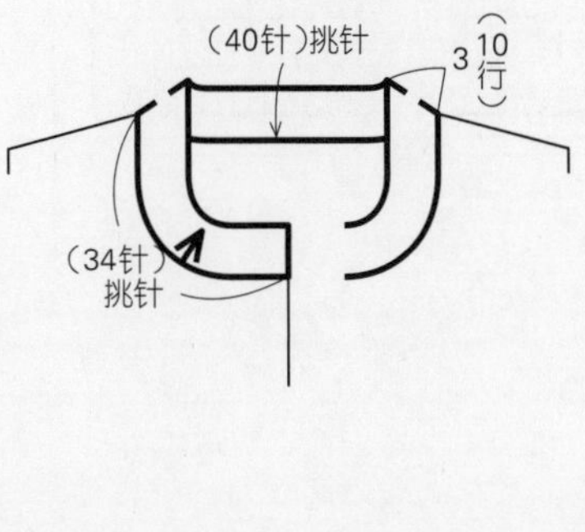

6
第 *11* 页

● **材料**：棉线　橄榄绿（73）300g/8 团，直径 2.3cm 的纽扣 1 个
●**工具**：棒针 5 号、4 号
● **成品尺寸**：胸围 93cm，肩背宽 32cm，身长 48cm，袖长 27.5cm
● **密度**：10cm×10cm 面积内：正针编织 24 针，31 行，编织花样 24 针，33 行

■**编织方法和要点**：后身片用手指挂线起针，收边，接着如图所示编织正针和花样。胁立起一端 1 针减针，袖窿、领窝伏针，立起一端 1 针减针，肩部往返编织，休针。前后身片按同样要领编织，前身片分别织左右两片。袖山结束时伏针收针。组合时，肩部盖针订缝，胁、袖下接缝。领和前襟依次收边，从反面伏针收针。袖与身片引拔接缝。

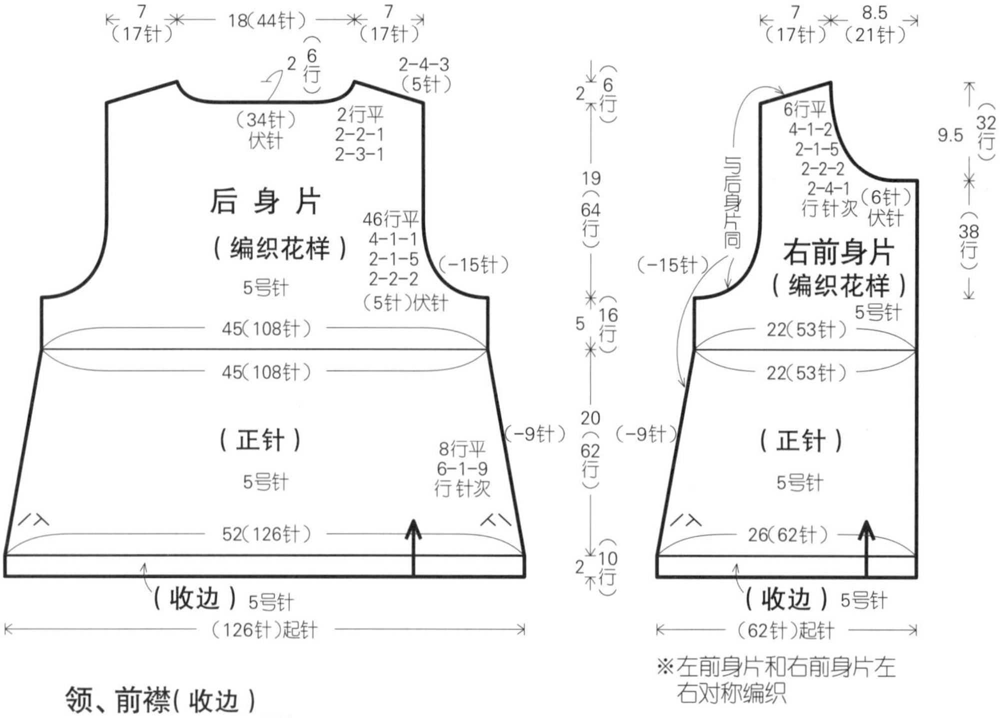

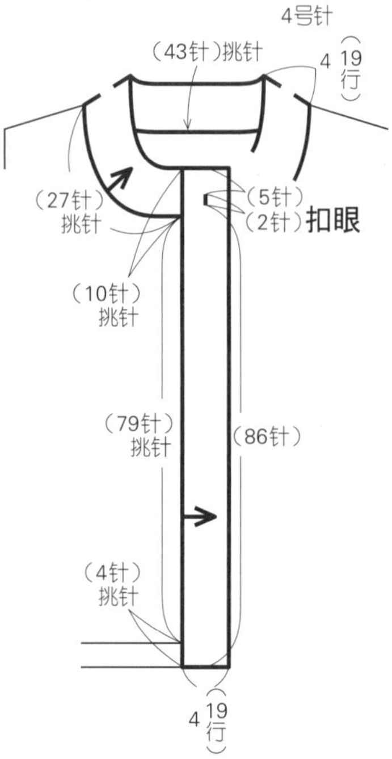

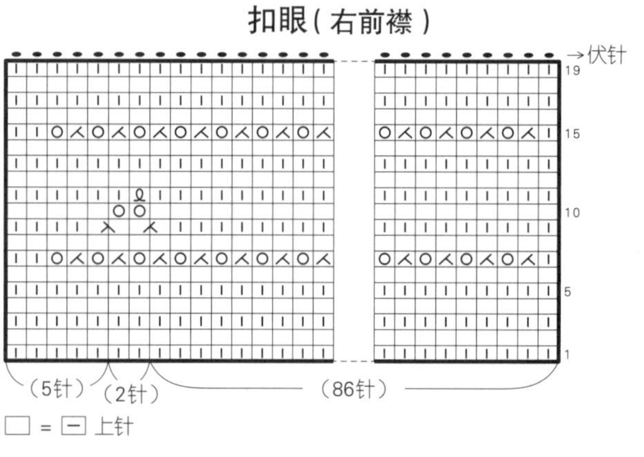

后身片编织图

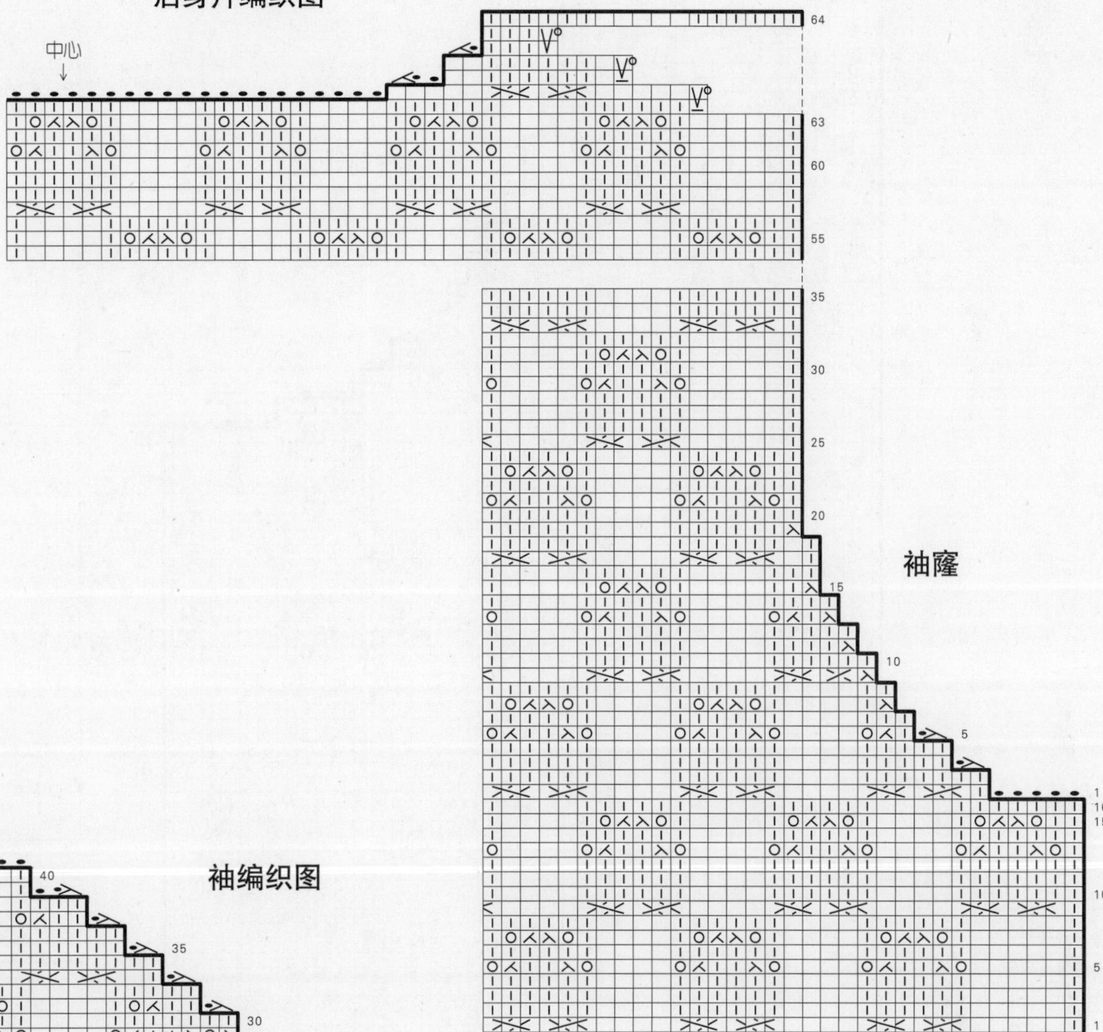

收边

袖编织图

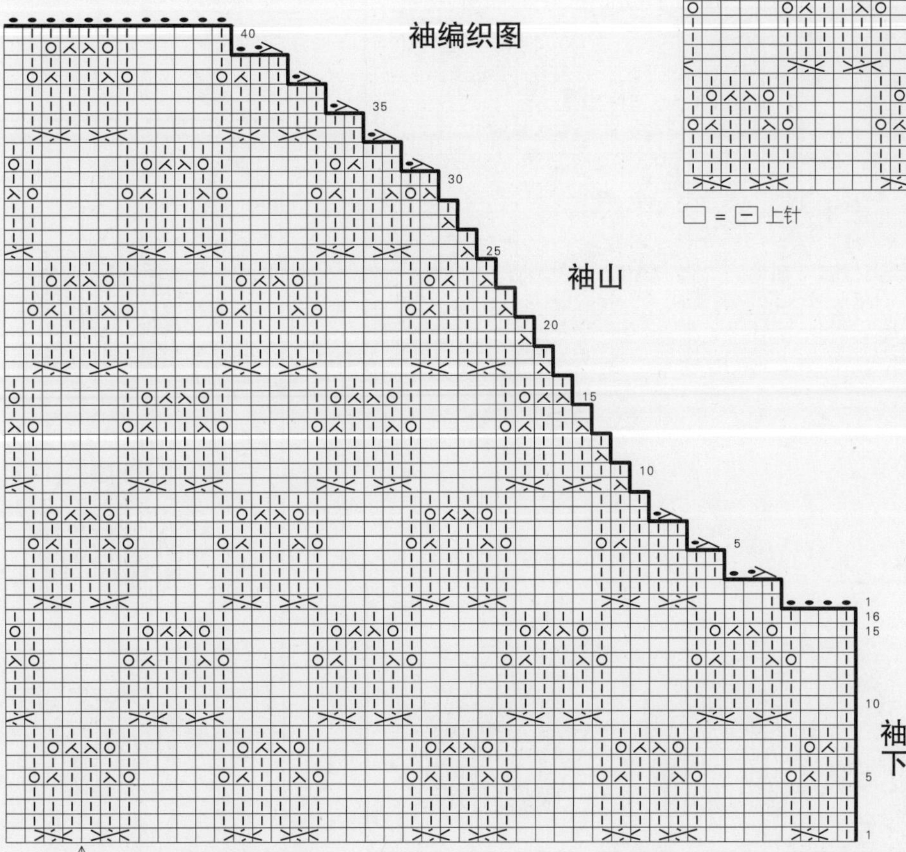

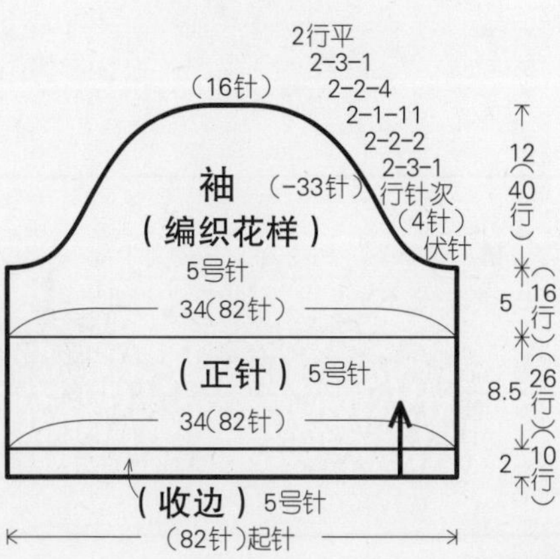

★接下页

右前身片编织图

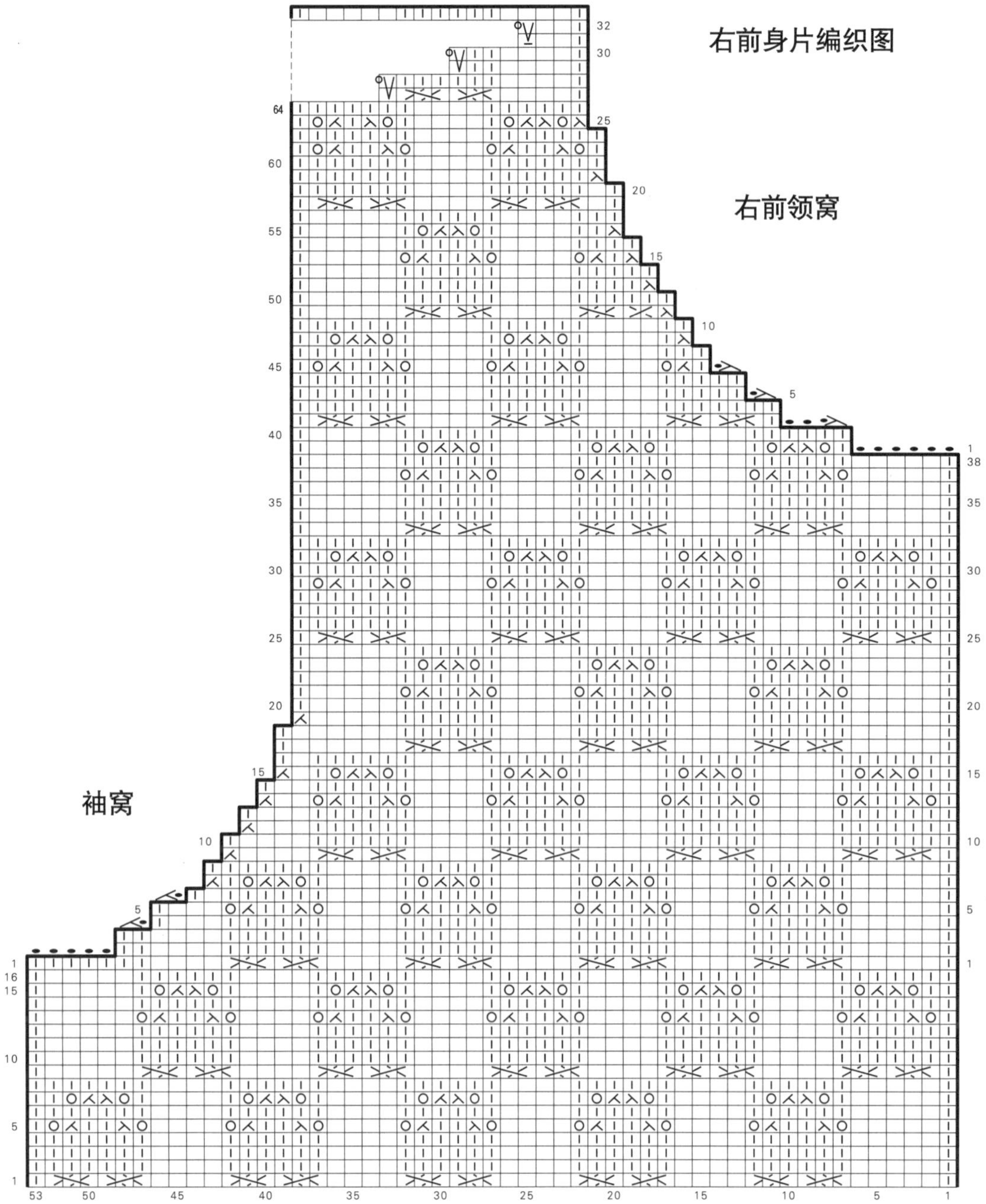

□ = ⊟ 上针

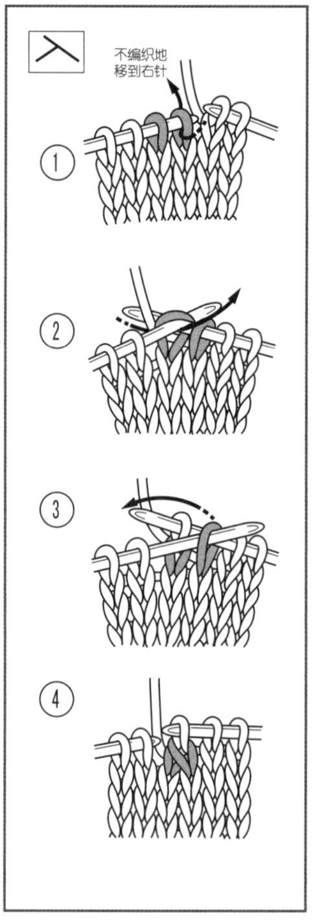

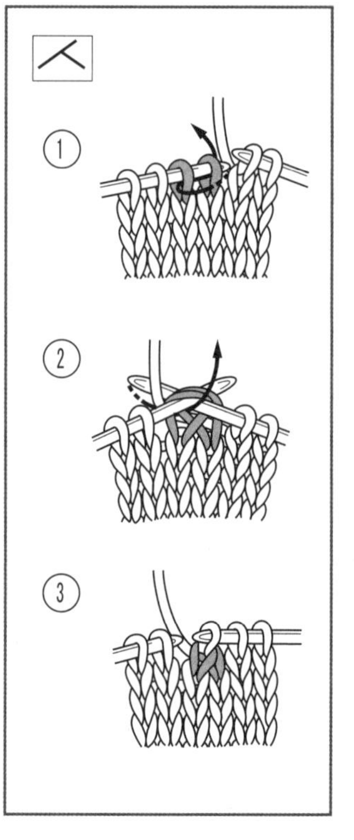

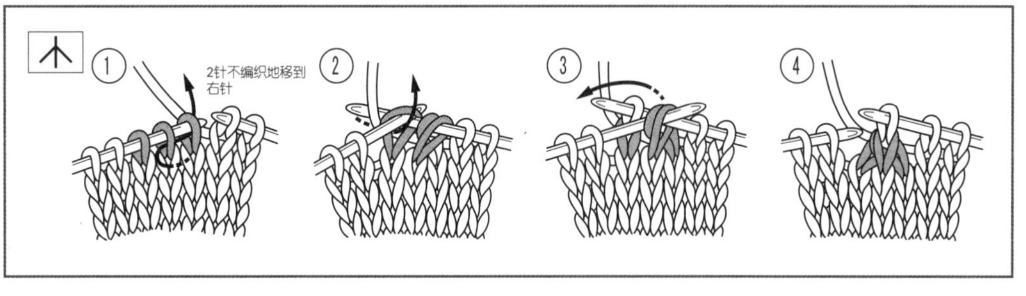

7

第 12 页

●**材料**：棉麻混纺线　米色（703）240g/6 团，直径 1.8cm 的纽扣 5 个

●**工具**：棒针 4 号

●**成品尺寸**：胸围 94cm，肩背宽 34cm，身长 48cm，袖长 13.5cm

●**密度**：10cm×10cm 面积内：编织花样 A 24 针，36 行，编织花样 B、C 32 针，35 行

■**编织方法和要点**：后身片用手指挂线起针，从下摆开始编织花样 A、B、C。在花样 B 的第 1 行如图所示减针。胁在一端 1 针内侧织扭加针，袖窿、领窝伏针，立起一端 1 针减针。肩部往返编织后休针。前身片上，前襟织平针，在右前襟上开扣眼。如图所示加减针编织花样 A，袖子如图所示织花样 A，袖山结束时伏针收针。组合时，肩部盖针订缝，胁、袖下接缝。领子织平针，伏针收针。袖与身片引拔接缝。左前襟上缝上纽扣。

右前身片编织图

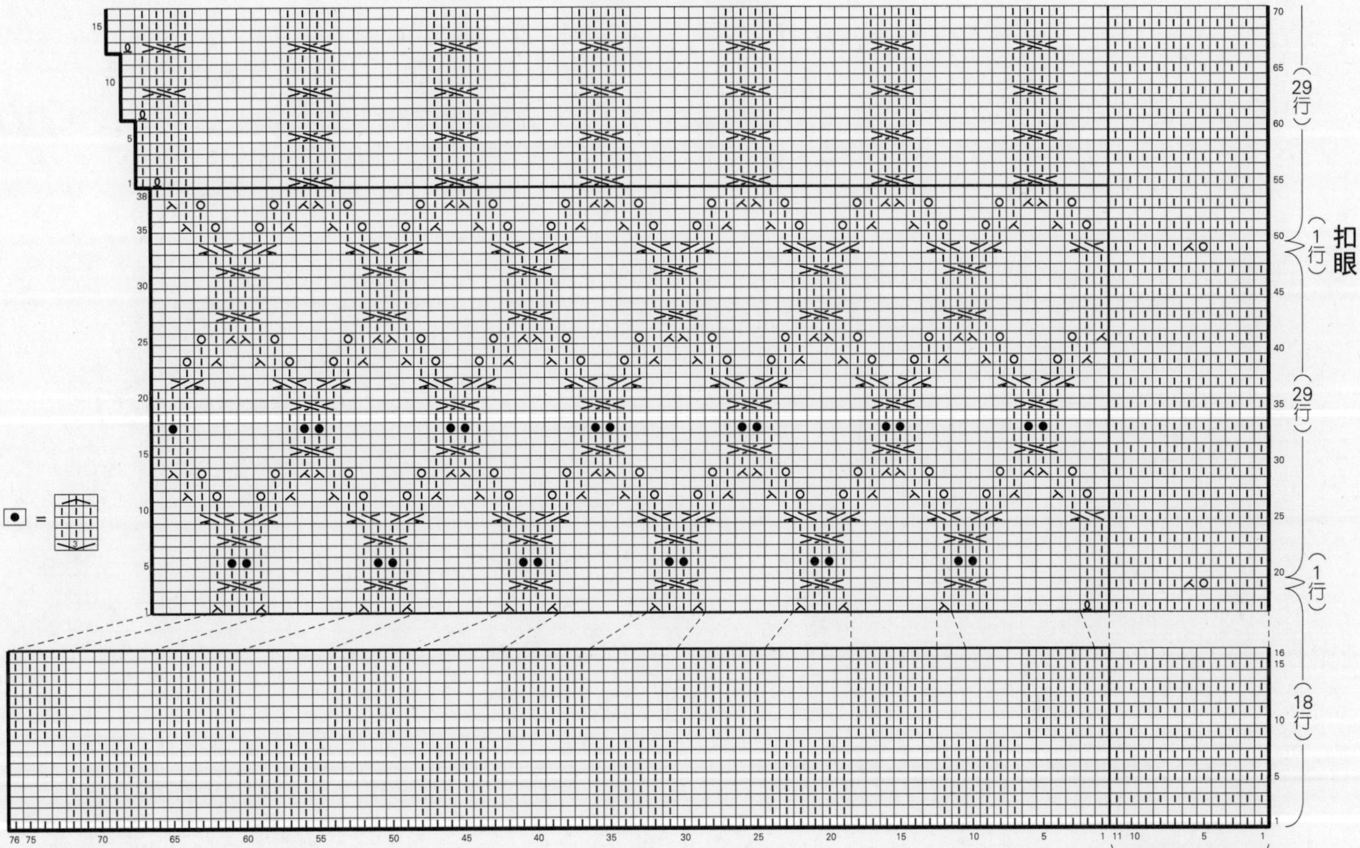

□ = ⊟ 上针

前襟、平针

★接下页

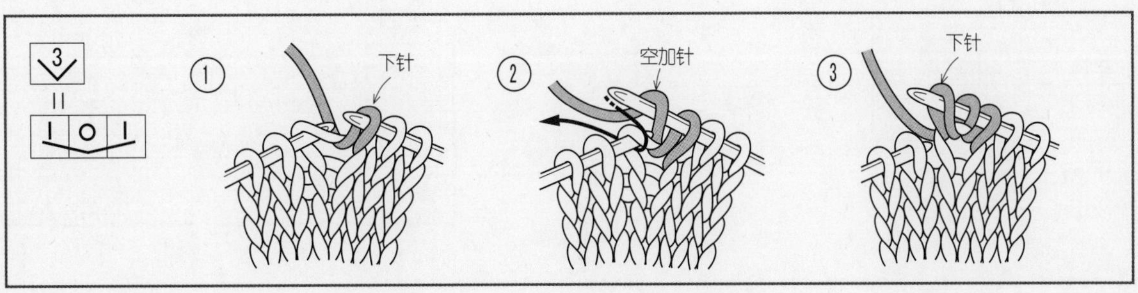

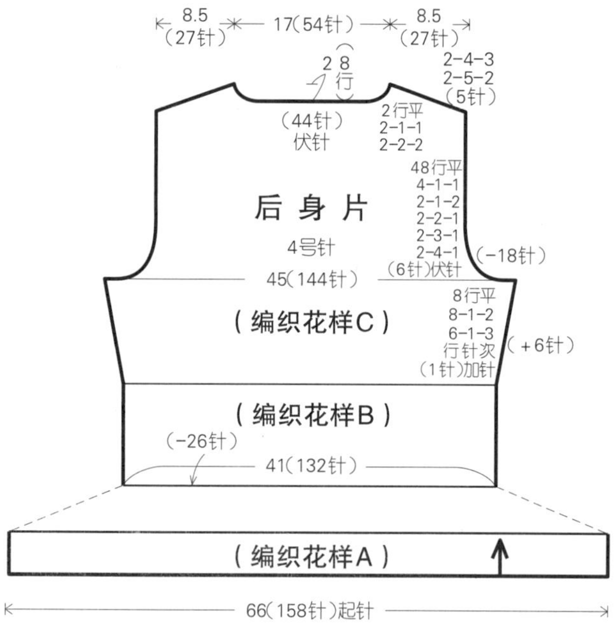

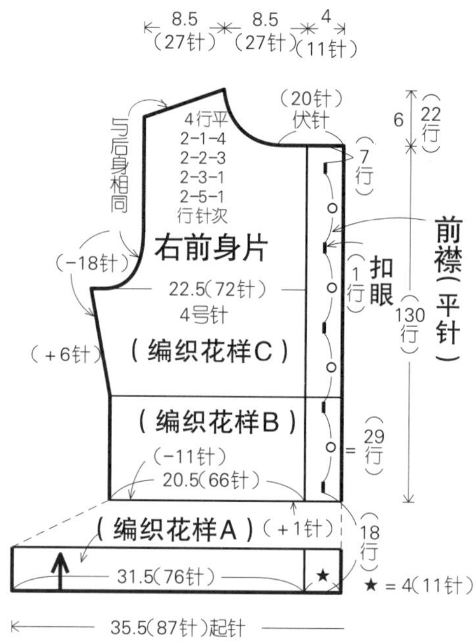

※左前身片和右前身片左右对称编织

编织花样A、B、C

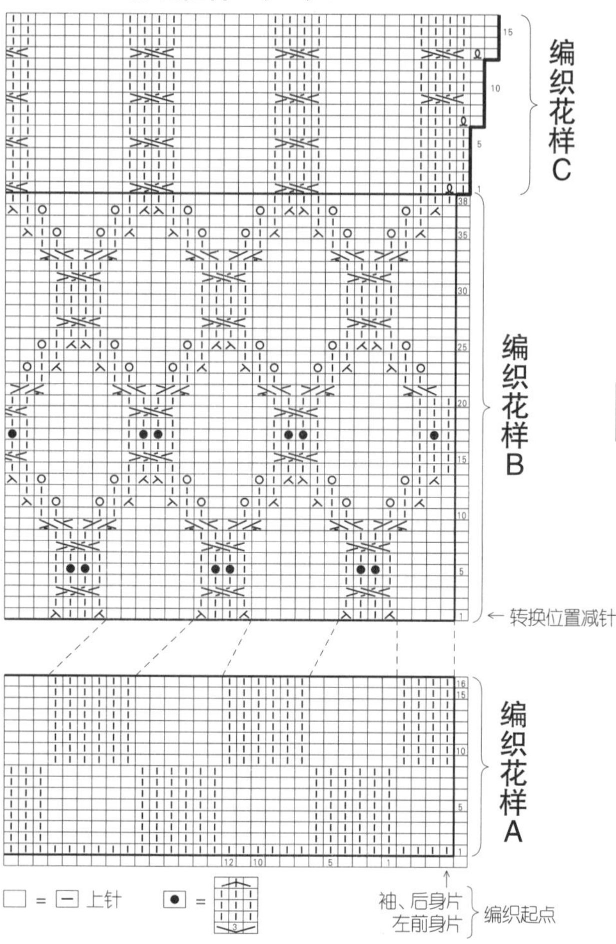

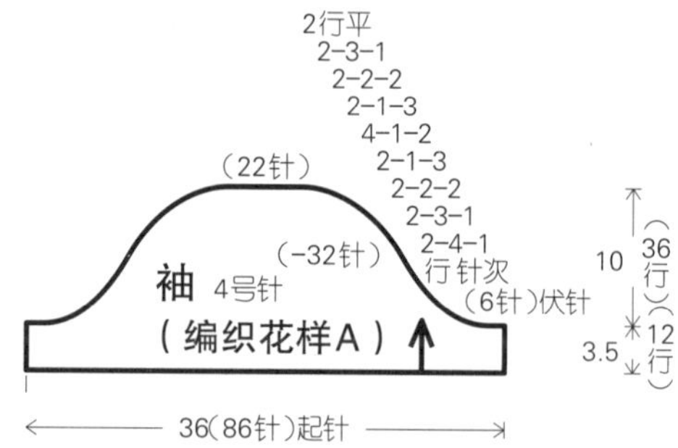

领(平针)

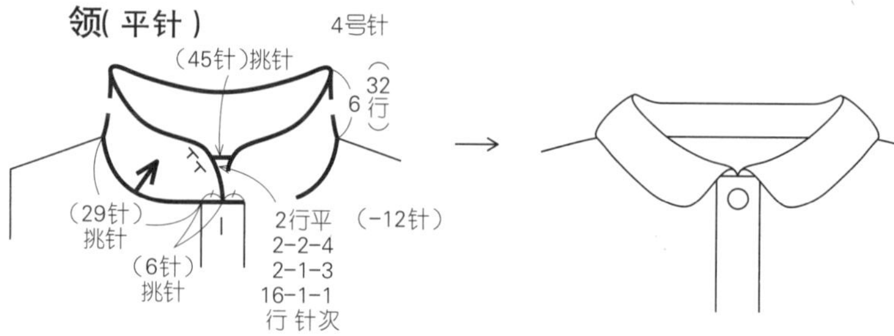

领的编织图

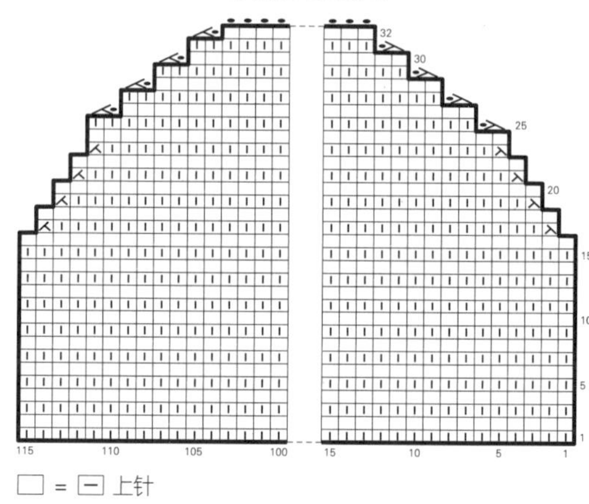

8

第 13 页

●材料：棉线　作品 a　橙色（2509）170g/5 团，作品 b　紫色（1073）170g/5 团，直径 2.5cm 的纽扣 5 个

●工具：棒针 5 号、4 号

●成品尺寸：胸围 89cm，肩背宽 34cm，身长 48cm，袖长 18.5cm

●密度：10cm×10cm 面积内：正针编织 21.5 针，30 行，编织花样 26 针，30 行

■编织方法和要点：前后身片另线锁针起针。袖窿、领窝伏针收针，立起一端 1 针减针，肩部往返编织后休针。下摆从另线锁针中挑针，织双罗纹针，上针和下针针目对齐伏针收针。袖山结束时伏针收针。组合时，肩部盖针订缝，胁、袖下接缝。前襟和领子依次织双罗纹针，针目对齐伏针收针。袖和身片引拔接缝。在左前襟上缝纽扣。

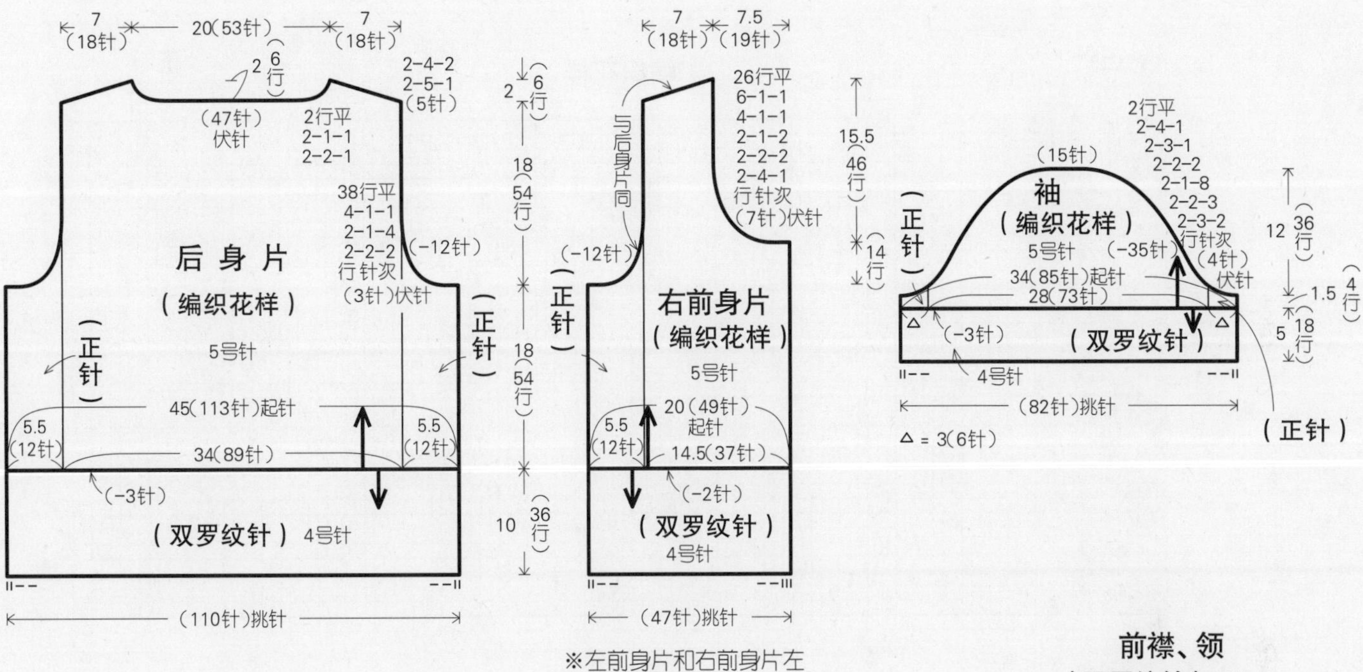

※左前身片和右前身片左右对称编织

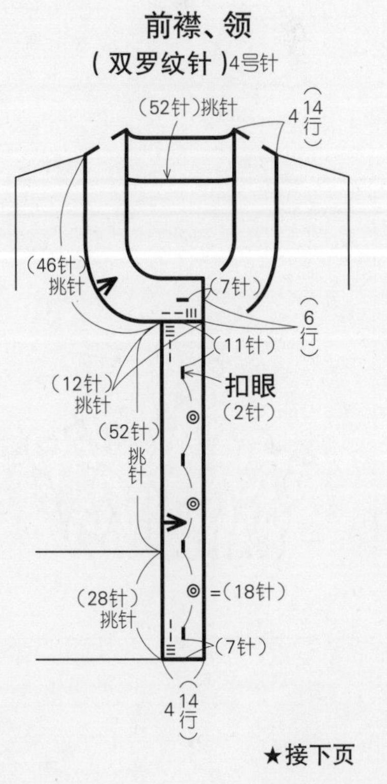

编织花样

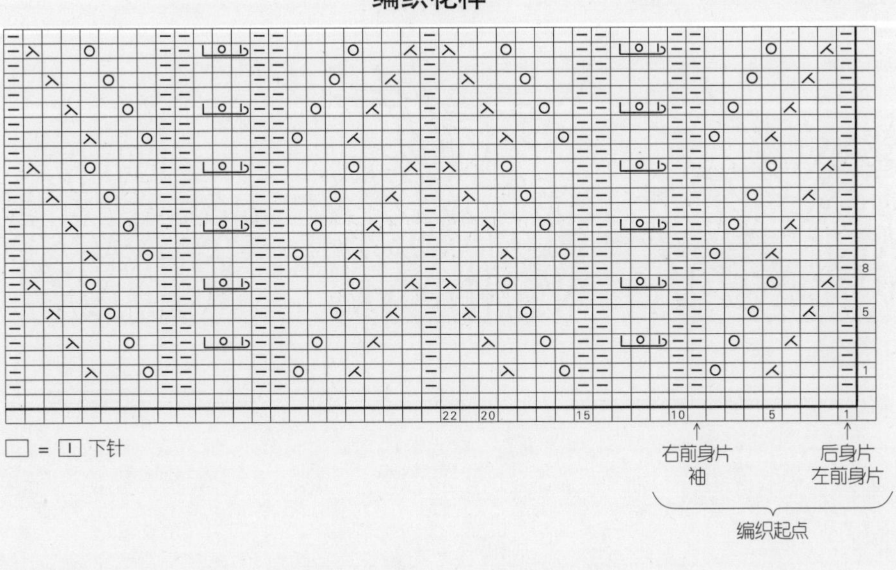

□ = ｜ 下针

★接下页

扣眼（右前襟）

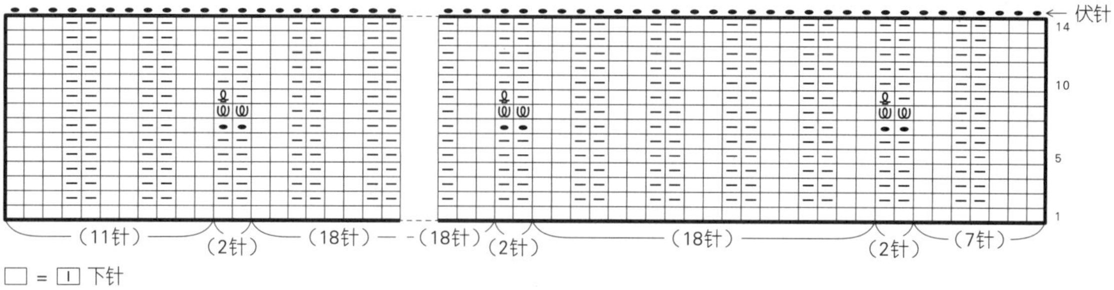

★作品15，接85页

编织花样

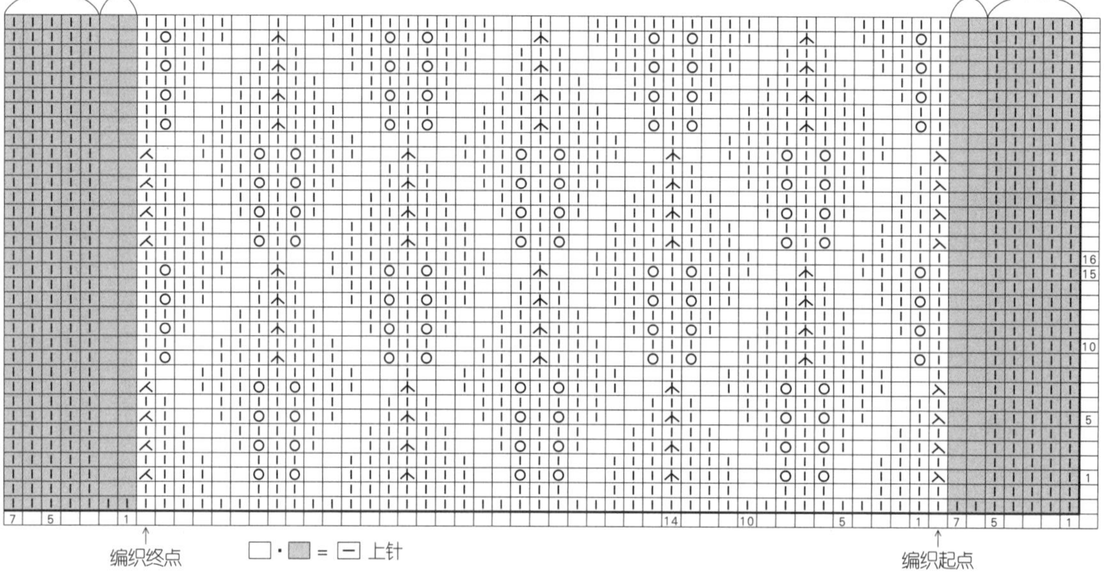

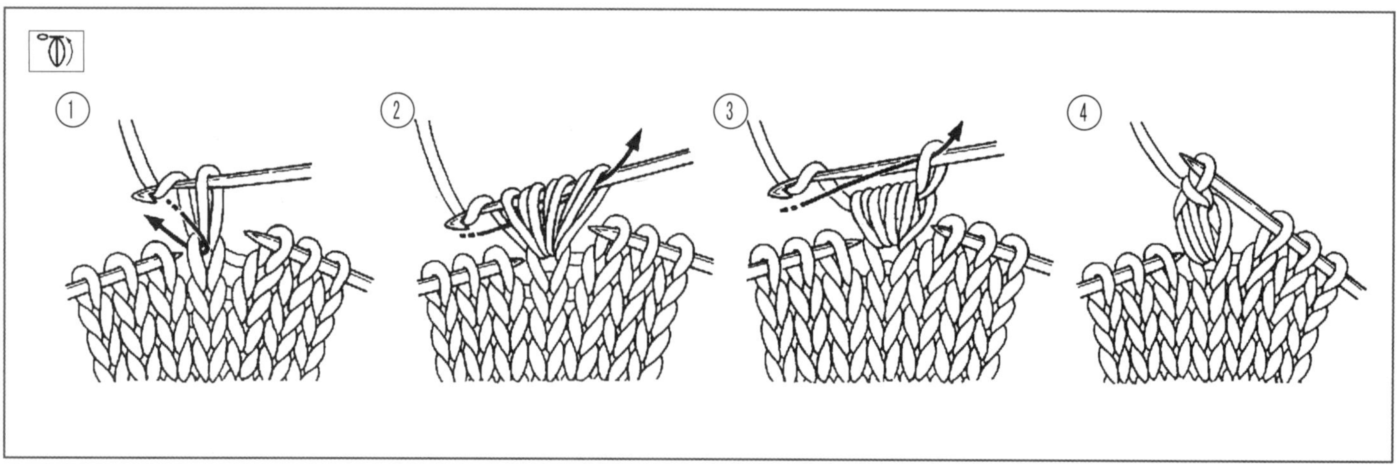

15

第23页

●**材料：** 人造丝（51%）、其他纤维（49%） 蓝色系深浅段染线（901）310g/13团

●**工具：** 棒针6号、5号、4号，钩针4/0号

●**成品尺寸：** 胸围92cm，肩背宽32cm，身长68cm，袖长41cm

●**密度：** 正针编织23针，28行（5号针），编织花样30针，30行（4号针）

■**编织方法和要点：** 前后身片另线锁针起针，编织正针。袖口、领口伏针收针，立起一端1针减针，肩部往返编织后休针。下侧在起针的锁针中挑针，第1行均匀加针。按图示更换针号，调整密度编织肋。编织结束时伏针收针。袖山结束时伏针收针。组合时，肩部引拔订缝，肋、袖下接缝。领用钩针环形收边。袖与身片引拔接缝。

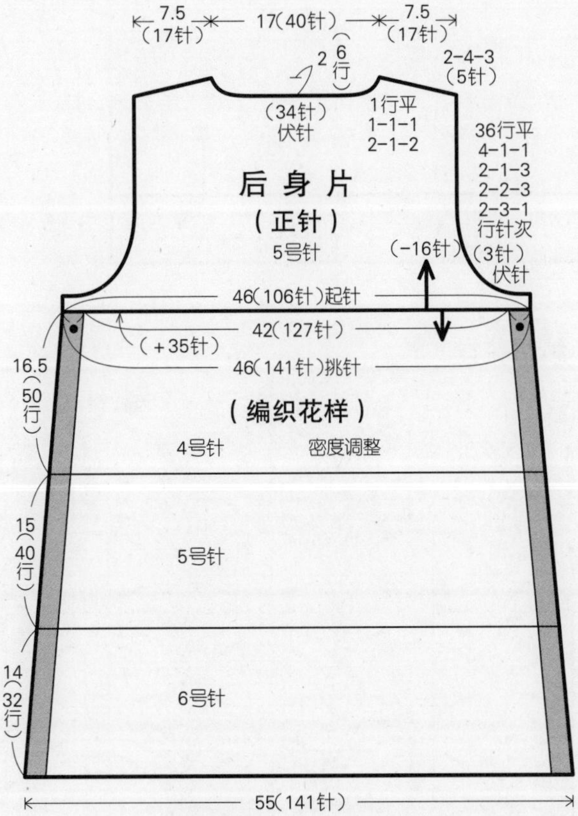

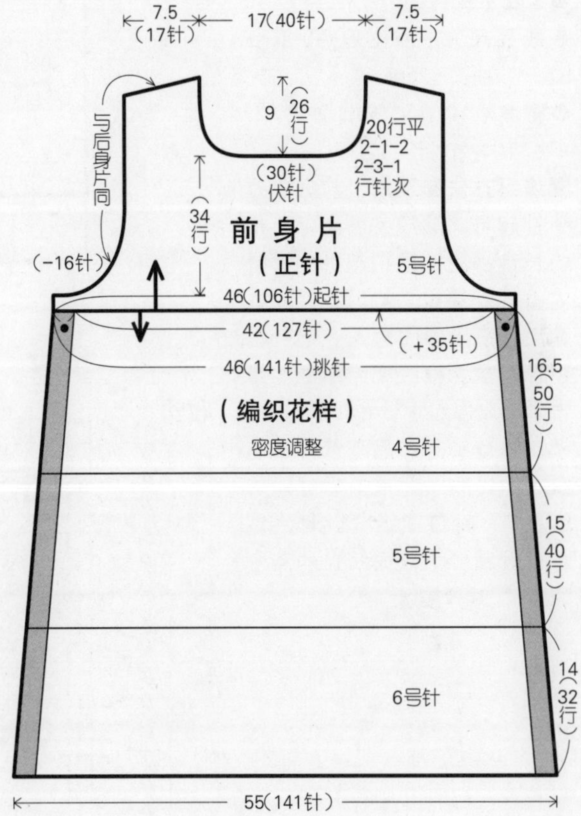

● = 2（7针） [灰色] =（正针：下针、上针）

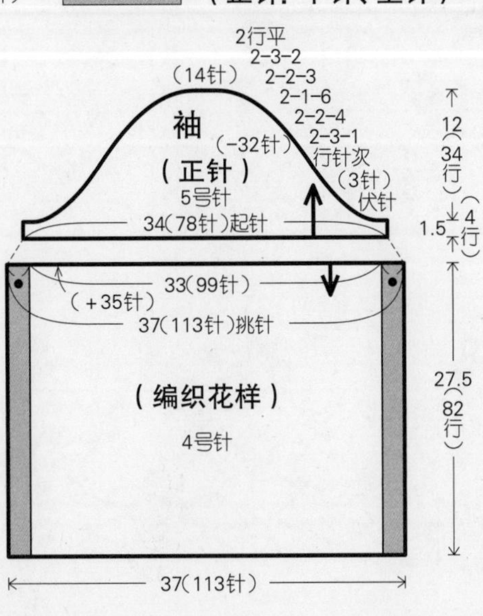

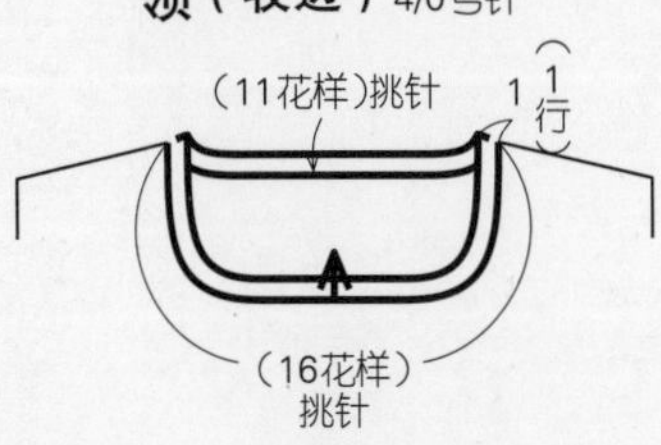

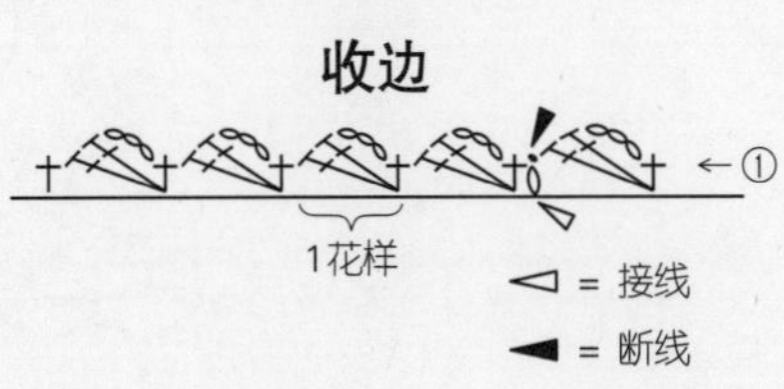

9

第15页

● 材 料： 棉（61%）、麻（39%） 作品a 紫红色（109） 220g/9团，作品b 青瓷色（116）220g/9团

●工具：钩针3/0号

●成品尺寸：胸围随意，身长52cm，袖长42cm

●密度：10cmx10cm面积内：编织花样28针，12行

■编织方法和要点：前后身片锁针起针，编织花样。第1行的长针和短针是在起针的锁针内山挑针编织。前后身片同样编织。下摆的收边是在起针的锁针中挑2根线成束编织。组合时，肩部织短针和锁针订缝。领窝的短针是前后连续环形编织。袖口的收边是前后往返编织。胁、袖口下织“1针短针、两三针锁针（根据针目的高度调整）”对齐接缝。

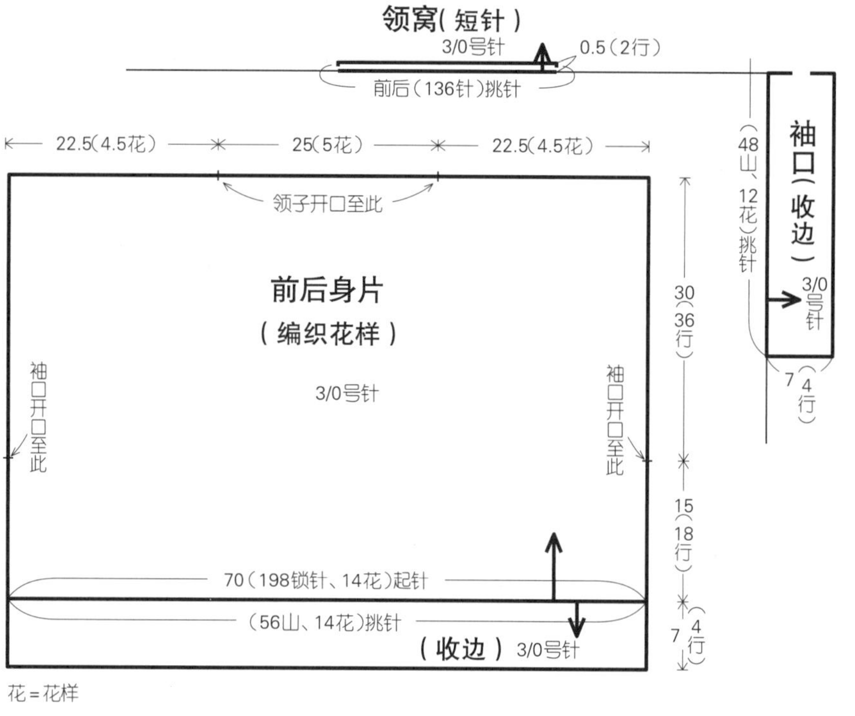

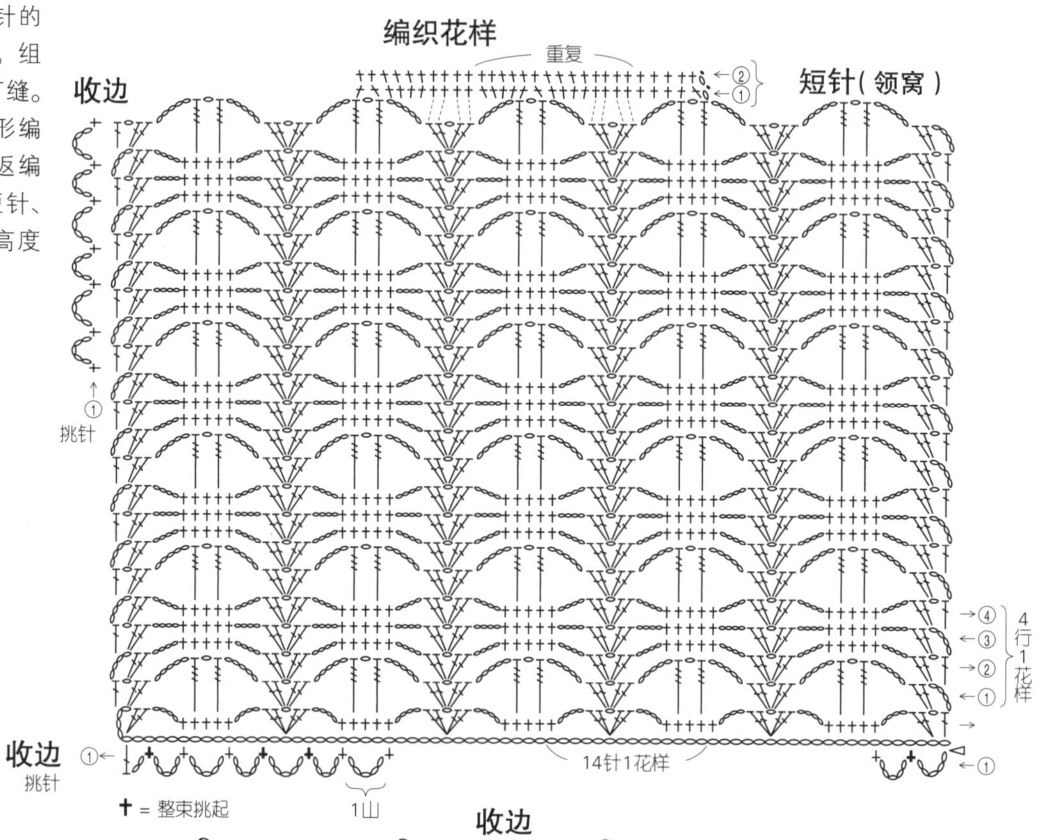

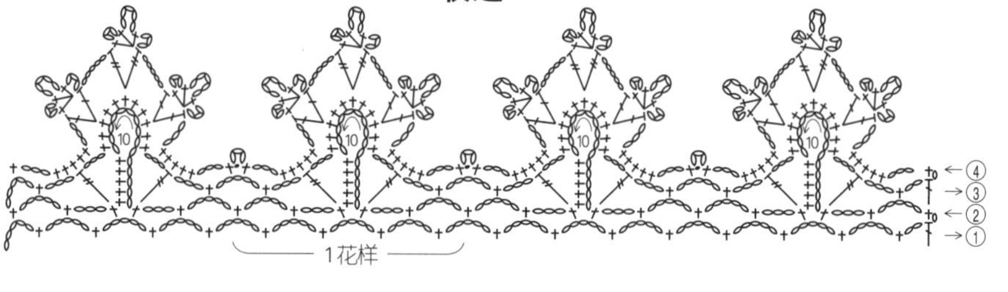

10
第 16 页

●**材料：**棉（55%）、腈纶（45%）蓝绿色系深浅段染线（318）250g/7 团

●**工具：**钩针 5/0 号

●**成品尺寸：**胸围随意，身长 43cm

●**密度：**10cm×10cm 面积内：编织花样 A 25 针，7 行

■**编织方法和要点：**披肩锁针起针，从脖子开始如图所示环形编织花样 A。第 1 圈的短针是挑起针的锁针半针和内山的 2 根线编织。第 2 圈的短针是在前一圈的短针头部挑针编织，长针是将前一圈的锁针整束挑起编织。如图所示，分散加针织出 30 圈。领子是在身片的内侧起针锁针的半针中挑针编织花样 B，环形编织 8 圈。领子折下露在外面。

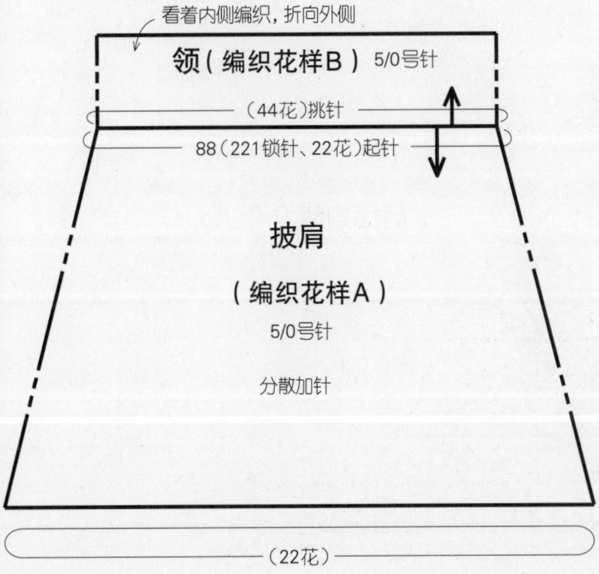

编织花样A、分散加针编织图

编织花样B

11

第 17 页

● **材料**：人造丝（63%）、涤纶（20%）、锦纶（17%） 黄绿色系（802）350g/9 团，直径 2.5cm 的纽扣 1 个

● **工具**：钩针 5/0 号

● **成品尺寸**：胸围 94cm，身长 51.5cm，袖长 60.5cm

● **密度**：10cm×10cm 面积内：编织花样 28.5 针，12 行

■ **编织方法和要点**：后身片锁针起针。第 1 行是在起针的内山挑针编织花样。肋、插肩线按照图示减针。下摆是挑起针的锁针 2 根线织收边 A。前身片按照图示左右对称编织。袖子锁针起针按照图示左右对称编织。组合时，肋、袖下、插肩线织“1 针引拔针、2 针锁针”接缝。领、前襟织收边 B。前襟角部如图所示加针编织，织扣眼。左前襟对应位置缝上纽扣。

后身片编织图

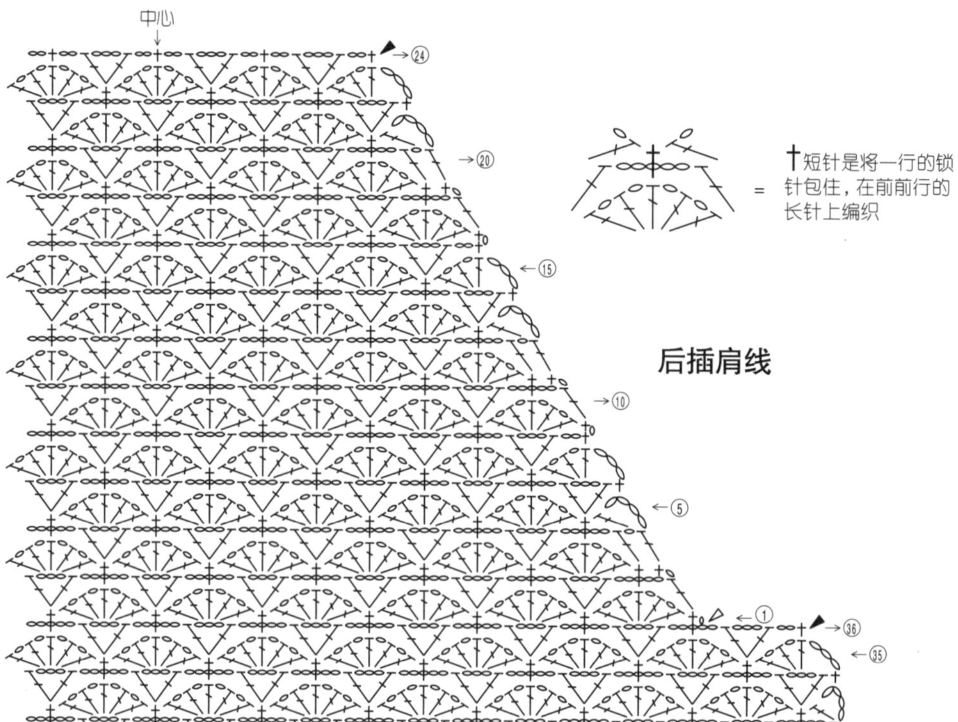

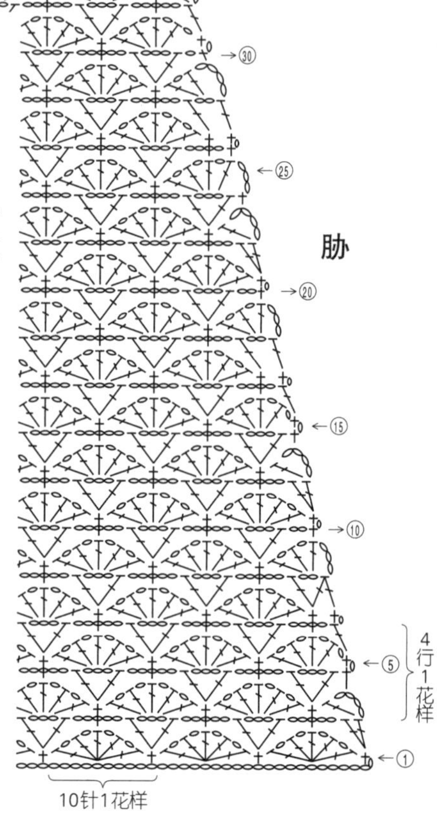

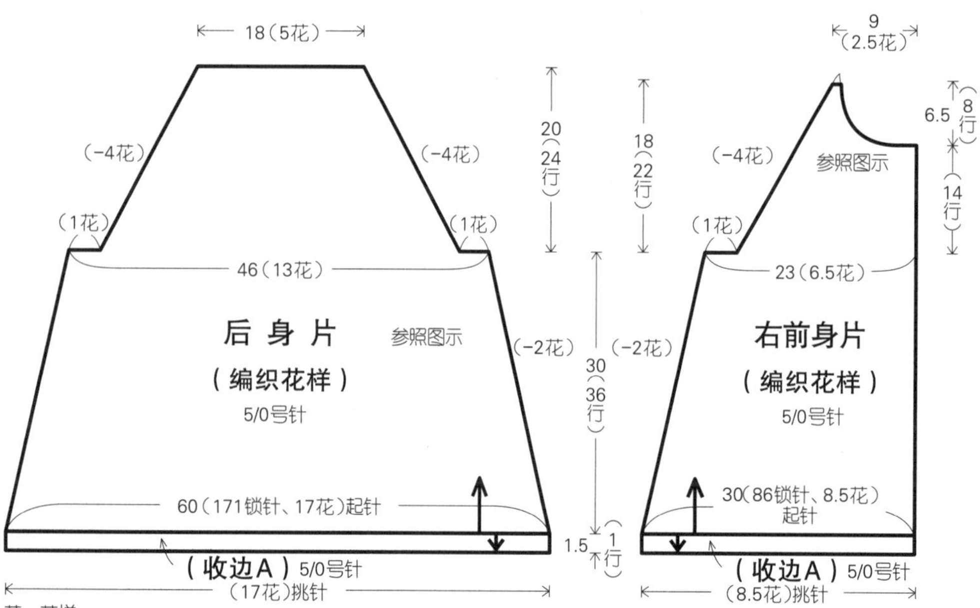

花＝花样

※左前身片和右前身片左右对称编织

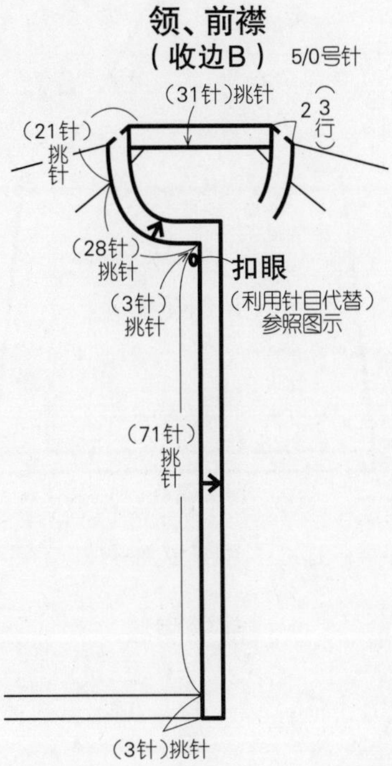
领、前襟
（收边B）
5/0号针
（31针）挑针
2
3
行
（21针）挑针
（28针）挑针
扣眼
（利用针目代替）
参照图示
（3针）挑针
（71针）挑针
（3针）挑针

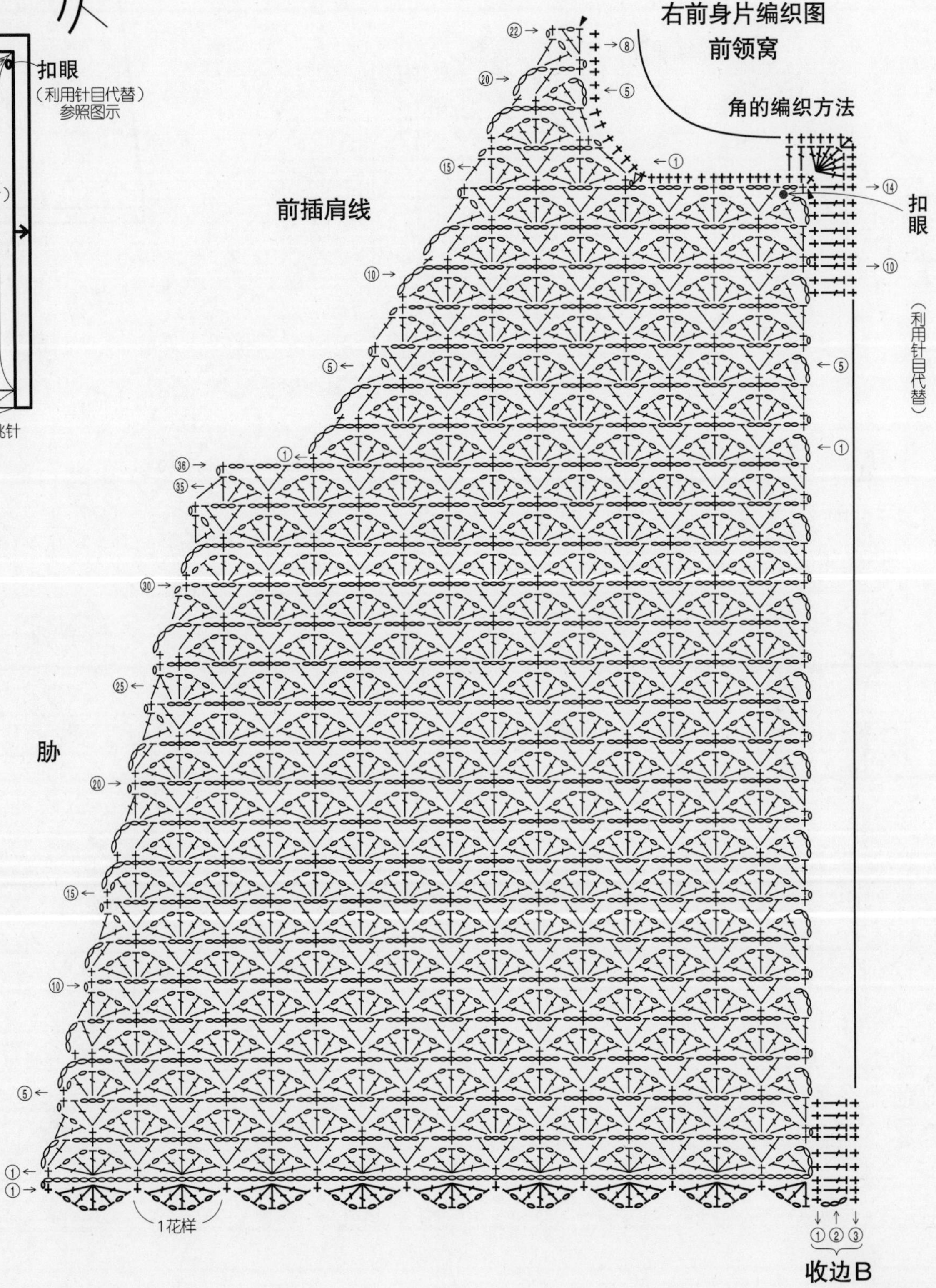
右前身片编织图
前领窝
角的编织方法
前插肩线
扣眼
（利用针目代替）
胁
收边A
1花样
收边B

★接下页

袖的编织图

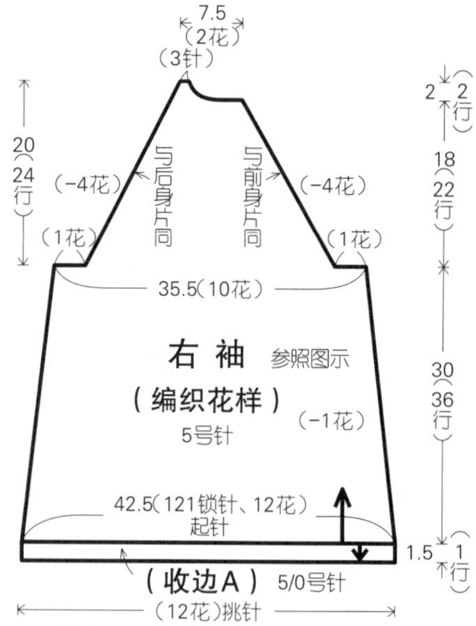

※左边袖子片和右边袖子片左右对称编织

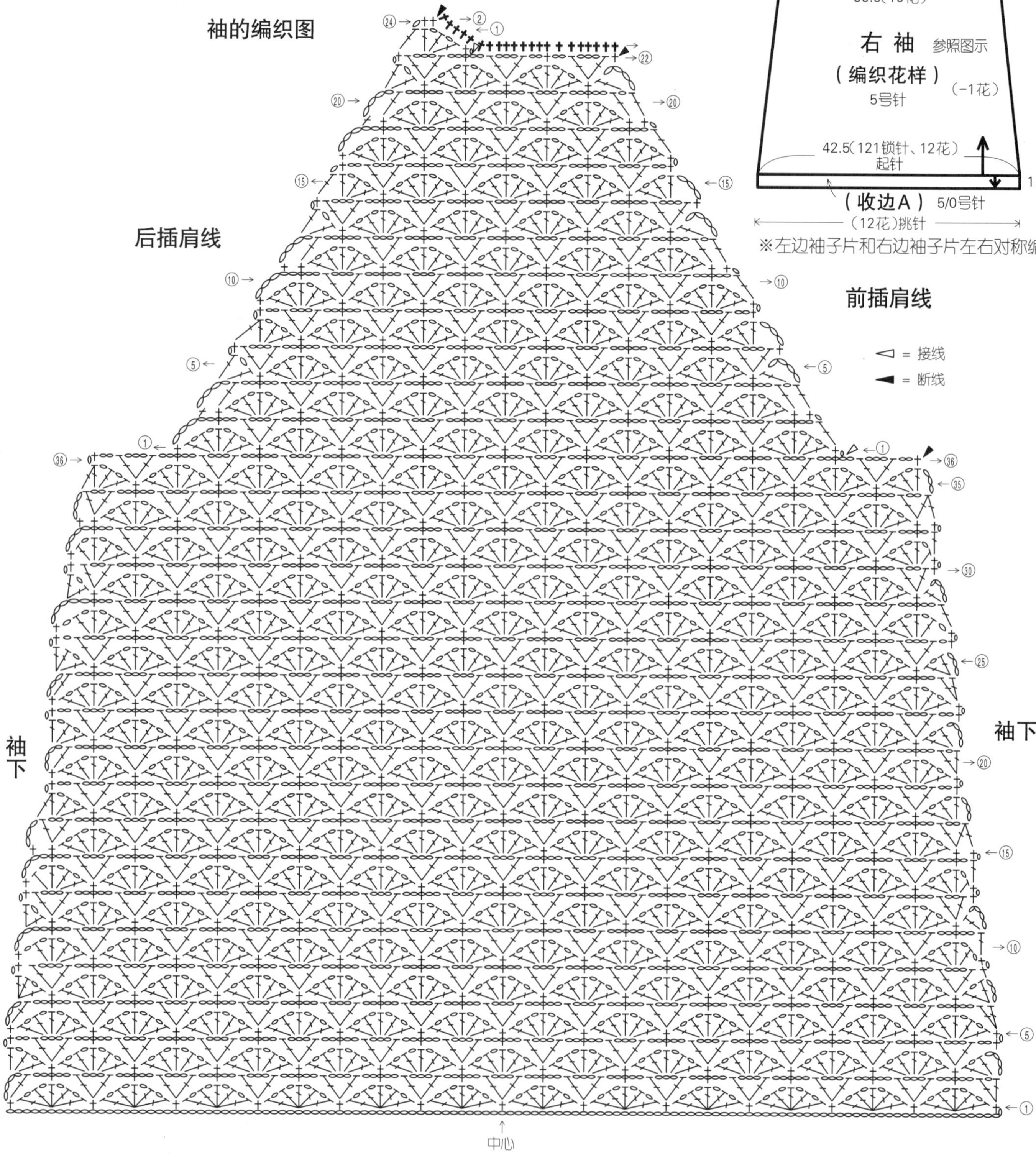

12
第18页

●材料：棉（51%）、其他纤维（49%）米色系（904）240g/10团
●工具：钩针4/0号
●成品尺寸：胸围随意，肩背宽36cm，身长66cm
●密度：10cm×10cm面积内：编织花样23针，6.5行
■编织方法和要点：从后身片中心开始锁针起针，从左身片开始按图示织花样。第1行是挑起起针锁针的半针和内山2根线编织。第2行的枣形针是在前一行的锁针中成束挑起编织，第4行的枣形针则是在前一行枣形针的头部入针编织。袖口是在第12行共线锁针编织，第1行按照图示编织。右身片在起针的锁针半针中挑针编织，左身片同样编织。组合时，身片编织结束时织1行收边。

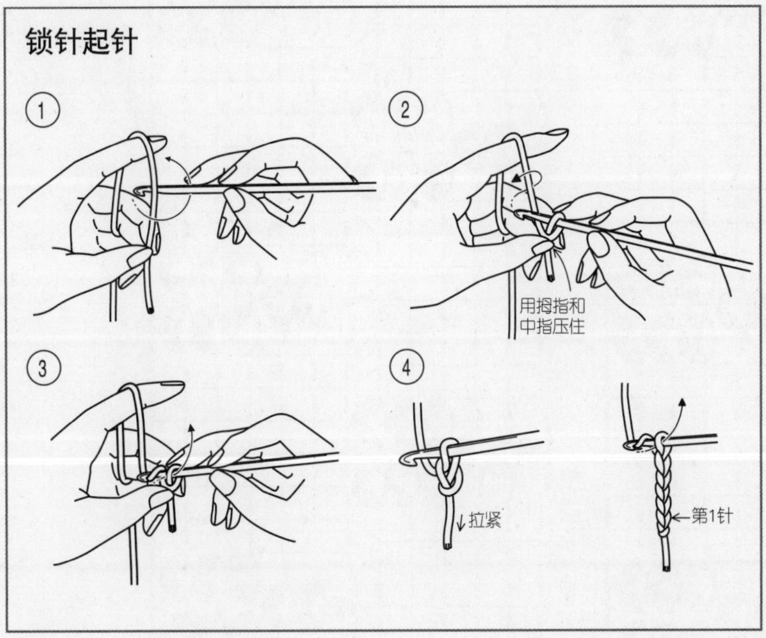

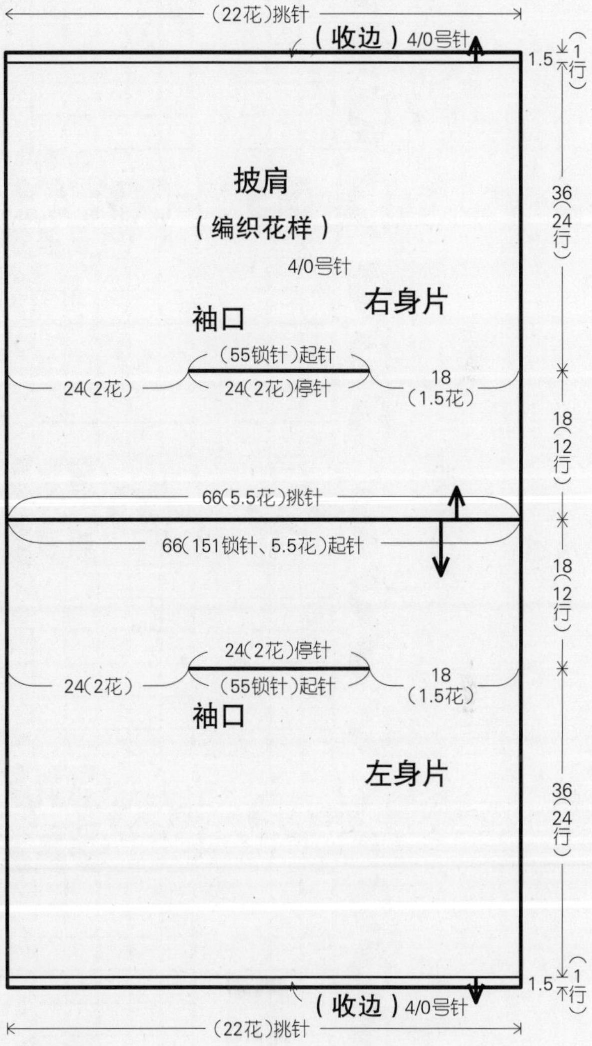

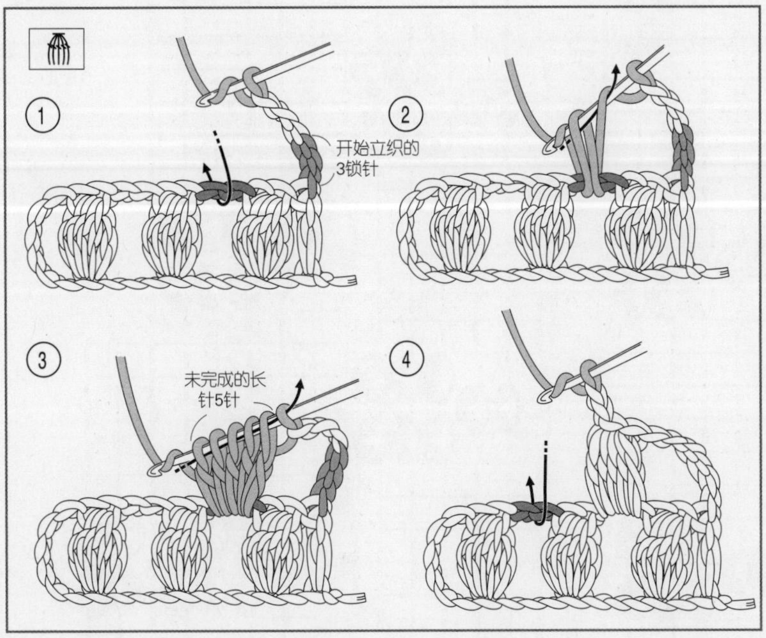

★接下页

编织花样

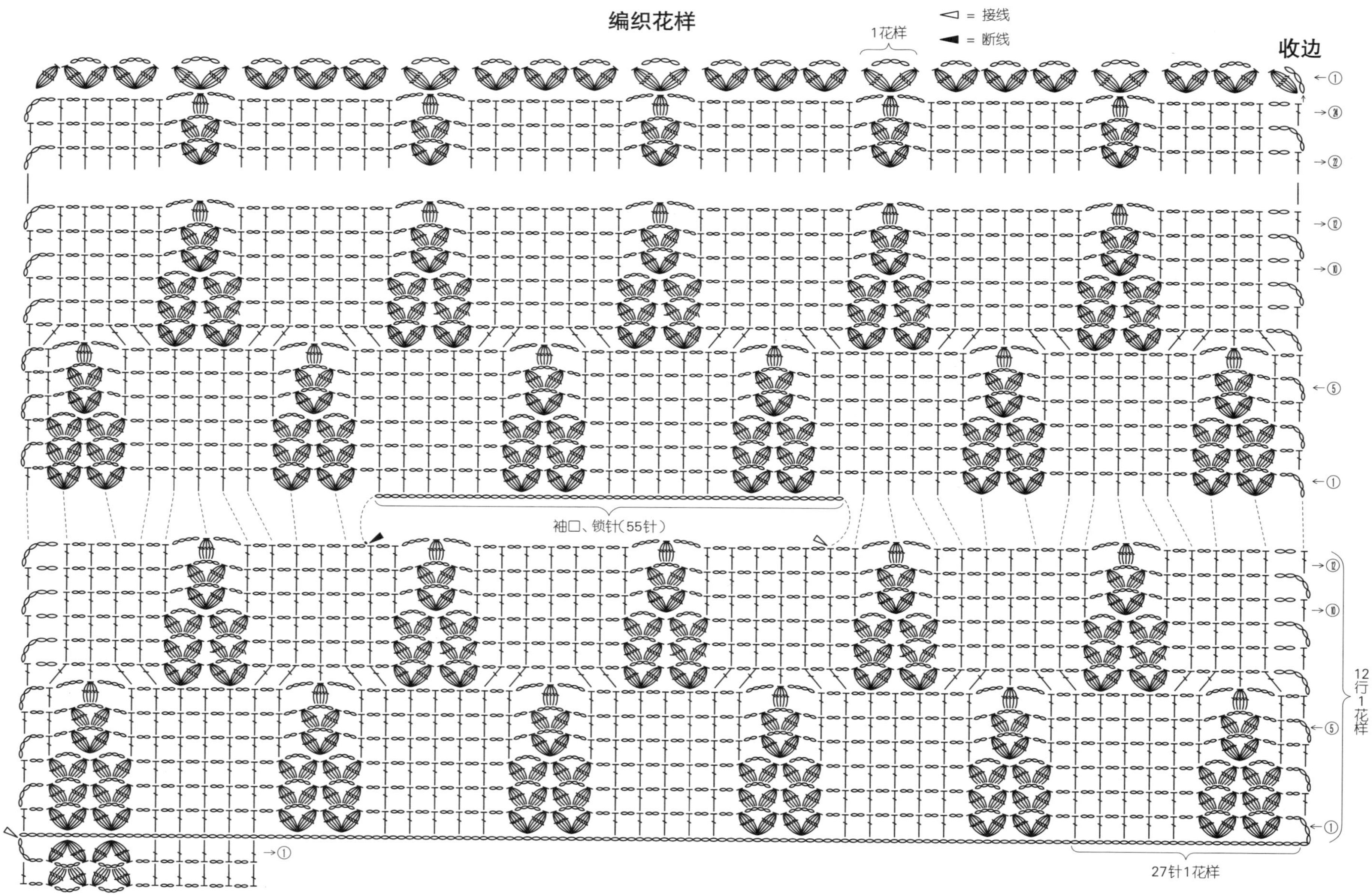

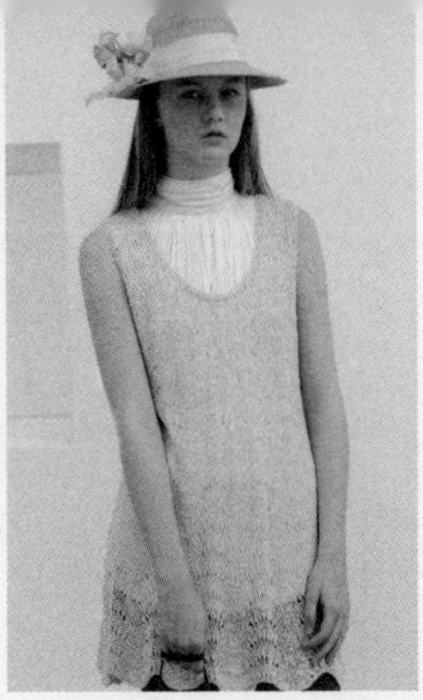

13

第21页

●**材料：** 亚麻（92%）、锦纶（8%）浅粉色（502）220g/9团

●**工具：** 棒针8号，钩针6/0号

●**成品尺寸：** 胸围88cm，肩背宽32cm，身长76cm

●**密度：** 10cm×10cm面积内：编织花样23.5针，24行

■**编织方法和要点：** 前后身片手指挂线起针，从下摆开始织平针和花样A、B、C、D。花样A~D按照图示分散减针，改变花样的针数。袖窿、领窝伏针收针，立起一端的1针减针。肩部休针。组合时，肩部是前后身片对齐盖针订缝。领、袖窿环形织平针，下针伏针收针。系绳织锁针，挑起锁针的内山，引拔编织，按照图示穿入。

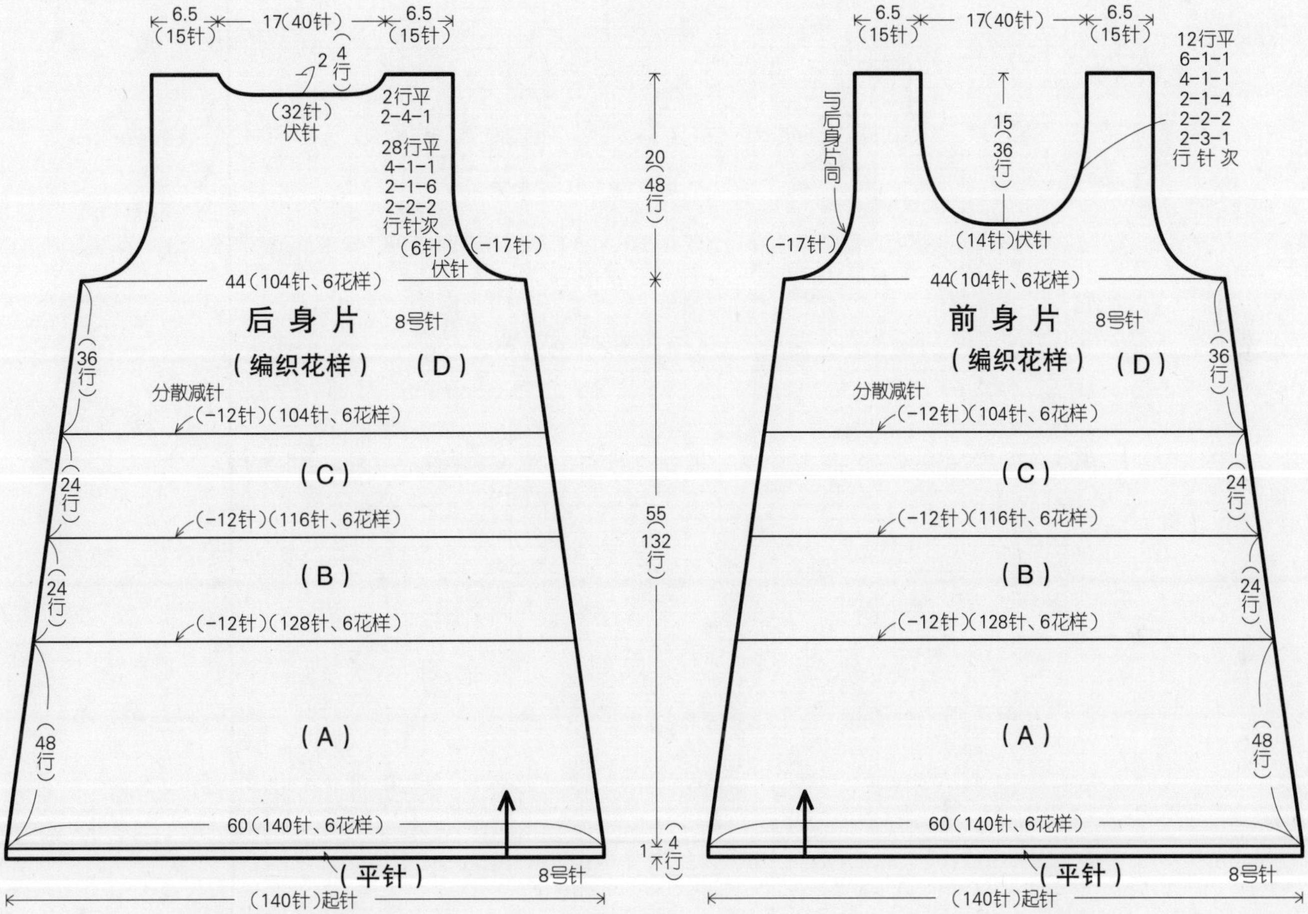

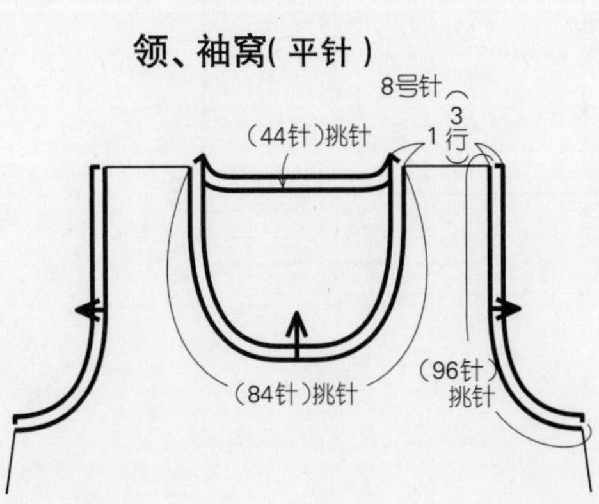

★接下页

编织花样

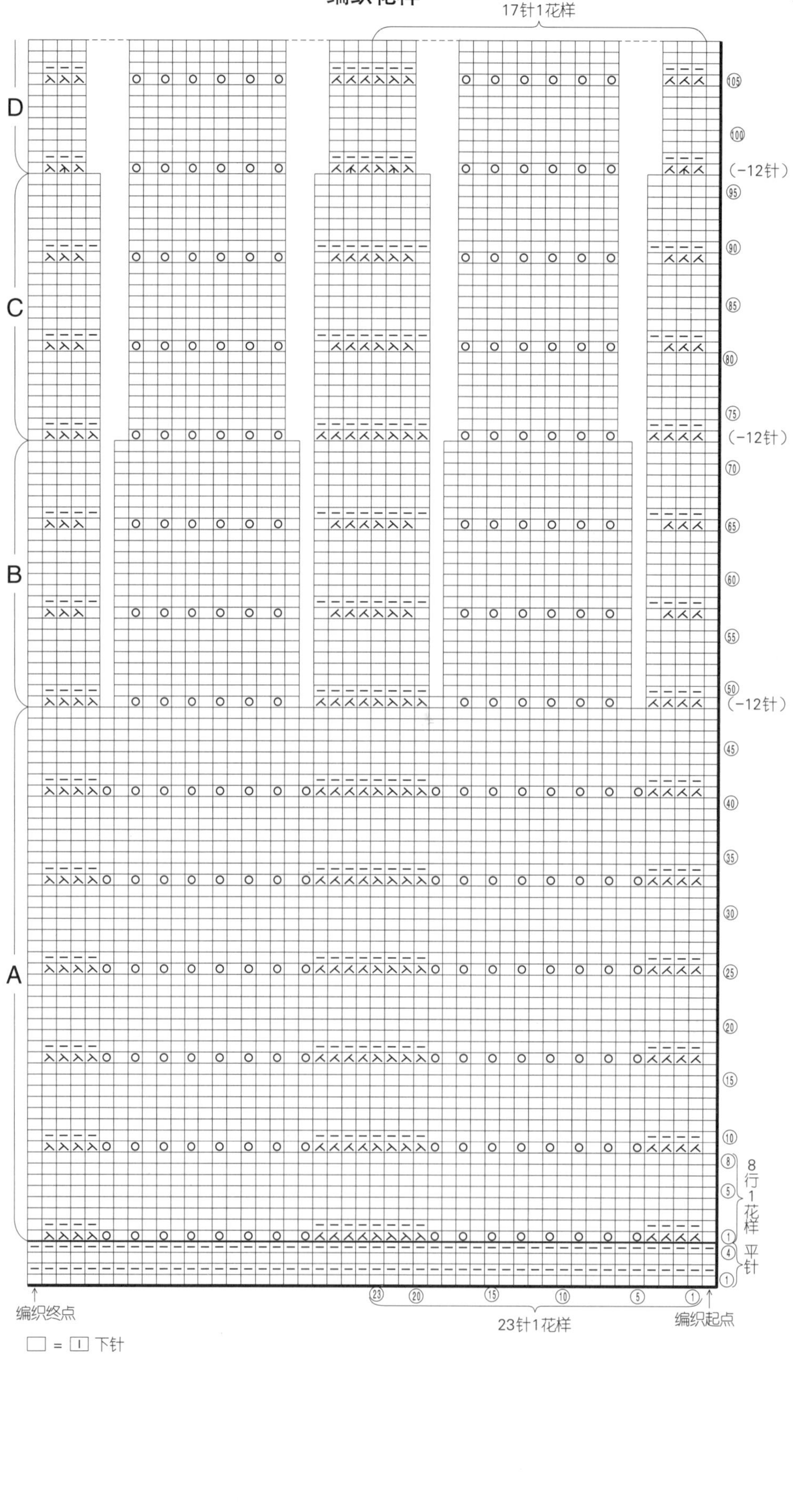

编织花样D、前身片编织图

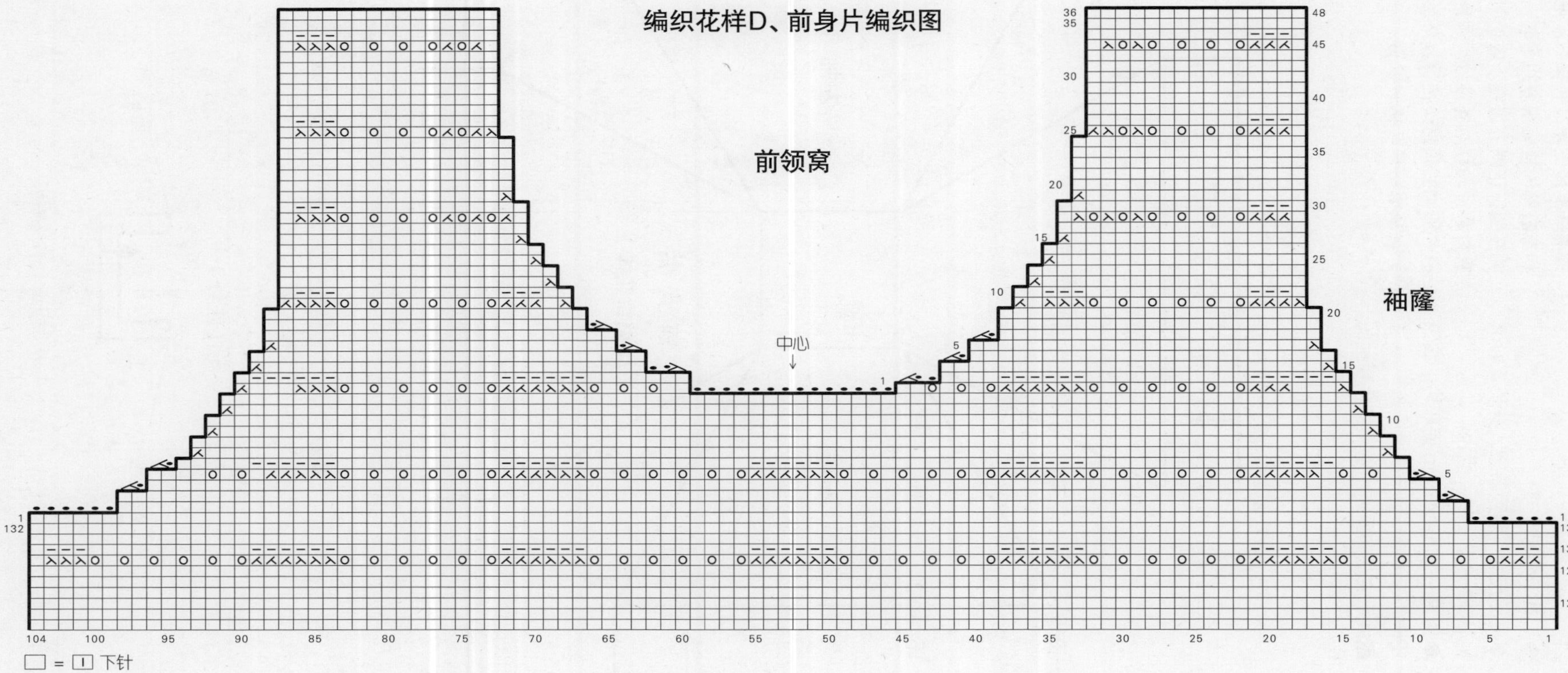

绳子的穿法示意图

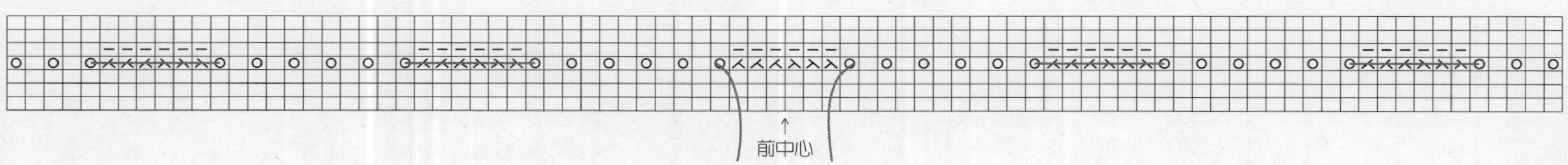

14
第 22 页

●**材料**：棉（40%）、人造丝（40%）、亚麻（20%） 薄荷绿（806）280g/7团
●**工具**：棒针 5 号
●**成品尺寸**：胸围随意，身长 49cm，袖长 49cm
●**密度**：10cm×10cm 面积内：编织花样 23 针，30 行
■**编织方法和要点**：前后身片和袖的编织，都从指上挂线起针开始，织收边（平针和正针编织），继续织花样。插肩线参照图示减针编织。前后身片和左右袖同样编织。组合时，身片和袖按照标记对齐接缝。收边时，前后身片和袖同样对齐接缝。领是从前后身片和袖的领窝处挑针，环形编织正针，编织结束时伏针收针。

指上挂线起针

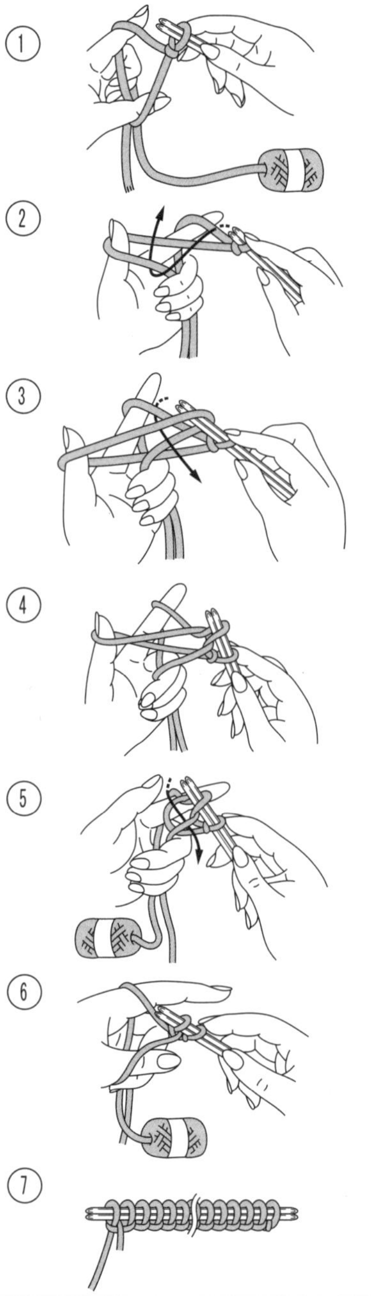

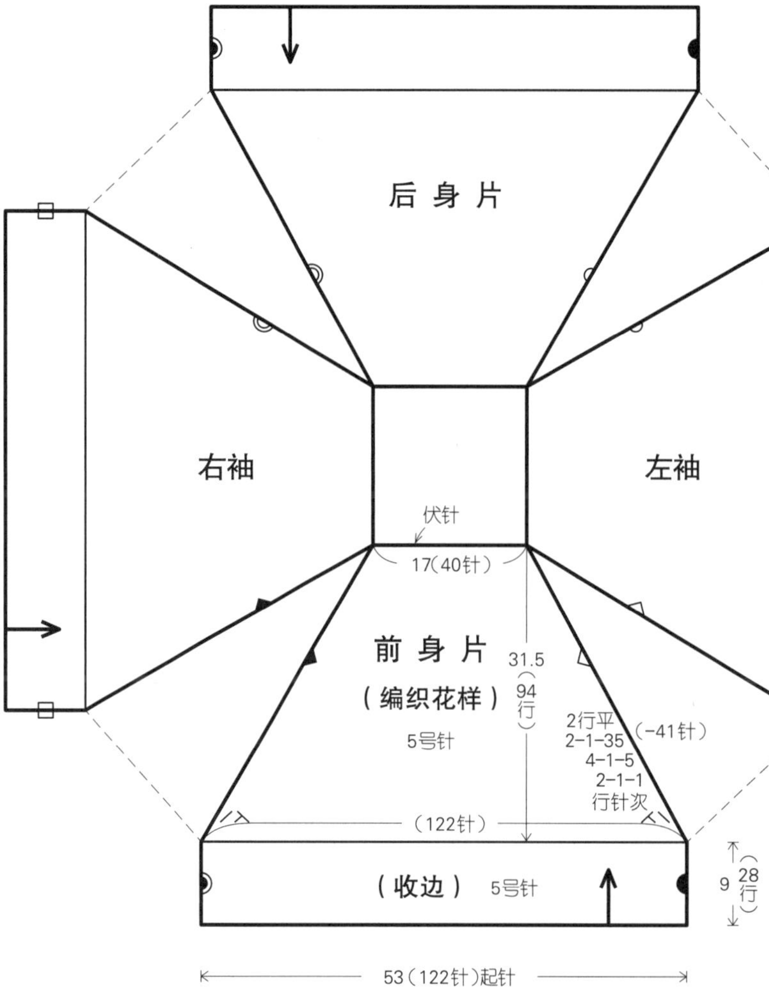

※前后身片、左右袖分成四片，编织成同样的形状，相同标记处连起来

领（正针）

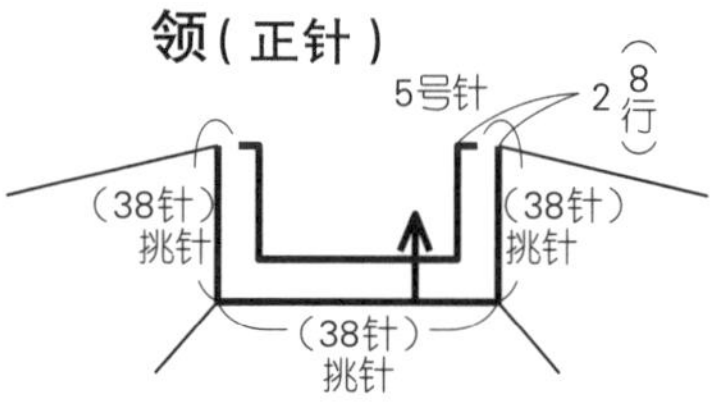

编织花样、插肩线编织图

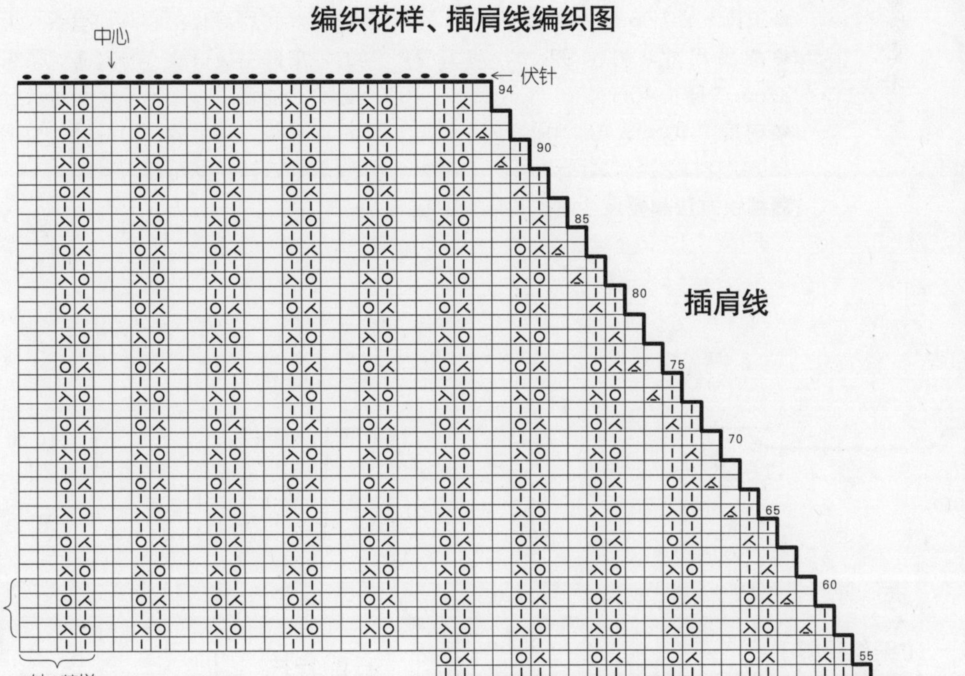
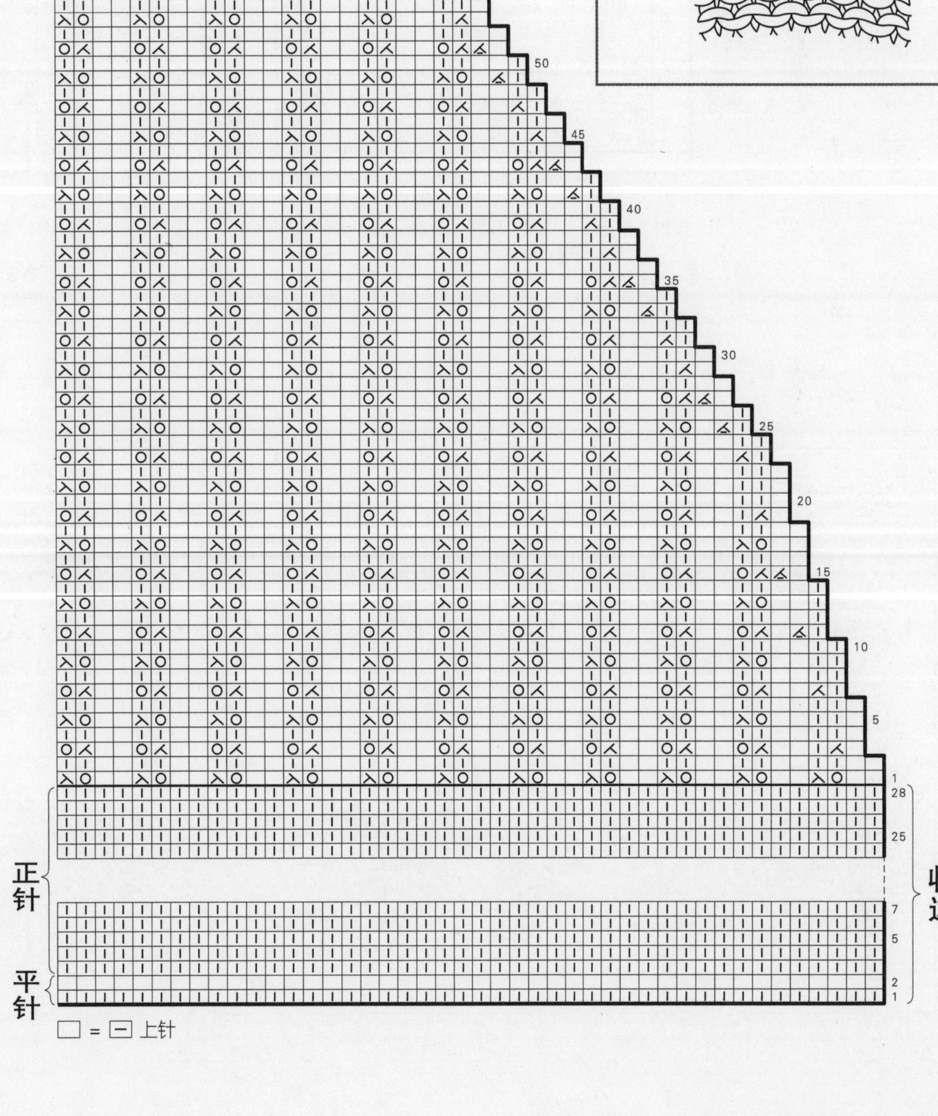

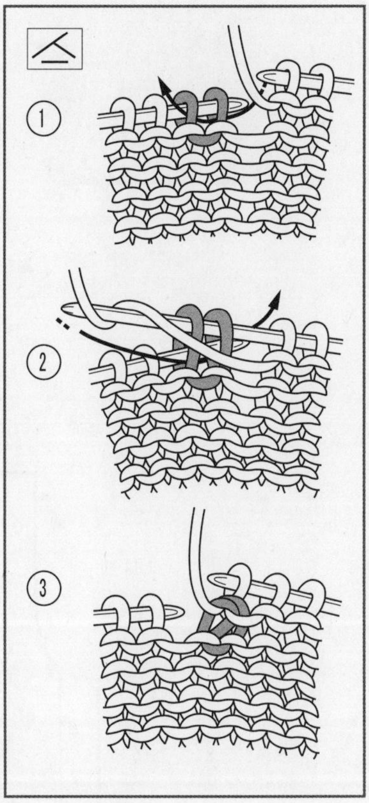

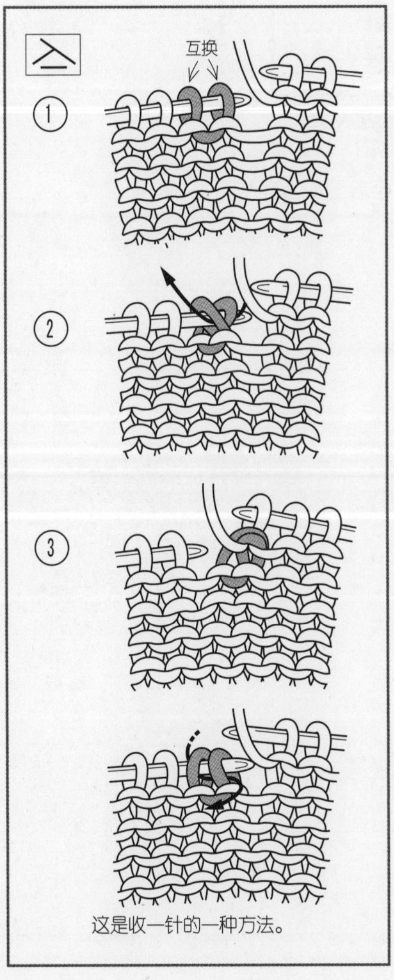

这是收一针的一种方法。

18

第 27 页

●**材料**：人造丝（67%）、麻（22%）、锦纶（11%） 浅绿色（1588）200g/5团

●**工具**：棒针 5 号，钩针 5/0 号

●**成品尺寸**：胸围 92cm，肩背宽 37cm，身长 40cm

●**密度**：10cm×10cm 面积内：反针和编织花样 28 针，33 行

■**编织方法和要点**：后身片以指上挂线起针，织 6 行收边 A。继续编织反针和花样。袖窿和领窝伏针收针，立起一端的 1 针减针编织，肩部休针。前身片和后身片左右对称编织。组合时，肩部引拔订缝，胁接缝。领织收边 B。袖窿织收边 A，从反面伏针收针。系绳在锁针的内山挑针，引拔编织。领口按照图示穿入系绳。

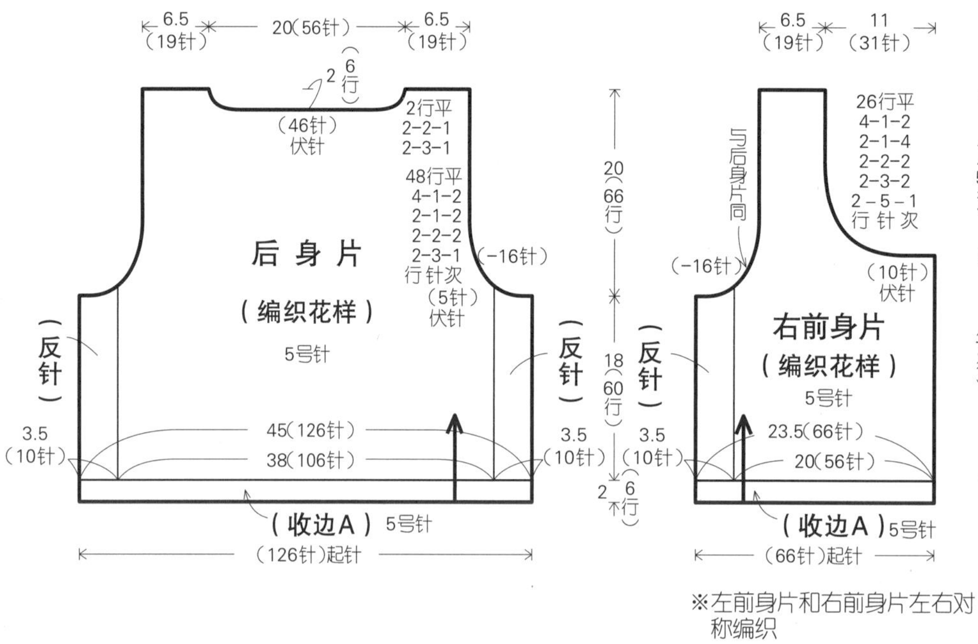

※左前身片和右前身片左右对称编织

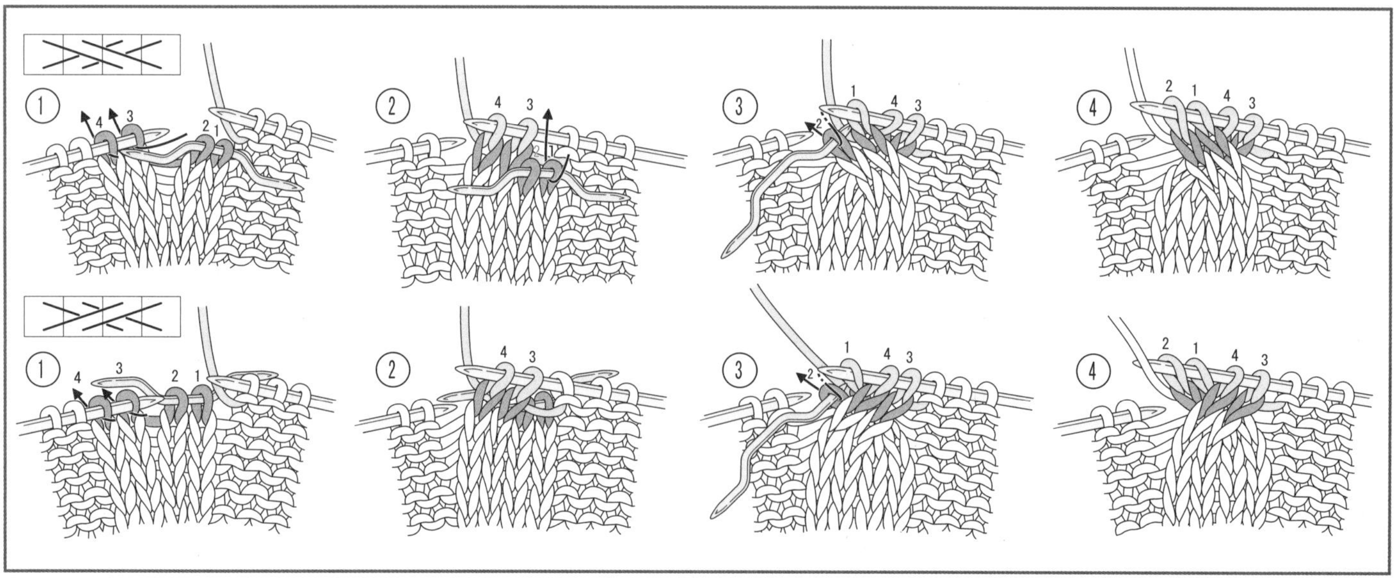

领（收边B）5号针

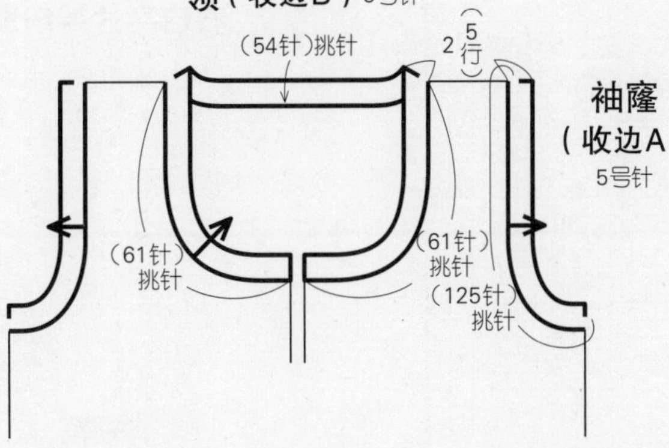

把绳子穿过领子周围

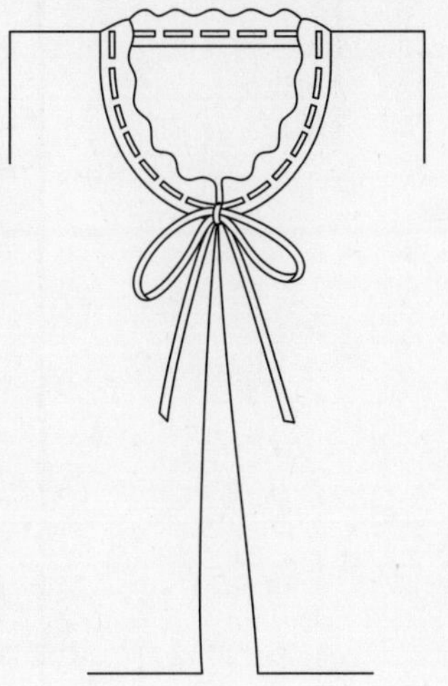

引拔编织绳子

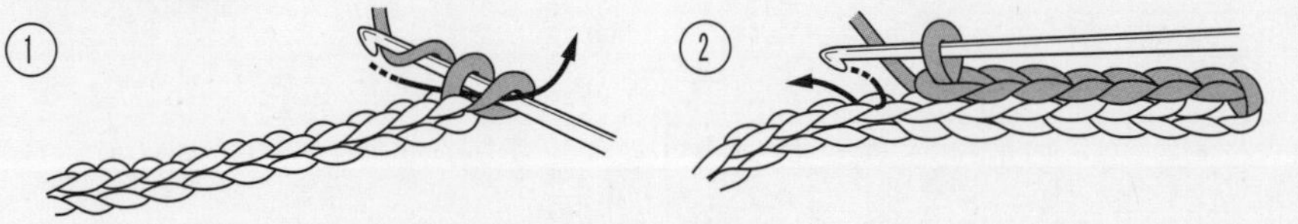

收边A（袖窿）

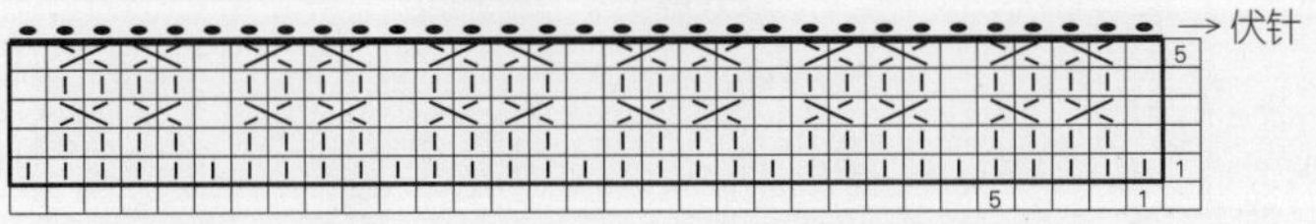

□ = ⊟ 上针

绳子（引拔编织） 5/0号针

收边B、绳子的穿入方法

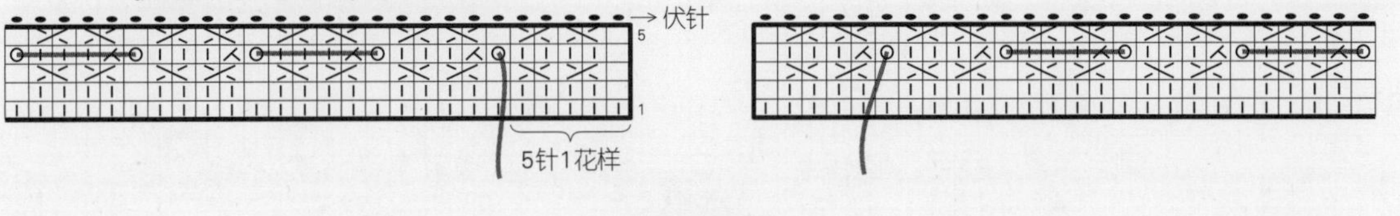

编织花样

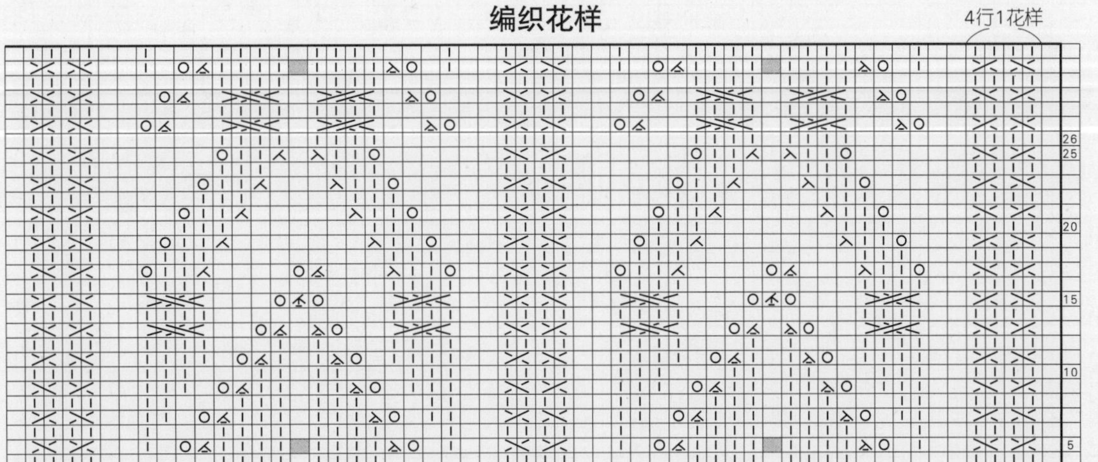

□ = ⊟ 上针　　▩ = 5/0号针

★接下页

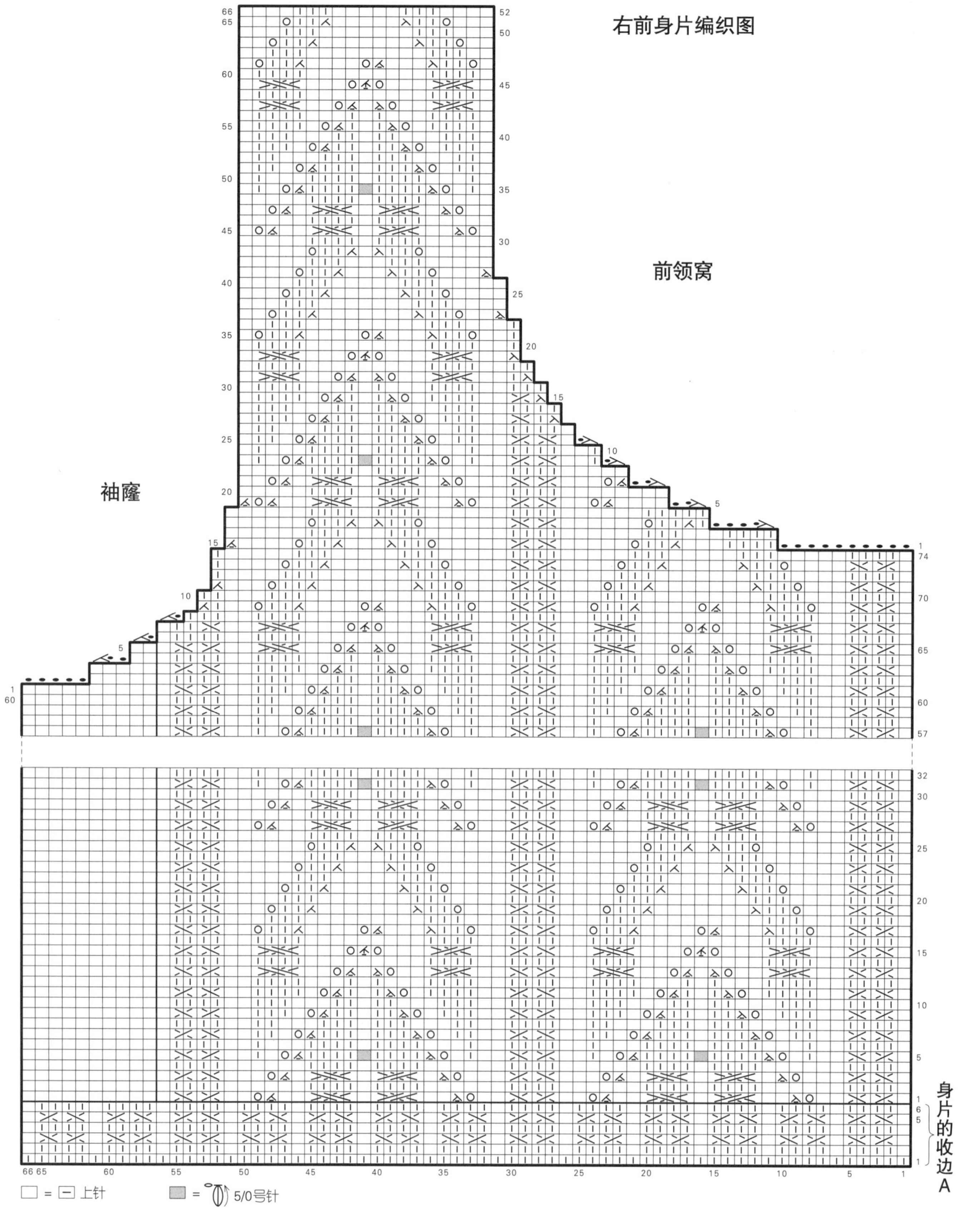
右前身片编织图
前领窝
袖窿
身片的收边A
□ = ⊟ 上针
▒ = 5/0号针

16
第24页

●**材料**：麻（44%）、人造丝（40%）、棉（16%） 深红色系（506）190g/5团

●**工具**：棒针5号

●**成品尺寸**：胸围94cm，肩背宽36cm，身长57.5cm

●**密度**：10cm×10cm面积内：反针编织20针，28行，编织花样，1花样（8针）3cm，10cm内28行

■**编织方法和要点**：前后身片均从指上挂线起针，织反针和花样。如图所示确定花样的针数，分散减针编织反针。袖窿、领窝伏针，立起一端1针减针，肩部引拔编织，然后休针。组合时，肩部是前后身片对齐引拔编织。肋接缝。领从领窝挑针，环形编织平针，从反面伏针收针。袖窿环形编织平针，从反面伏针收针。前后都可以穿着。

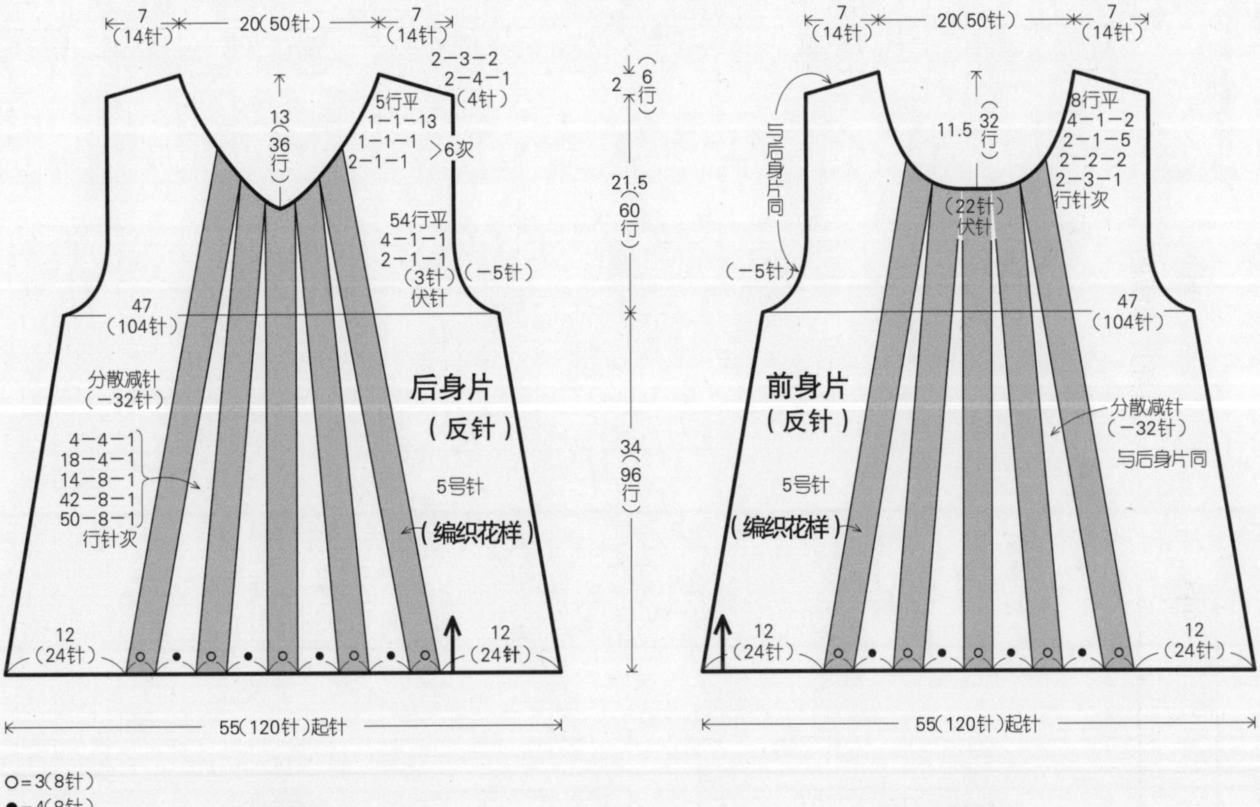

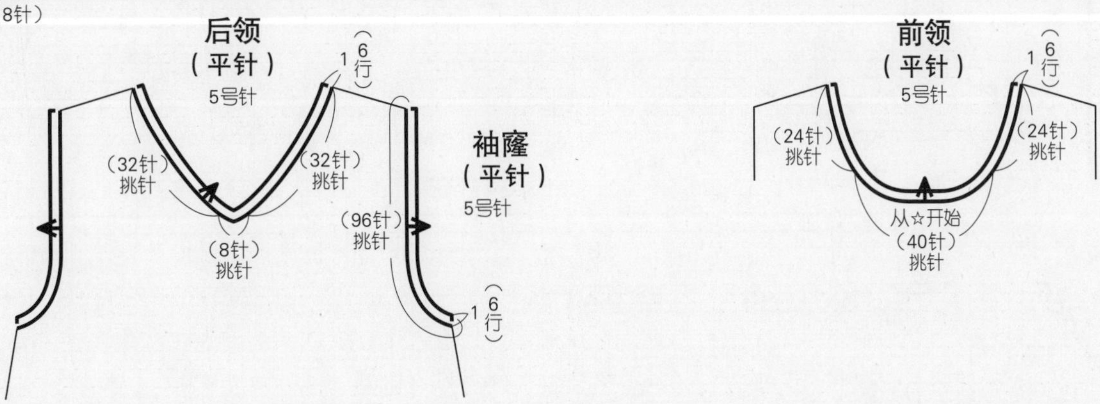

★接下页

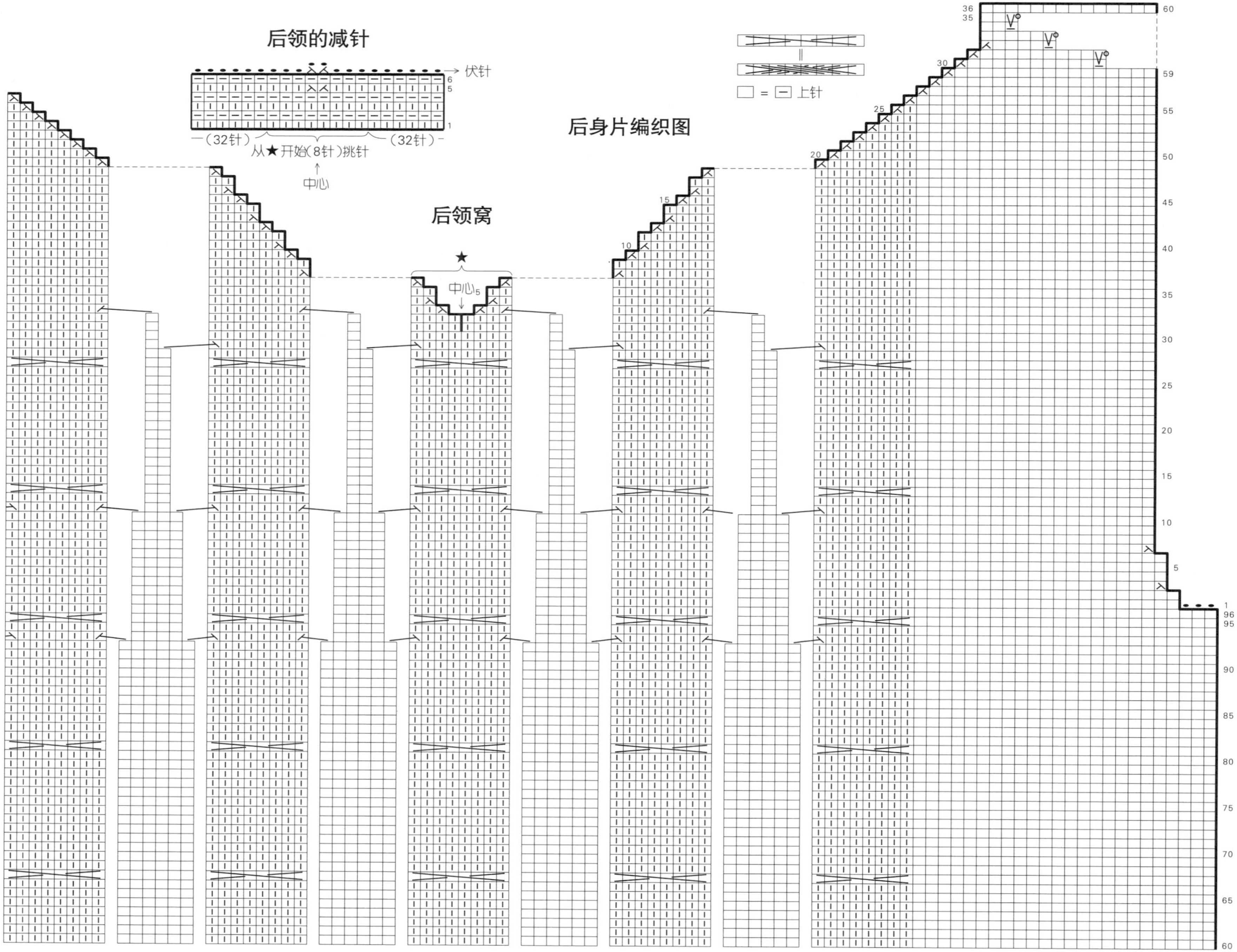
后领的减针
伏针
（32针）
从★开始（8针）挑针
（32针）
中心
□ = ⊟ 上针
后身片编织图
后领窝
★
中心

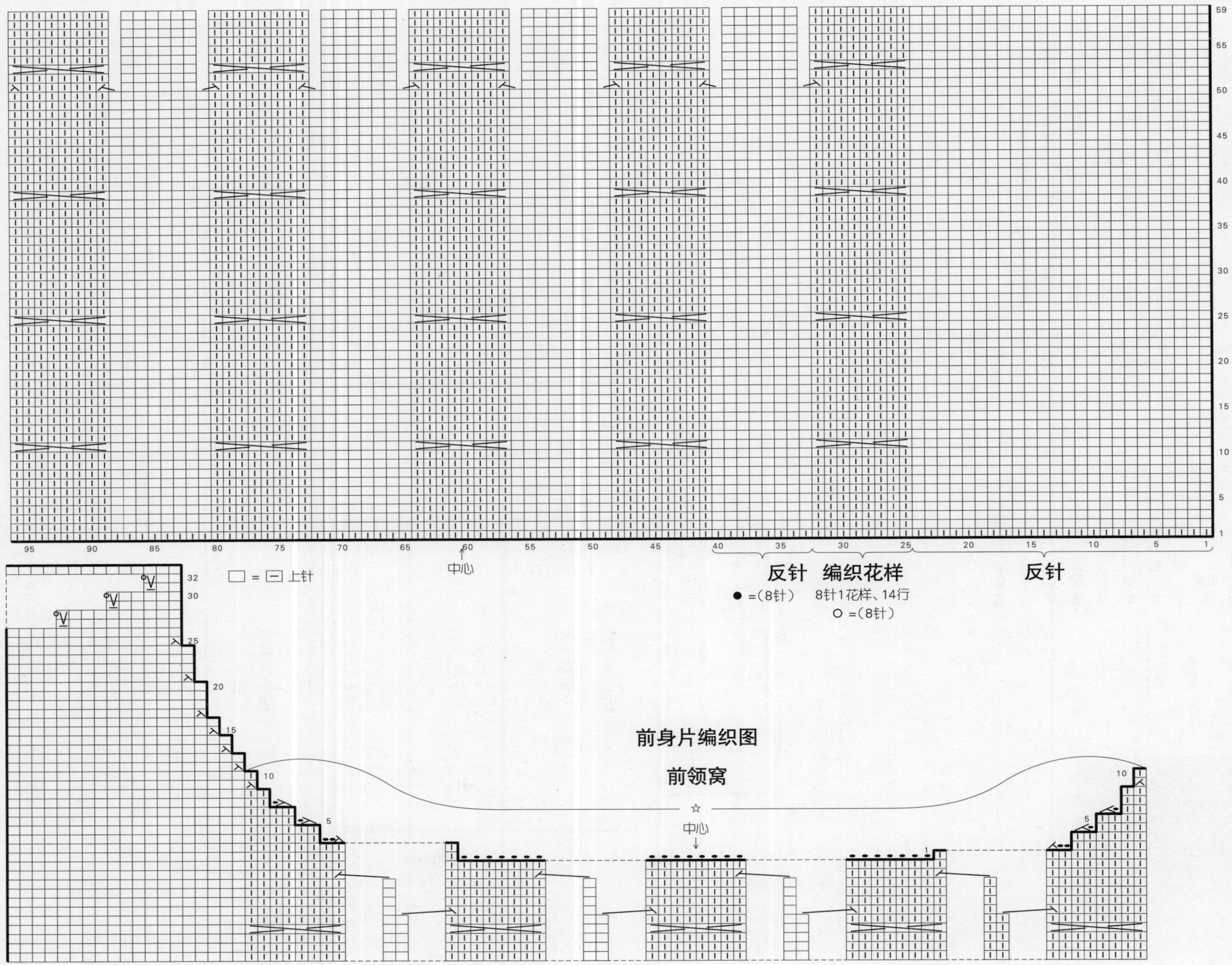

中心
□ = ⊟ 上针
反针
编织花样
反针
● =（8针）
8针1花样、14行
O =（8针）
前身片编织图
前领窝
☆
中心

17

第 26 页

●**材料**：棉(78%)、锦纶(22%) 原色蓝色系深浅段染线(2804)370g/4 团，直径 2cm 的纽扣 6 个

●**工具**：棒针 5 号

●**成品尺寸**：胸围 93cm，肩背宽 34cm，身长 77cm，袖长 44cm

●**密度**：10cm×10cm 面积内：正针编织 22 针，30 行，编织花样 23cm，32 行

■**编织方法和要点**：后身片指上挂线起针，从下摆开始织 48 行花样，正针编织的第 1 行平均减 33 针。袖窿、领窝伏针，立起一端 1 针减针，肩部引拔编织，然后休针。前身片的前襟一起织单罗纹针，右前襟织扣眼。袖下的 1 针内侧织扭加针，袖山结束时伏针收针。组合时，肩部引拔订缝，胁、袖下接缝。后领和后领窝的针和行对齐订缝。领编织结束时织单罗纹针订缝。袖引拔接缝在身片上。

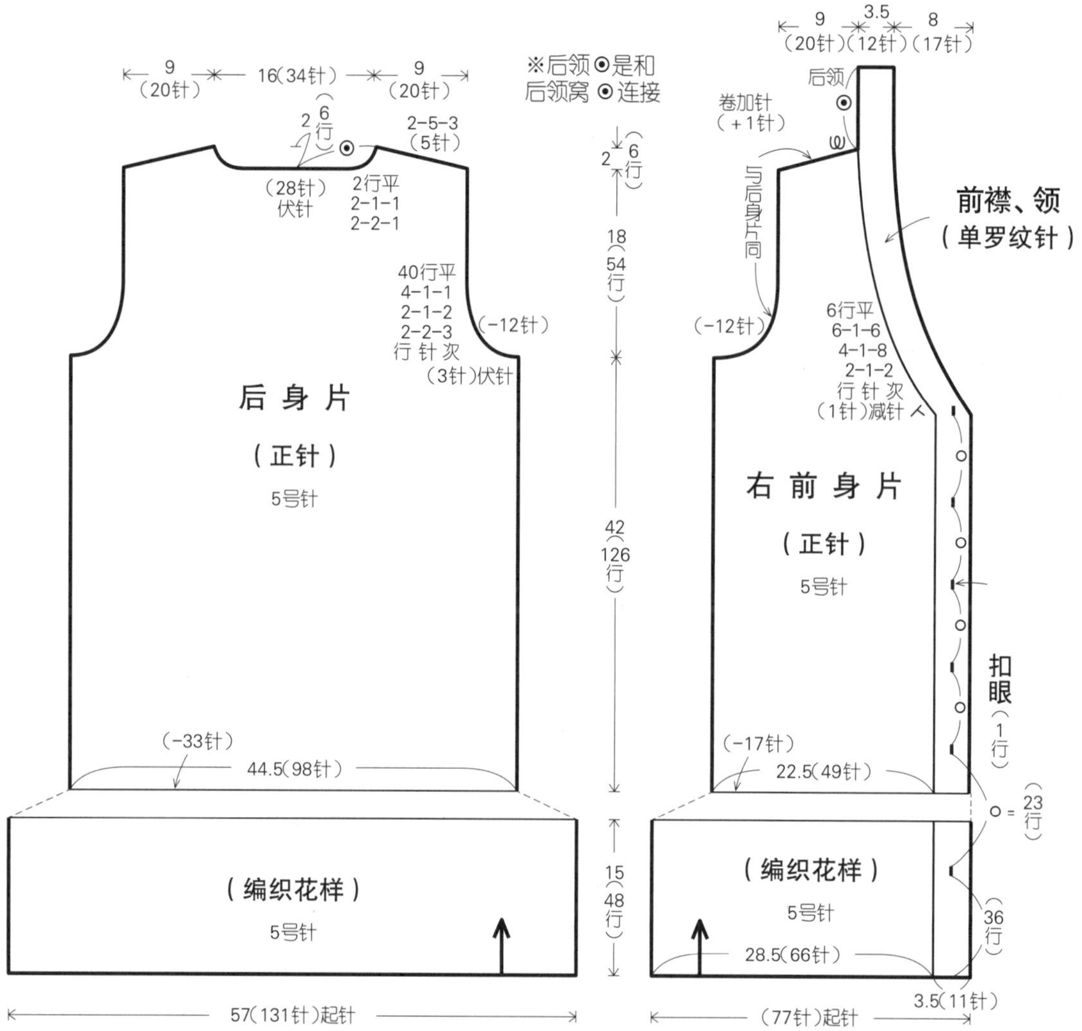

编织花样

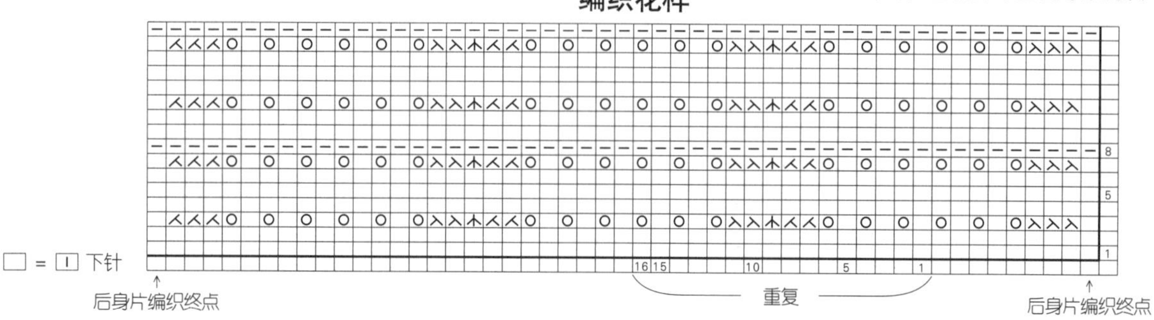

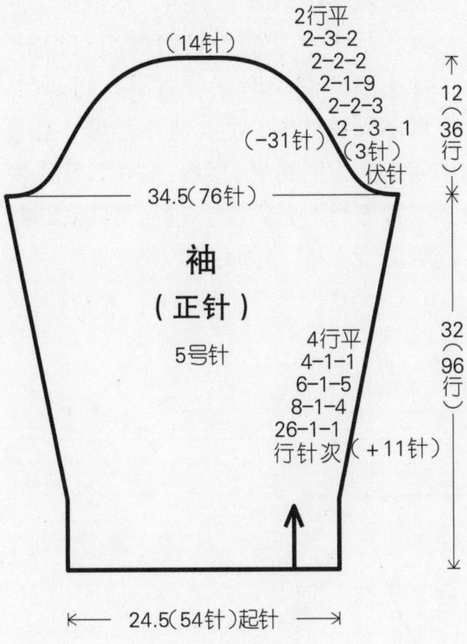
(14针)
2行平
2-3-2
2-2-2
2-1-9
2-2-3
2-3-1
(-31针)
(3针)
伏针
12
(36行)
34.5(76针)
袖
(正针)
5号针
4行平
4-1-1
6-1-5
8-1-4
26-1-1
行针次
(+11针)
32
(96行)
24.5(54针)起针

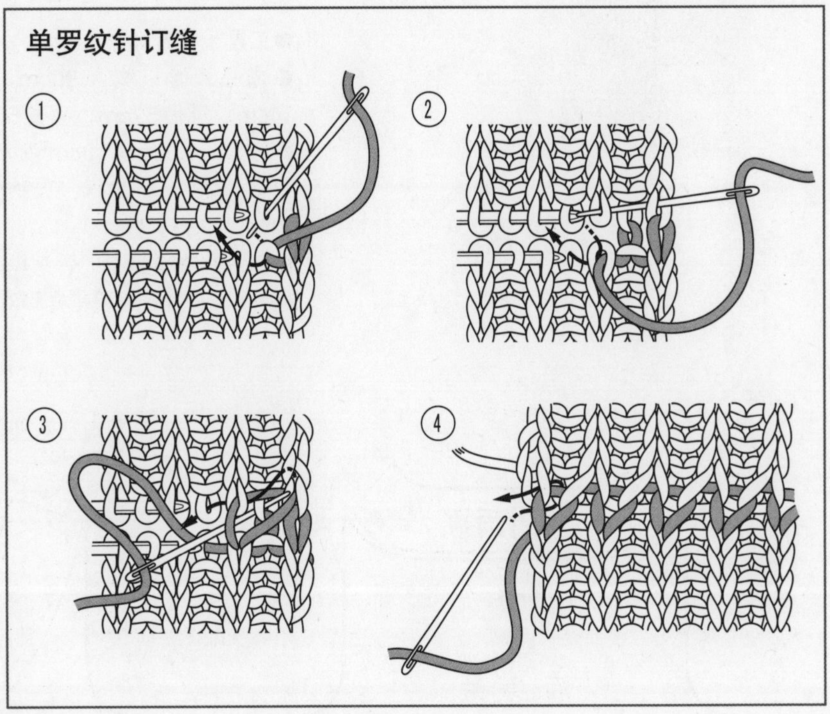
单罗纹针订缝

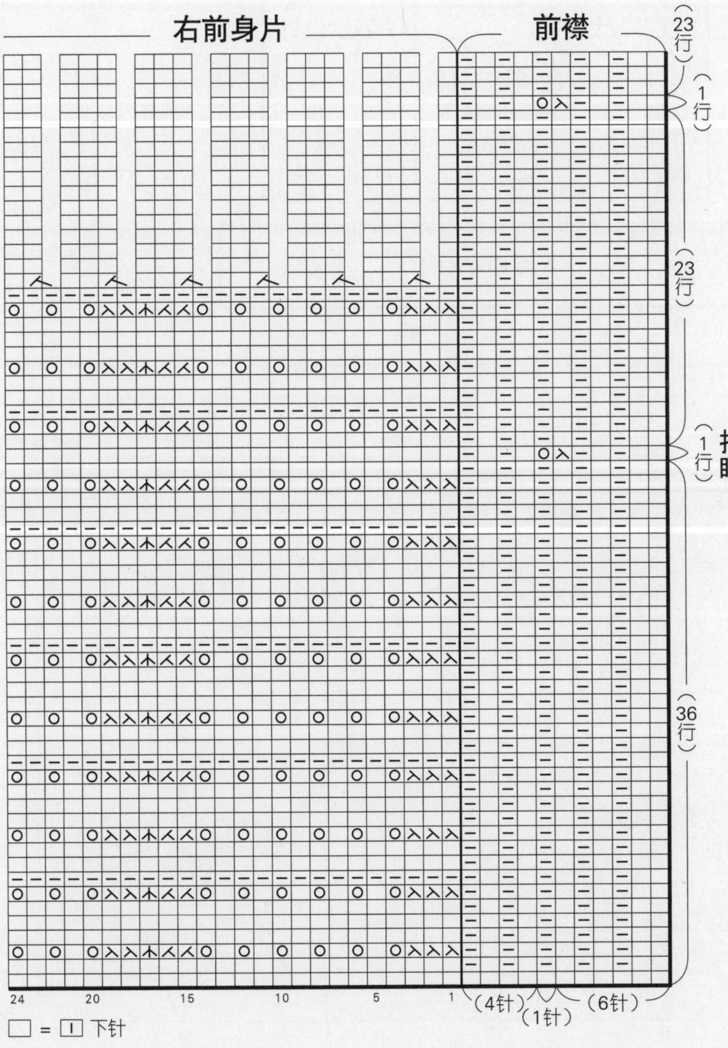
右前身片
前襟
23行
1行
23行
1行
扣眼
36行
24
20
15
10
5
1
(4针)
(1针)
(6针)
□ = ① 下针

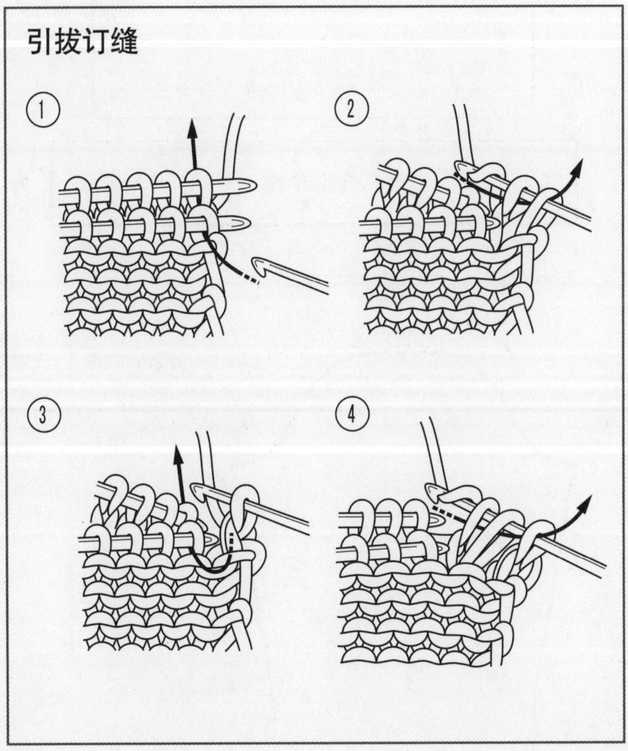
引拔订缝

19
第 28 页

●**材料**：棉（40%）、人造丝（25%）、其他纤维（35%） 原色（402）200g/8团

●**工具**：棒针 5 号

●**成品尺寸**：胸围 90cm，肩背宽 34cm，身长 52cm，袖长 50cm

●**密度**：10cm×10cm 面积内：编织花样 23 针，23 行，双罗纹针编织 24cm，23 行

■**编织方法和要点**：后身片指上挂线起针，从下摆开始织花样和双罗纹针。袖窿和领窝伏针，立起一端的 1 针减针编织。前身片从中央开始编织花样，领窝参照图示减针编织，继续编织后领。袖下一端的 1 针内侧织扭加针，袖山编织结束时伏针收针。组合时，肩部引拔订缝，胁、袖下接缝，后领编织结束时盖针订缝。后领口和领窝的针与行对齐订缝。袖与身片引拔接缝。

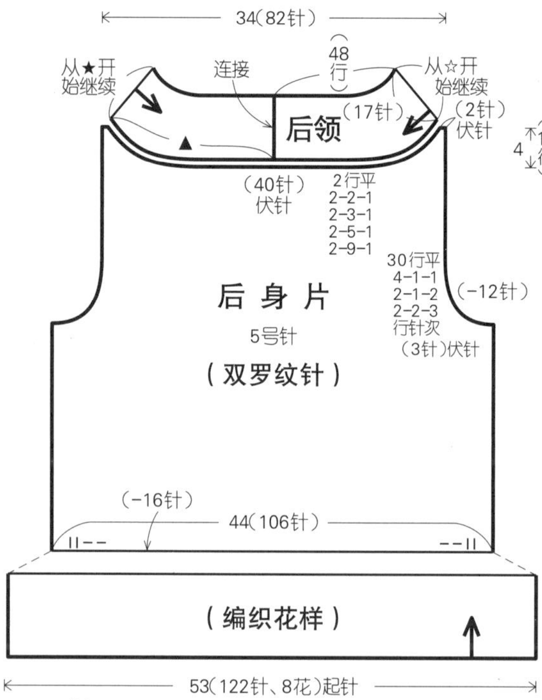

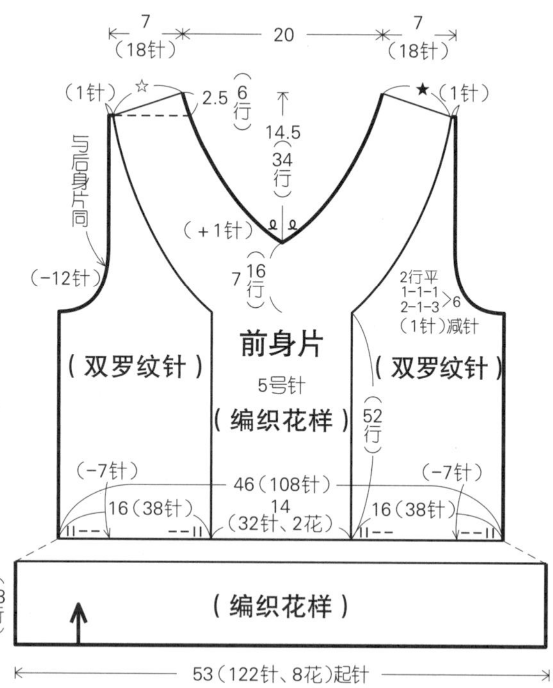

花=花样

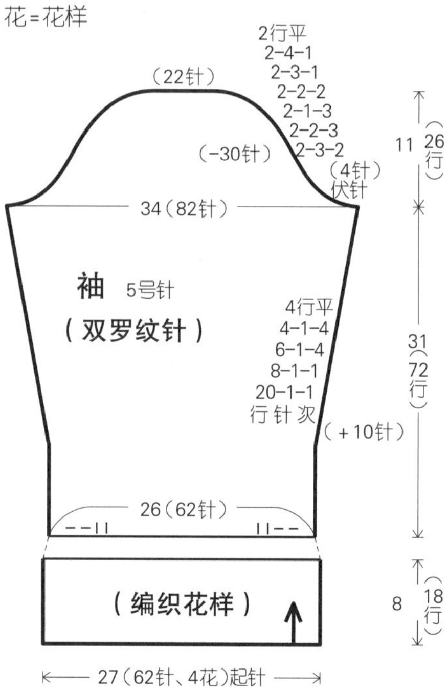

盖针订缝

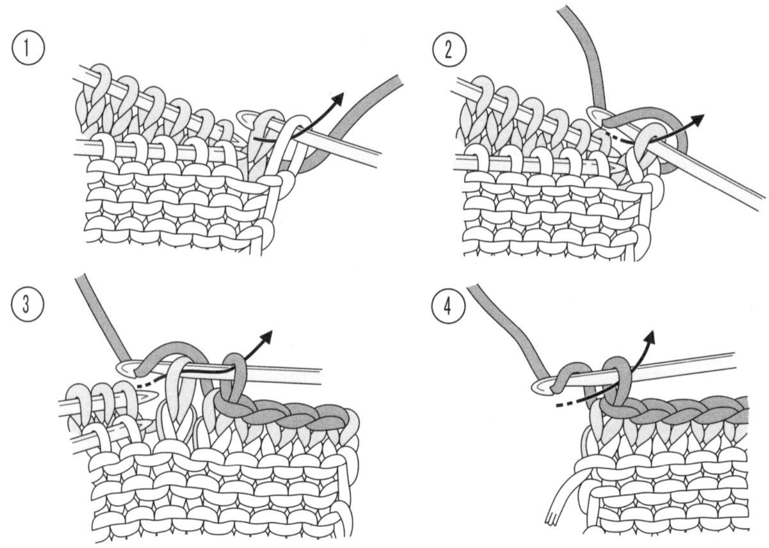

编织花样

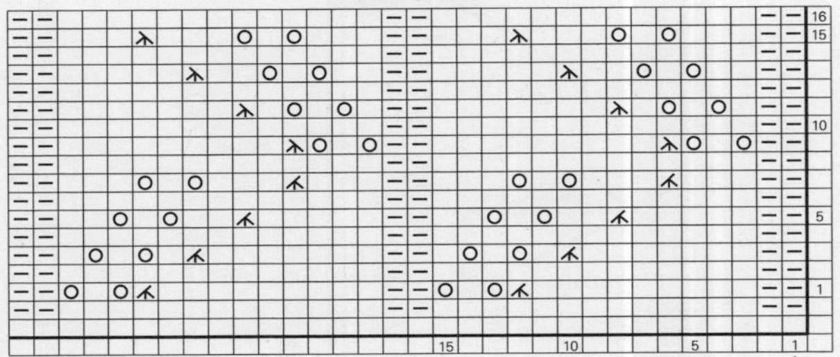

前身片编织图

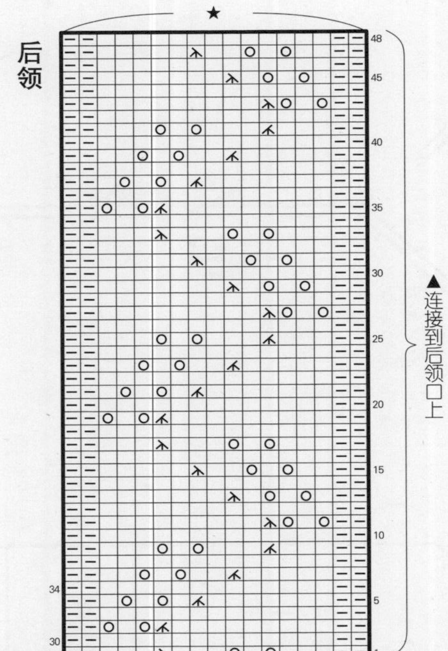
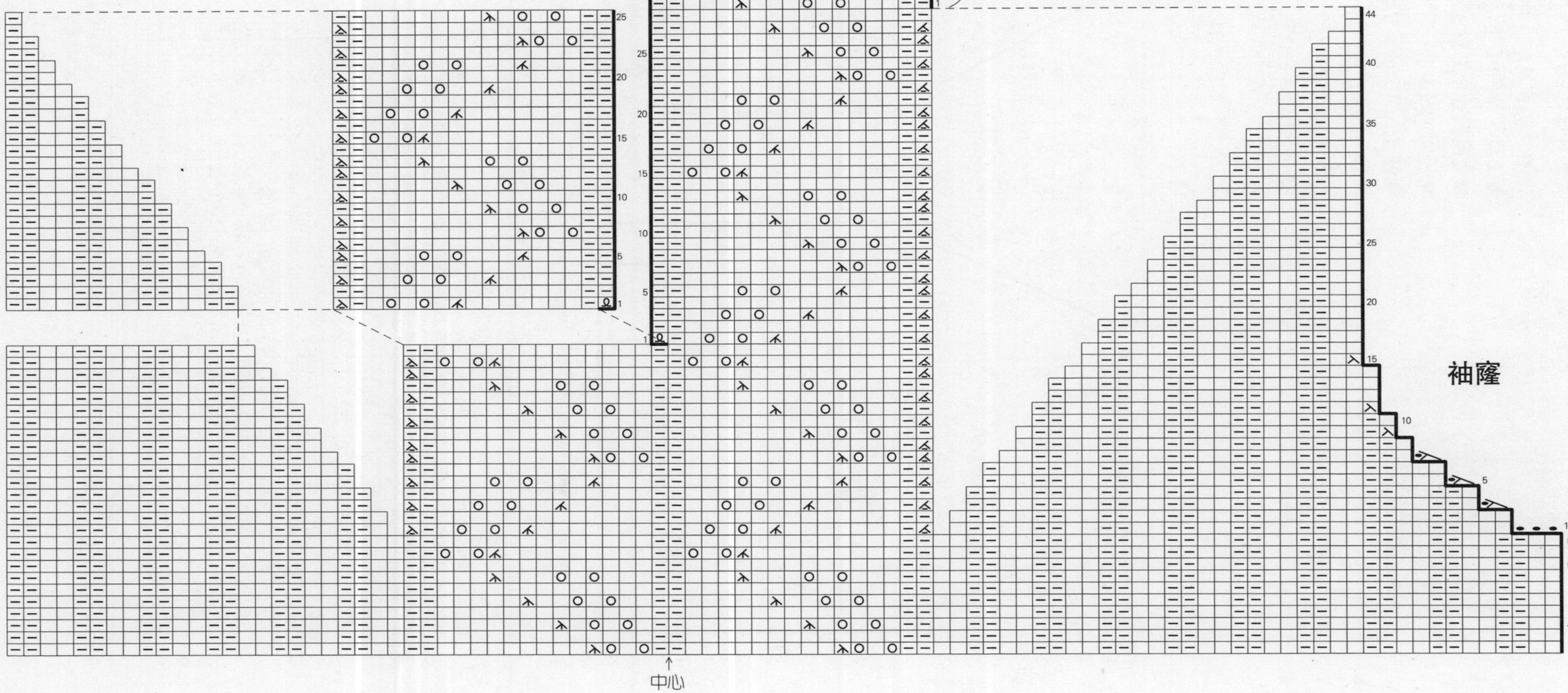

针和行订缝

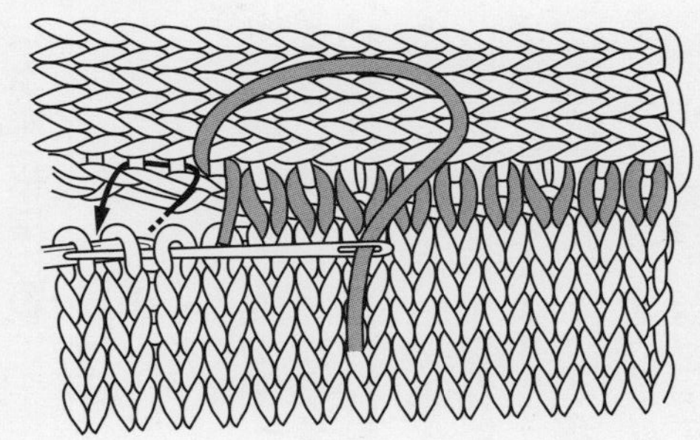

20
第 29 页

●**材料**：棉（40%）、人造丝（25%）、其他纤维（35%） 浅灰色线（404）180g/8 团，直径 1.5cm 的纽扣 3 个

●**工具**：棒针 4 号，钩针 3/0 号

●**成品尺寸**：胸围 91cm，身长 54.5cm，袖长 31.5cm

●**密度**：10cm×10cm 面积内：反针编织 21.5 针，31 行，编织花样 21.5cm，35 行

■**编织方法和要点**：后身片在指上挂线起针，织花样和反针。腋下的针目伏针收针，插肩线立起开头的 1 针减针编织，领窝的针目伏针收针。前片的领窝立起开头 1 针减针编织，结束时伏针收针。左右对称编织。袖织平针和反针，左右对称编织。组合时，胁、袖下、插肩线分别对齐接缝。领和前襟部分，在右前襟上织扣眼。左前襟上缝上纽扣。

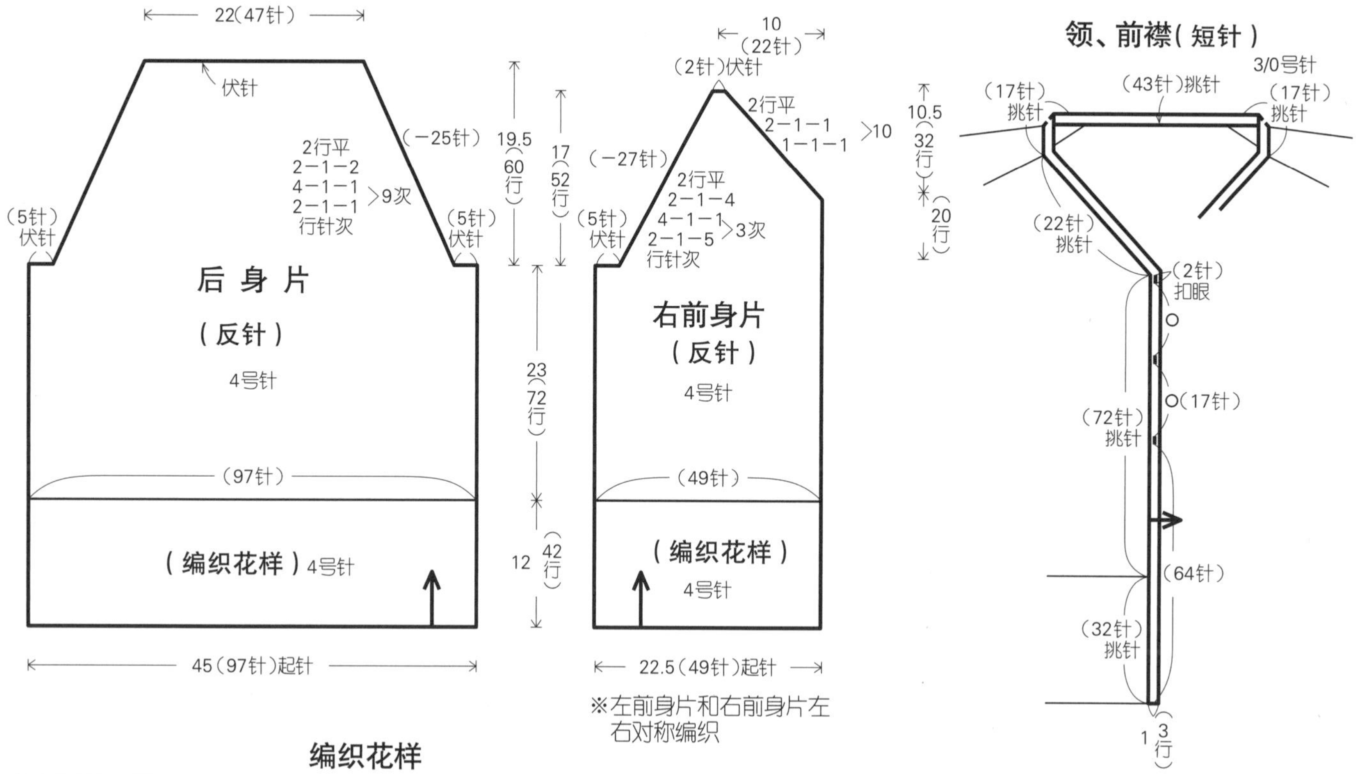

编织花样

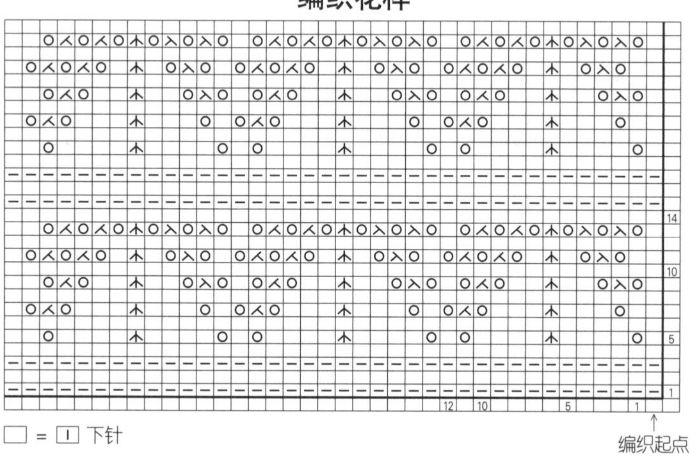

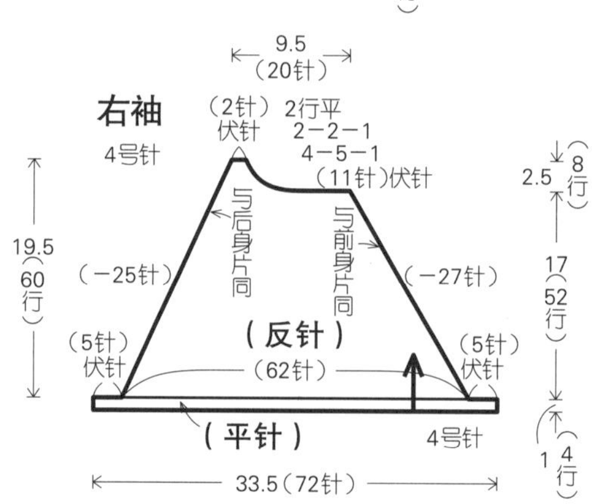

※左袖片和右袖片左右对称编织

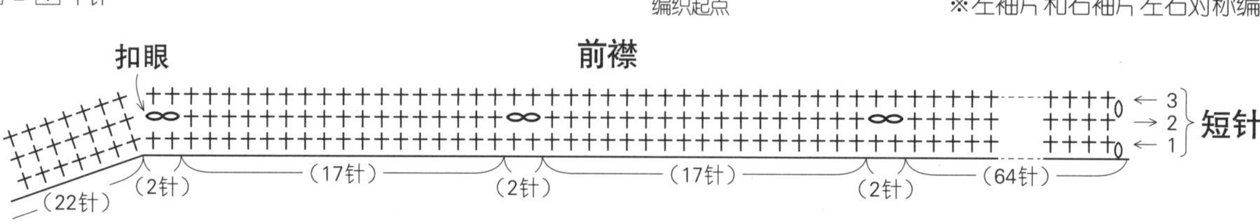

22

第30、31页

●**材料：**和纸纤维　作品a　茶色系、绿色系段染线（725）65g/2团，作品b　蓝绿色系段染线（724）65g/2团，作品c　茶色系线（753）65g/2团

●**工具：**钩针7/0号

●**成品尺寸：**头围58cm，深17cm

●**密度：**10cm×10cm面积内：短针编织15.5针，18行

■**编织方法和要点：**帽子从帽顶开始按照帽身、帽檐环形编织。帽顶、帽身用线头起针，第1圈环形编织6针短针。从第2圈开始到第31圈请参照示意图加针编织短针。帽檐第1~19圈按照图示加针编织。组合时，锁针编织系绳。为了防止系绳掉落，将系绳从侧面的第31圈后部中心及两侧（共3处）的短针下部穿过。侧面系蝴蝶结。

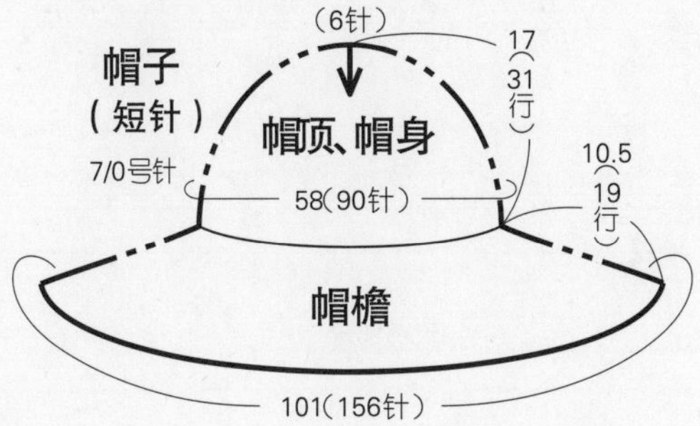

加针

	圈数	针数	加减
帽檐	第19圈	156针	不加减针
	第18圈	156针	+6针
	第17圈	150针	不加减针
	第16圈	150针	+6针
	第15圈	144针	不加减针
	第14圈	144针	+6针
	第13圈	138针	不加减针
	第12圈	138针	+6针
	第11圈	132针	不加减针
	第10圈	132针	+6针
	第9圈	126针	不加减针
	第8圈	126针	+6针
	第7圈	120针	不加减针
	第6圈	120针	+6针
	第5圈	114针	不加减针
	第4圈	114针	+6针
	第3圈	108针	不加减针
	第2圈	108针	+6针
	第1圈	102针	+12针
帽顶、帽身	第31圈	90针	不加减针
	~		
	第19圈	90针	
	第18圈	90针	+6针
	第17圈	84针	不加减针
	第16圈	84针	+6针
	第15圈	78针	不加减针
	第14圈	78针	+6针
	第13圈	72针	不加减针
	第12圈	72针	每行6针加针
	第11圈	66针	
	第10圈	60针	
	第9圈	54针	
	第8圈	48针	
	第7圈	42针	
	第6圈	36针	
	第5圈	30针	
	第4圈	24针	
	第3圈	18针	
	第2圈	12针	
	第1圈	6针	

帽子编织图

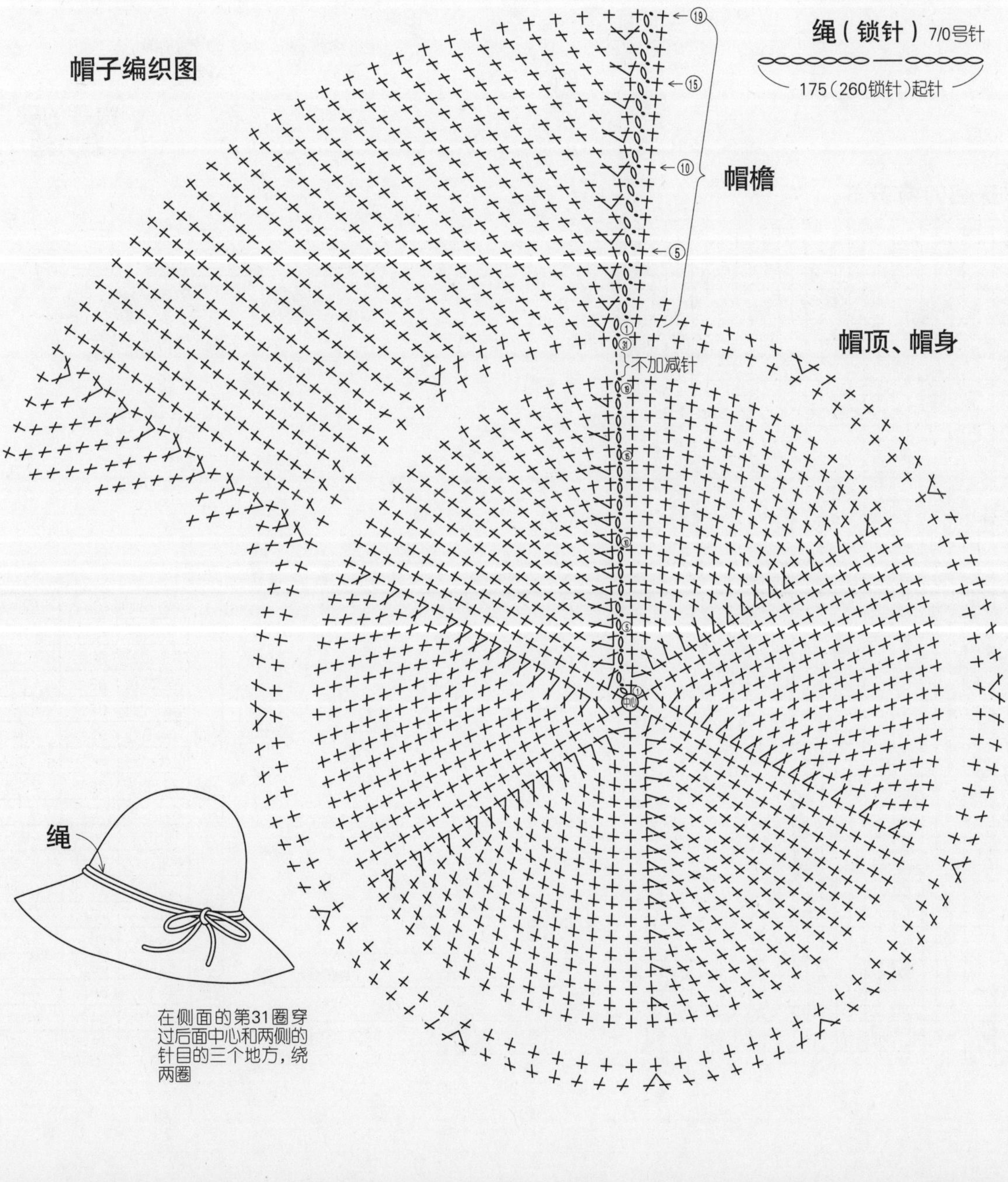

在侧面的第31圈穿过后面中心和两侧的针目的三个地方，绕两圈

21
第 30 页

●**材料：** 和纸纤维 作品 a 原色（751）80g/2 团，茶色系、绿色系段染线（725）50g/2 团，作品 b 茶色（753）80g/2 团，蓝色系段染线（723）50g/2 团，提手 45cm 1 组

●**工具：** 钩针 8/0 号

●**成品尺寸：** 宽 43cm，深 27cm

●**密度：** 10cm × 10cm 面积内：短针编织 12 针，14 行

■**编织方法和要点：** 用 2 根线编织。包从底部开始到侧面连续编织短针的配色条纹花样，环形编织。底和侧面锁针起针，第 1 圈在起针的锁针半针和内山挑针编织，另一侧剩余的半针挑针编织。参照图示加针织出 5 圈，继续织侧面 36 圈。边缘织反短针。提手用 b 色 1 根在侧面以扣眼缝针法固定。

手提包 8/0号针

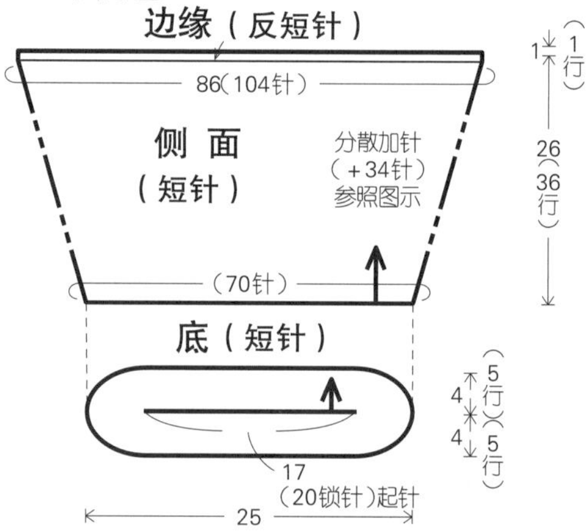

※每种颜色的线各2根编织

提手的安装方法

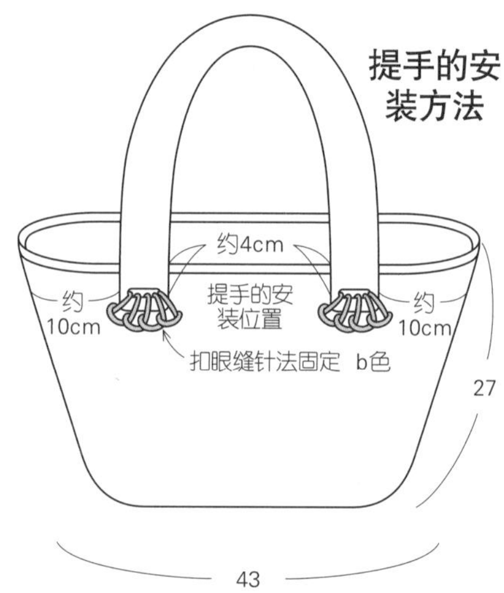

手提包的编织图

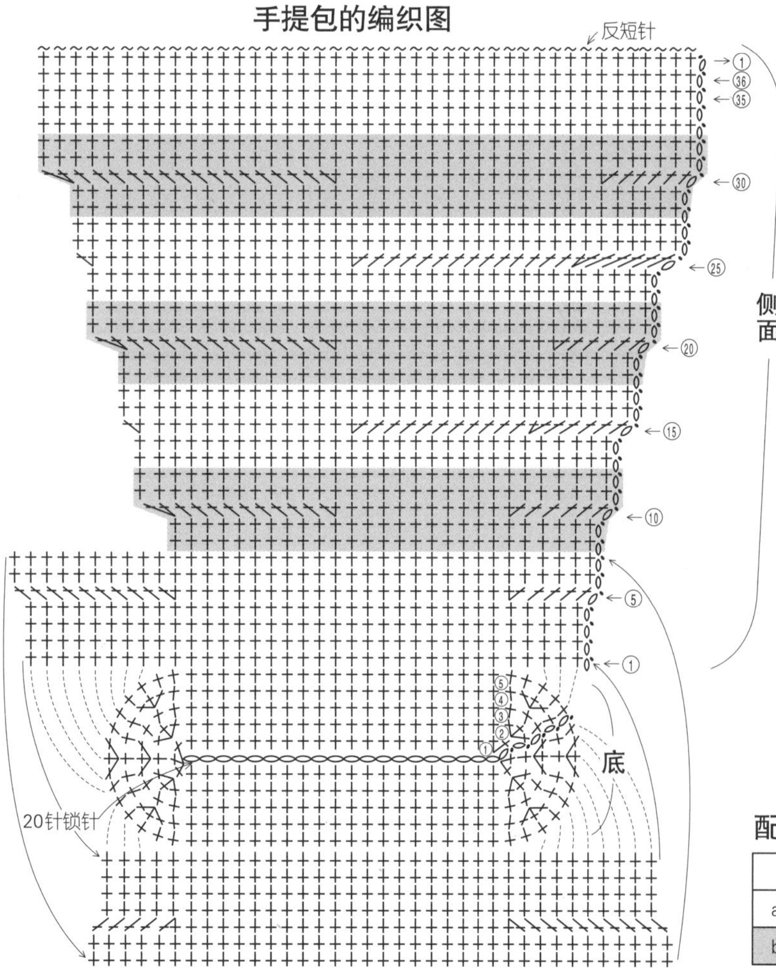

配色

	作品a	作品b
a色	原色	茶色
b色	茶色、绿色系段染线	蓝色系段染线

加针

侧面	第31~36圈	104针	不加减针
	第30圈	104针	+6针
	第26~29圈	98针	不加减针
	第25圈	98针	+6针
	第21~24圈	92针	不加减针
	第20圈	92针	+6针
	第16~19圈	86针	不加减针
	第15圈	86针	+6针
	第11~14圈	80针	不加减针
	第10圈	80针	+6针
	第6~9圈	74针	不加减针
	第5圈	74针	+4针
	第1~4圈	70针	不加减针
底	第5圈	70针	+4针
	第4圈	66针	+8针
	第3圈	58针	+4针
	第2圈	54针	+8针
	第1圈	46针	

23
第 32 页

●**材料**：和纸纤维 作品 a 米色（752），茶色系、绿色系段染线（725），蓝色、绿色系段染线（724）各 80g/ 各 2 团；作品 b 米色（752），黄色系段染线（712），茶色系、紫色系段染线（722）各 80g/ 各 2 团，直径 5cm 的纽扣 1 个

●**工具**：钩针 10/0 号

●**成品尺寸**：宽 38cm，深 21cm

●**密度**：10cm×10cm 面积内：编织花样 8 针，9 行

■**编织方法和要点**：用 3 股线编织。包包从底部向包口环形编织花样。底、侧面环形起针，底的第 1 圈环形织入 8 针短针。参照图示加针织完 12 圈。侧面继续加减针环形编织。提手部分，侧面连续编织。组合时，提手左右对齐卷针缝缝合，从中间折下卷针缝。后面中心织扣眼，前面中心缝上纽扣。

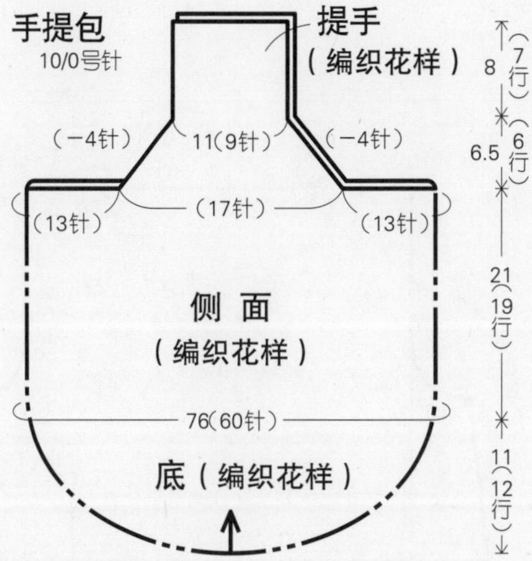

的编织方法

① 编织短针。侧面是从下一行的枣形针间织入

② 和①在同一个地方入针，编织中长针2针的枣形针

※用每种颜色的线各1股组成的3股线来编织

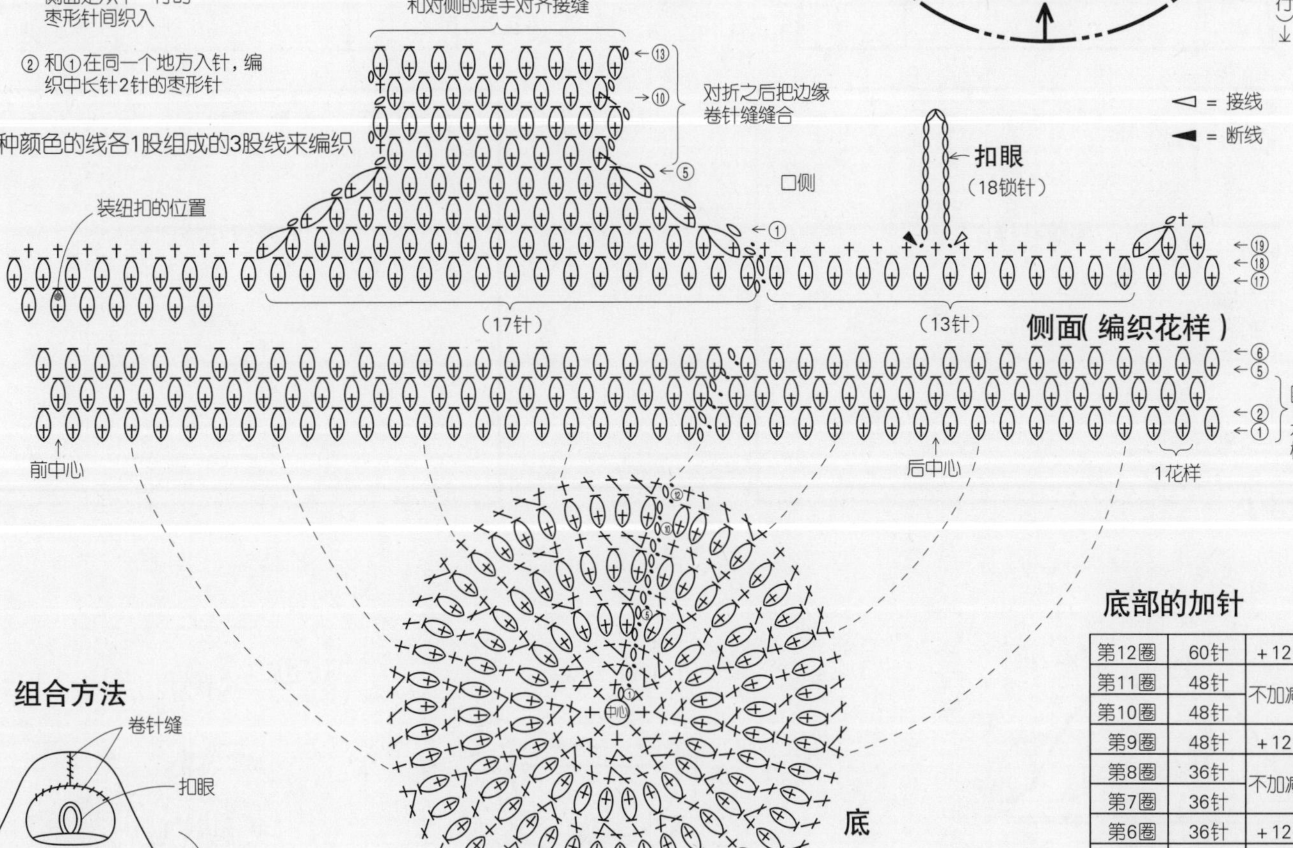

底部的加针

第12圈	60针	+12针
第11圈	48针	不加减针
第10圈	48针	
第9圈	48针	+12针
第8圈	36针	不加减针
第7圈	36针	
第6圈	36针	+12针
第5圈	24针	不加减针
第4圈	24针	
第3圈	24针	+8针
第2圈	16针	+8针
第1圈	8针	

组合方法

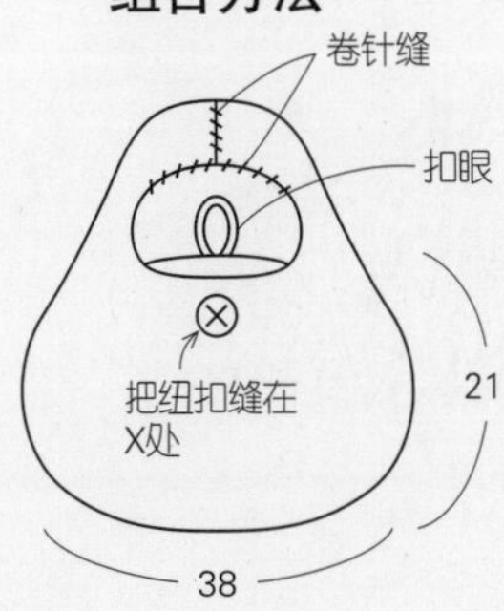

24
第34页

●**材料**：棉（55%）、腈纶（45%）紫蓝色系、黄绿色系段染线（315）350g/9团

●**工具**：棒针5号、4号

●**成品尺寸**：胸围90cm，肩背宽34cm，身长74.5cm，袖长14cm

●**密度**：10cmx10cm面积内：正针编织23针，32行，编织花样A 26.5针，32行，编织花样B 21.5针，23行

■**编织方法和要点**：前后身片另线锁针起针，如图所示编织花样A和正针。胁立起开头1针减针，袖窿、领窝伏针收针，立起开头1针减针，肩部往返编织后休针。花样B另线锁针挑针编织，结束时伏针收针。袖在指上挂线起针，袖下在1针内侧织扭加针，袖山编织结束时伏针收针。组合时，肩部前后对齐盖针订缝。胁、袖下接缝。领子环形编织平针，从反面伏针收针。袖与身片引拔接缝。

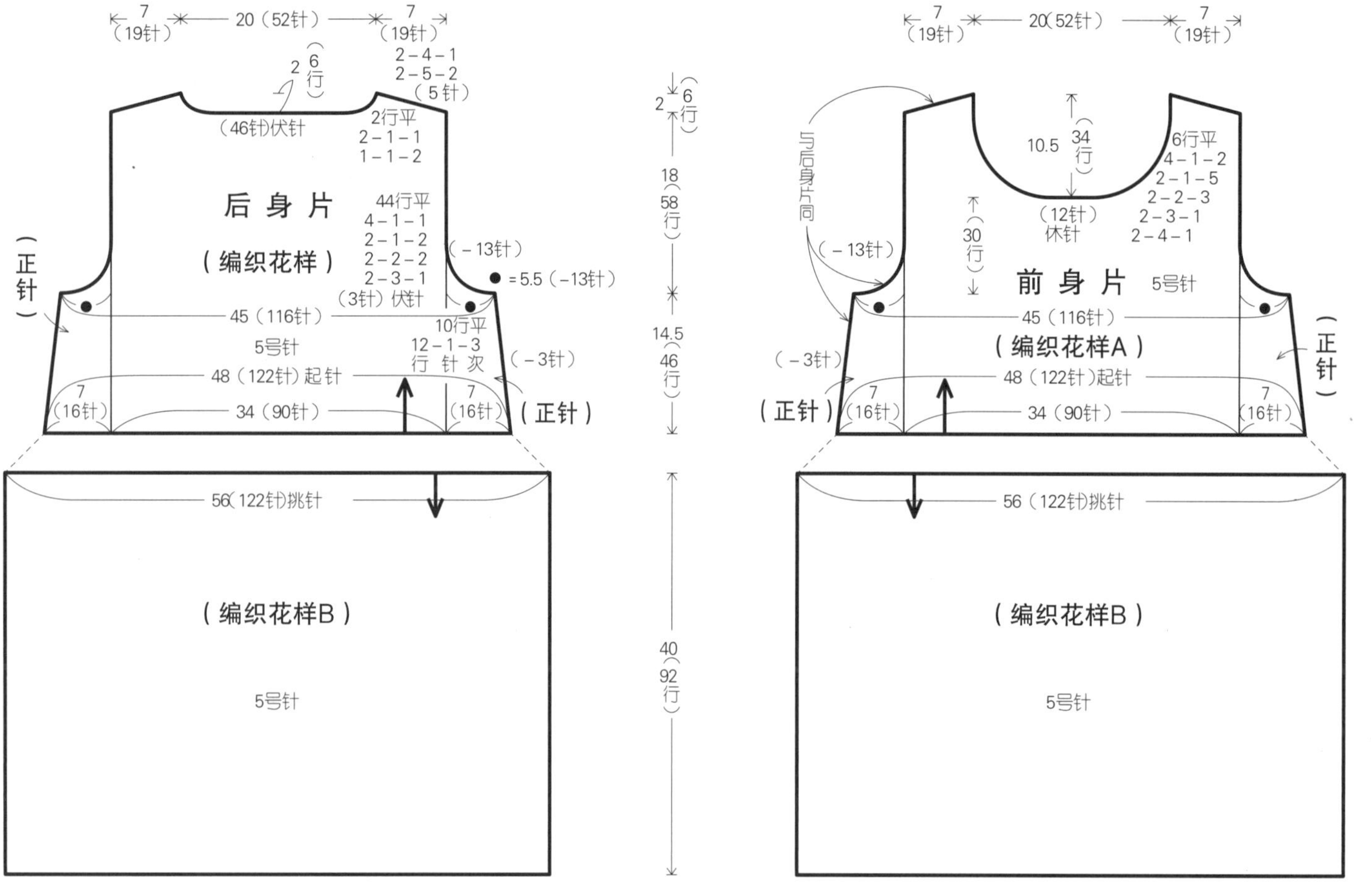

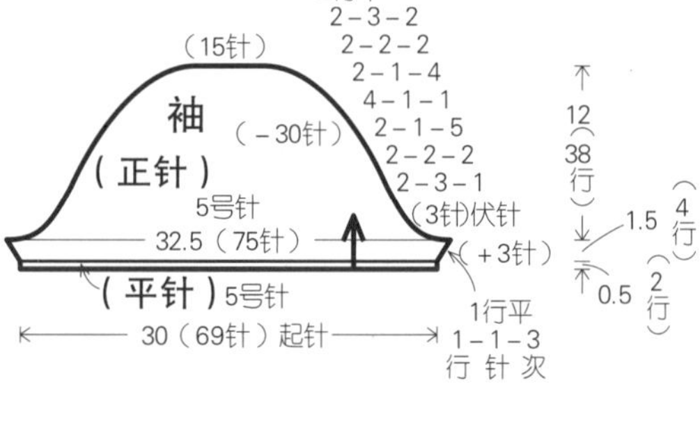

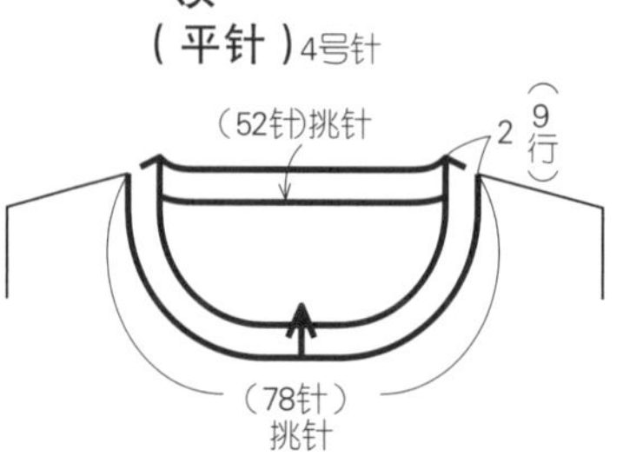

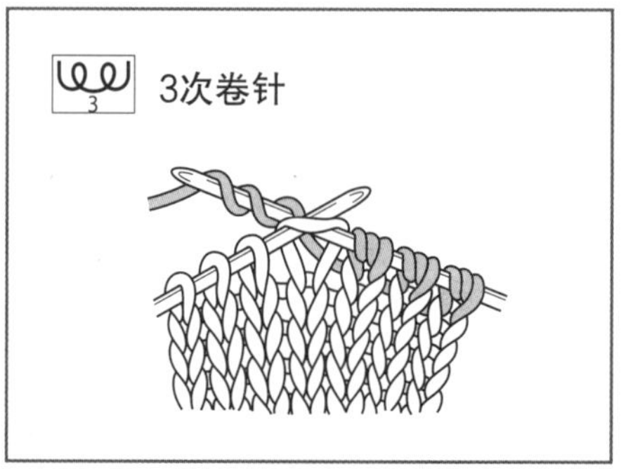

前领窝的编织图

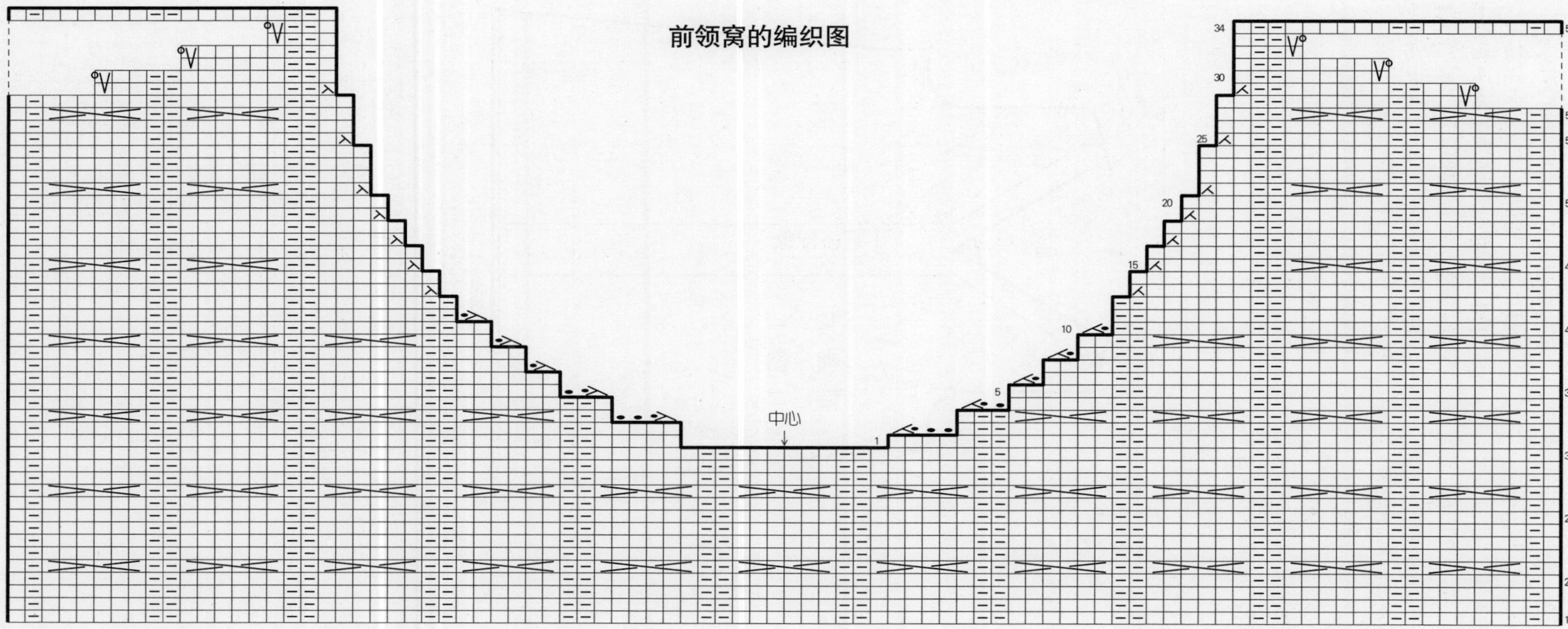

编织花样B

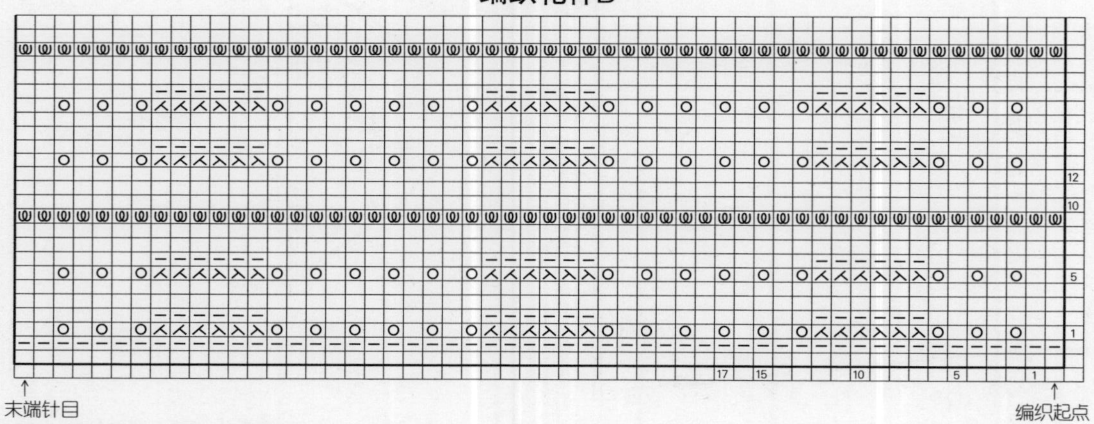

□ = ⊟ 下针　　◎ = 3次卷针

编织花样A

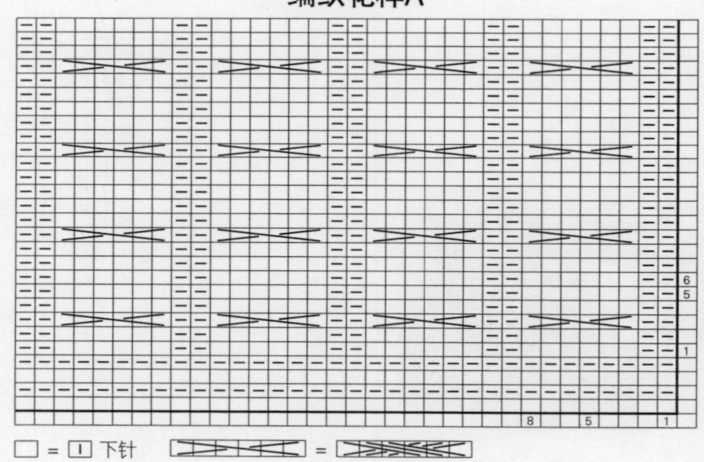

□ = ⊟ 下针

25
第36页

●**材料**：麻（44%）、人造丝（40%）、棉（16%）原色、紫色、蓝色、黄色系多色组合（508）210g/6团

●**工具**：棒针6号

●**成品尺寸**：胸围90cm，肩背宽32cm，身长67cm，袖长13cm

●**密度**：10cmx10cm面积内：正针编织20针，28行，编织花样14针6cm，28行

■**编织方法和要点**：后身片在指上挂线起针编织。胁立起开头1针减针，袖窿伏针，立起开头1针减针，肩部往返编织，领改织单罗纹针，肩部休针，领的单罗纹针针目正反对齐伏针收针。前身片在中央配色编织花样。领窝按照图示织卷加针，立织花样并按图示减针。袖山编织结束时伏针收针。组合时，参照图示，前肩减针编织，前后对齐引拔订缝。胁、袖下接缝。袖与身片引拔接缝。

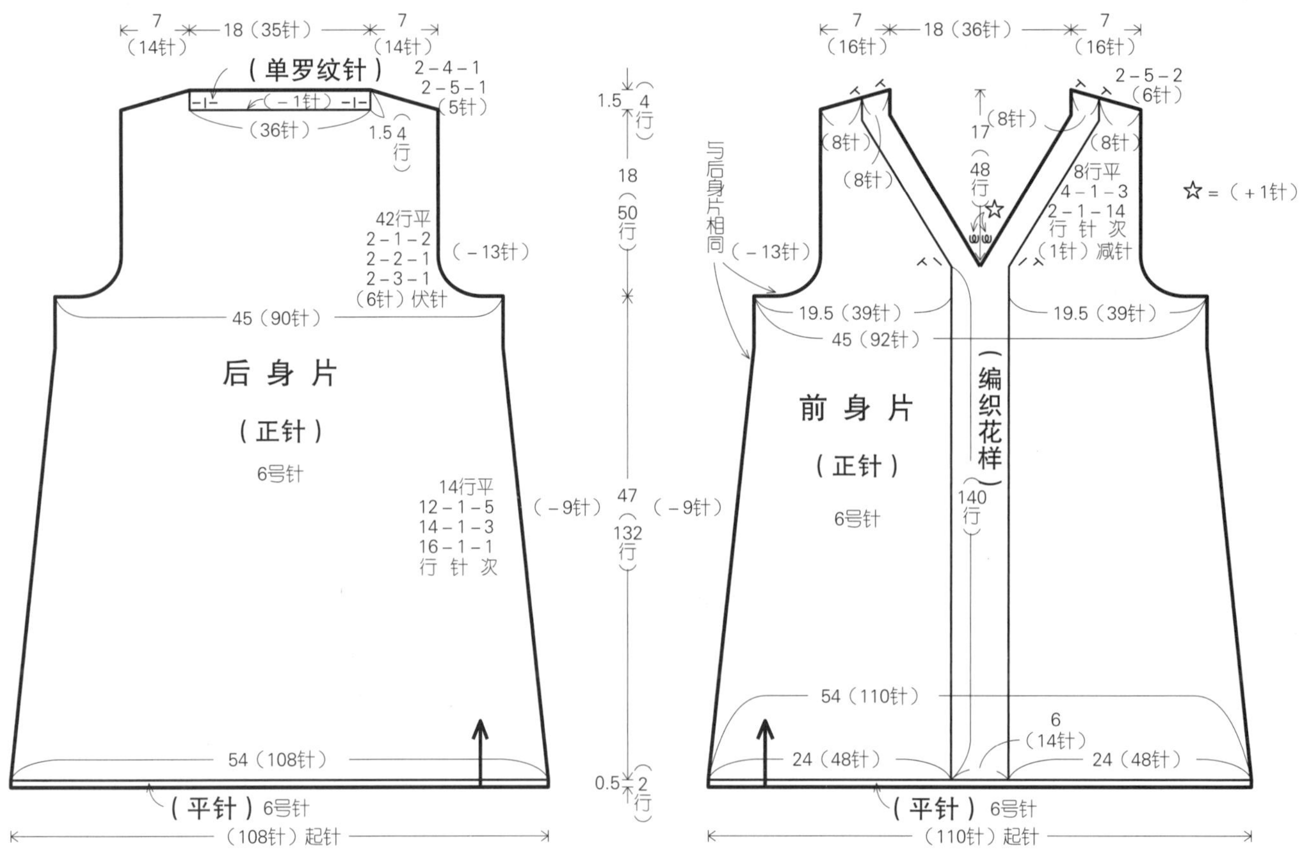

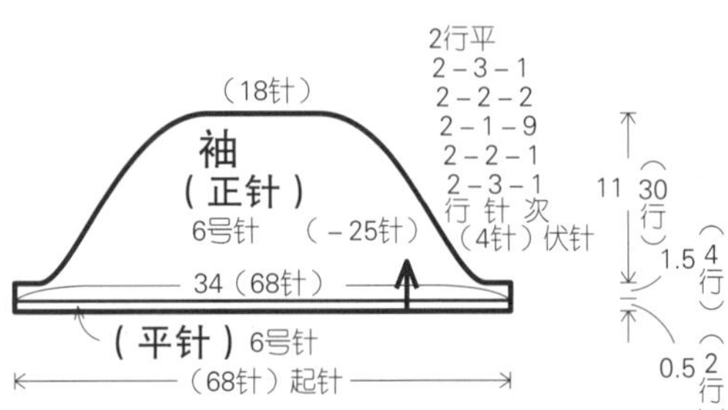

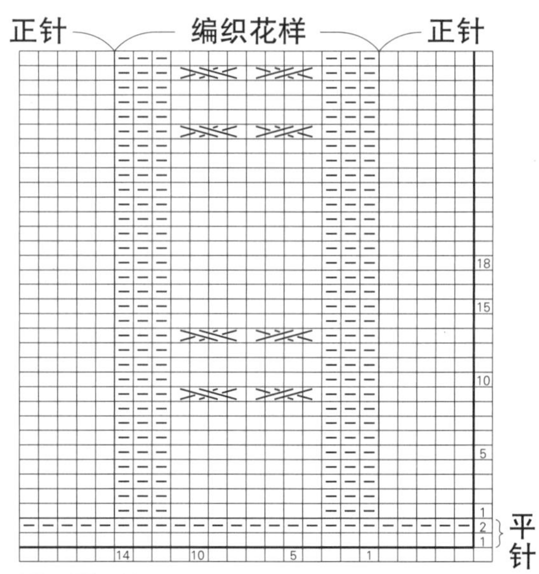

□=□ 下针

前领窝的编织方法

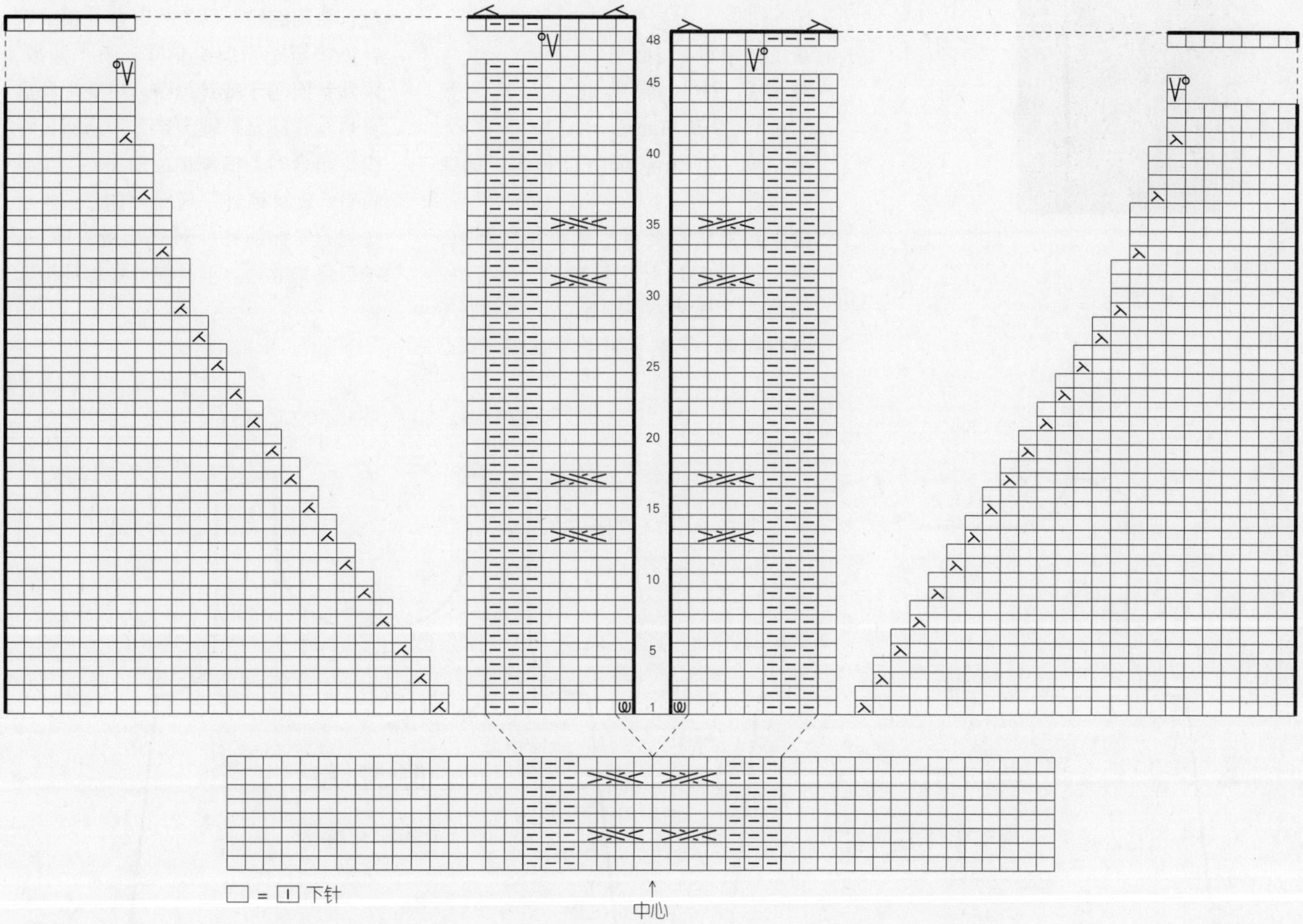

★接123页

领（编织花样B、C′）

4号针

袖子连接方法

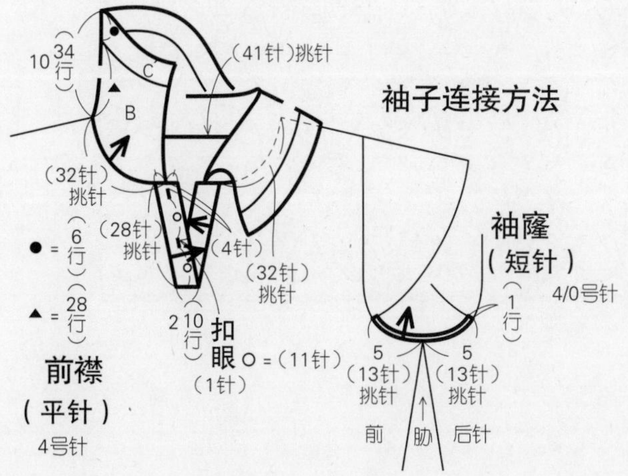

扣眼（前襟上部）

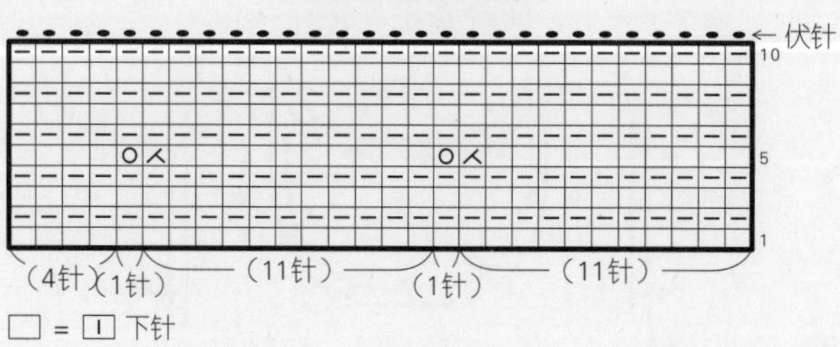

短针（袖窿）

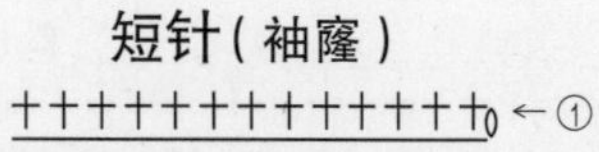

26
第 37 页

●**材料：**棉线 灰紫色（317）250g/10 团

●**工具：**钩针 2/0 号

●**成品尺寸：**胸围 88cm，肩背宽 32cm，身长 56cm

●**密度：**10cmx10cm 面积内：编织花样 5 个，18 行

■**编织方法和要点：**编织花样部分，第 1 行挑起短针起针的锁针半针和内山的 2 根线编织。第 2 行的长针 5 针挑起前一行的锁针整束编织。第 3 行的长针 3 针的枣形针在前一行的短针头部编织。后身片下摆处锁针起针，按照图示编织花样。肋、袖窿、领窝参照图示减针编织。前身片和后身片同样起针。领窝参照图示减针编织。组合时，肩部前后对齐织“1 针短针、3 针锁针”订缝。肋织“1 针短针、3 针锁针”对齐接缝。领口、袖口环形收边。下摆前后继续环形收边。

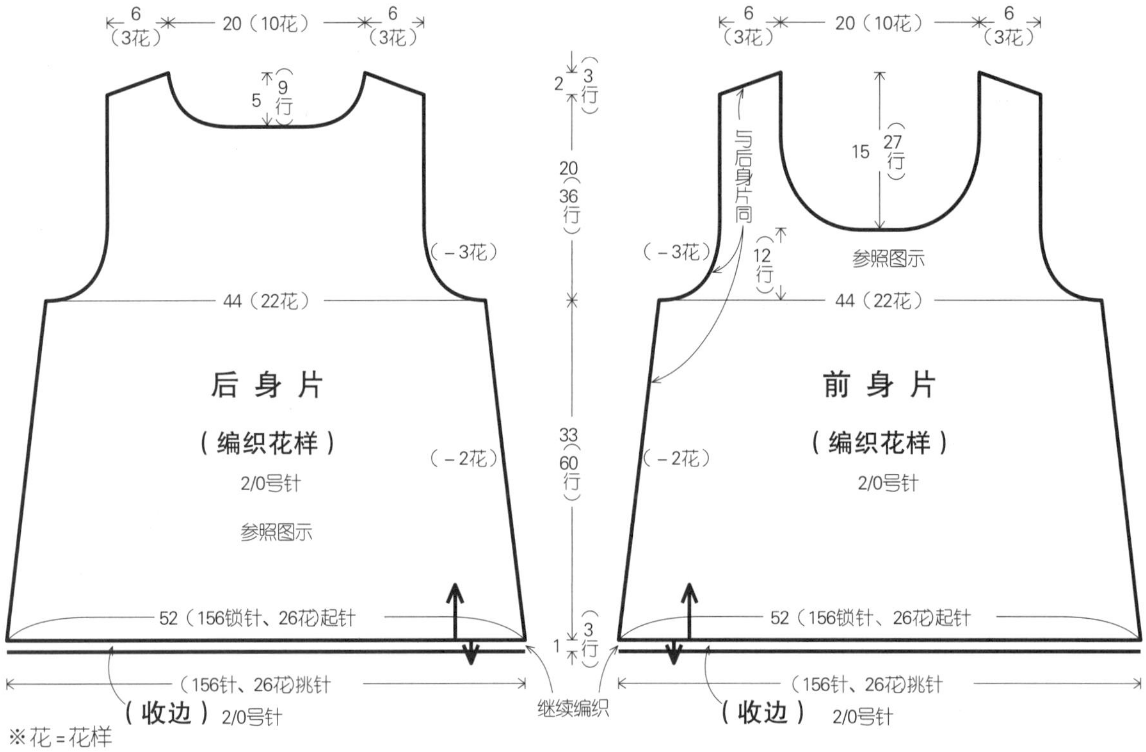

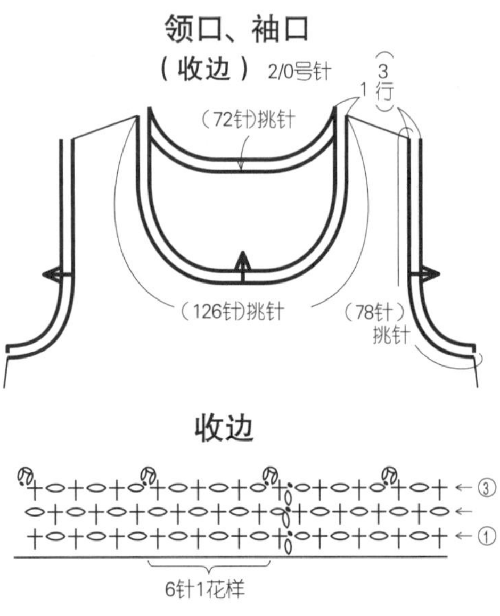

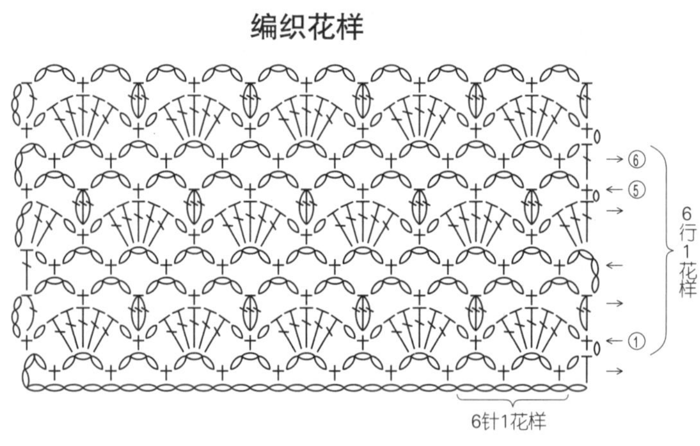

胁的编织图

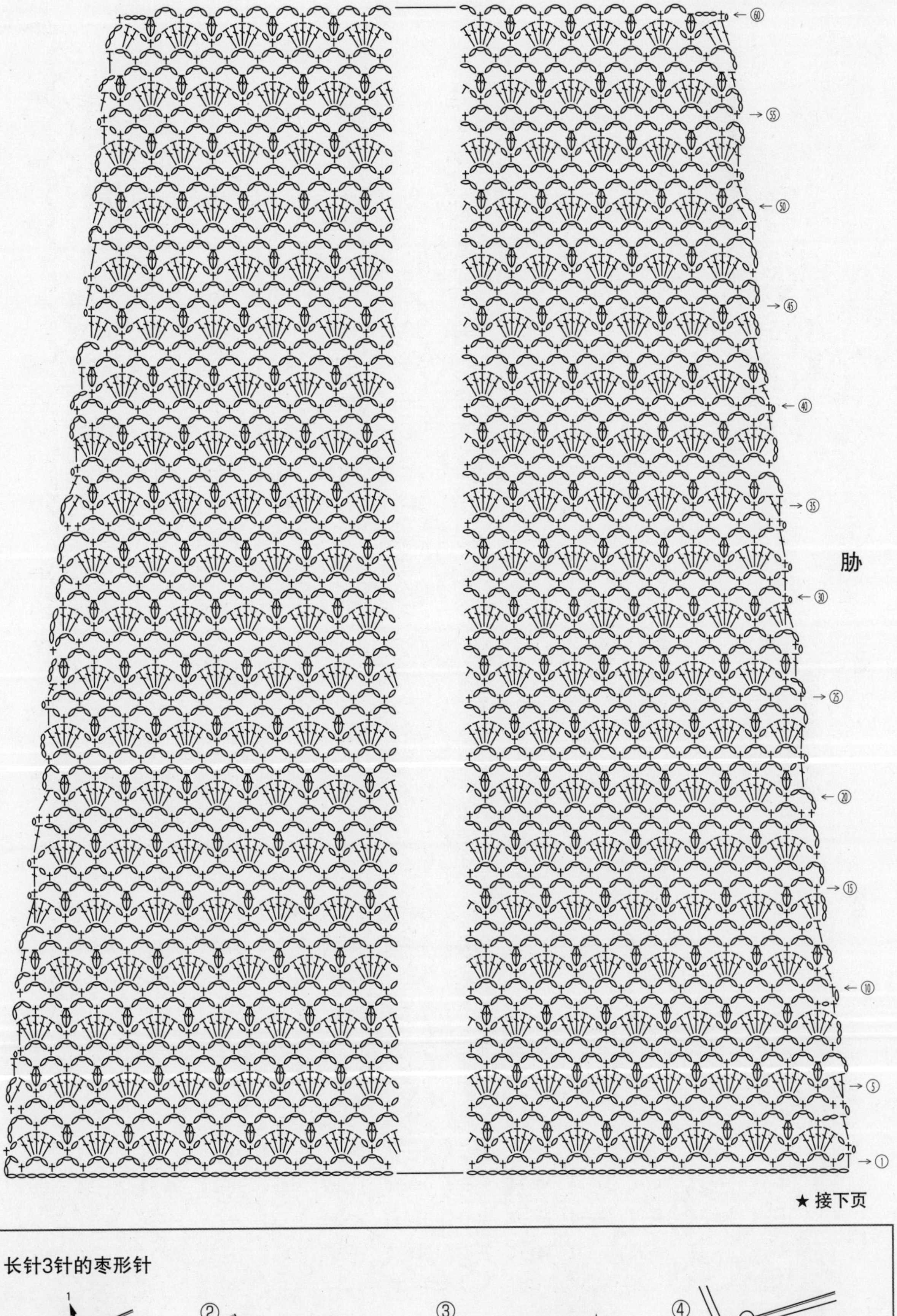

★ 接下页

长针3针的枣形针

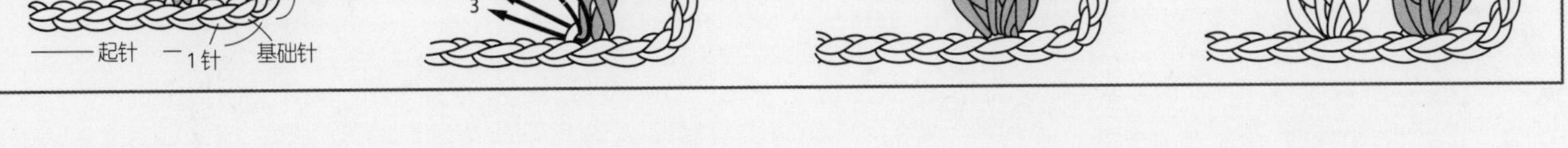

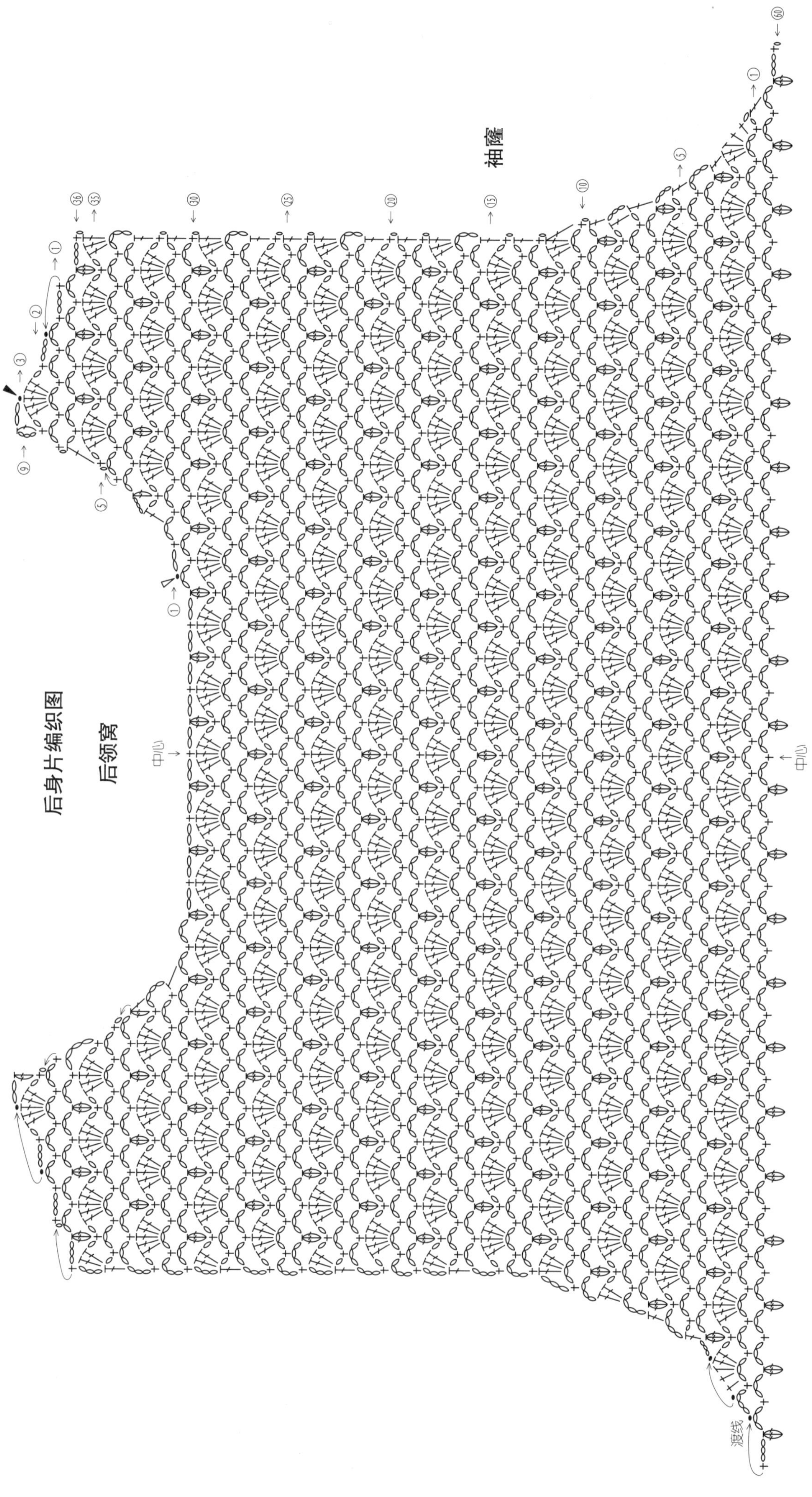
后身片编织图
后领窝
袖窿
中心
中心
渡线

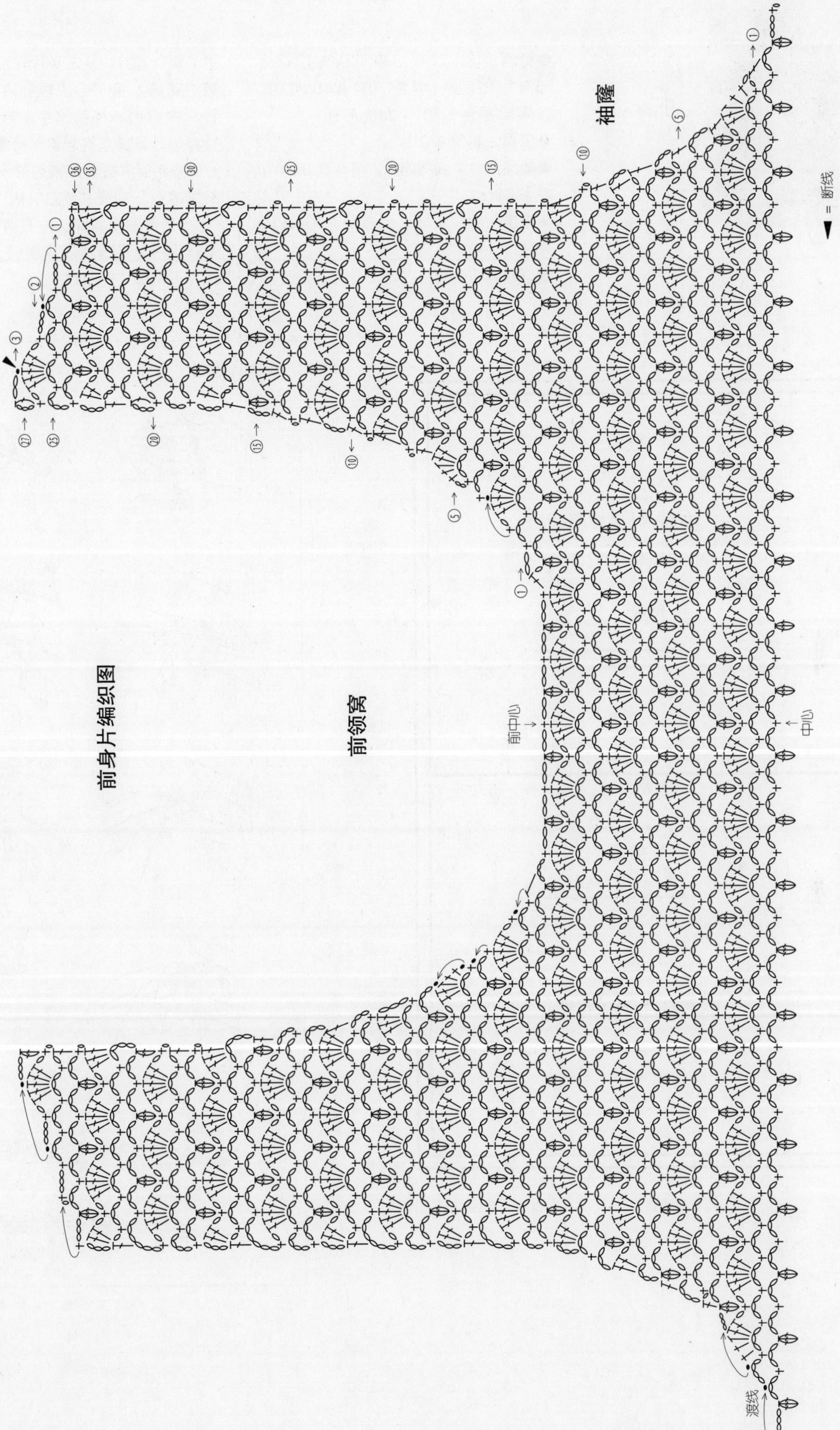
前身片编织图
前领窝
袖窿
前中心
中心
渡线
▲ = 断线

27

第 38 页

●**材料**：棉（71%）、麻（24%）、锦纶（5%）作品 a 卡其色（704）240g/6 团，作品 b 原色（701）240g/6 团

●**工具**：钩针 5/0 号

●**成品尺寸**：胸围随意，肩背宽 36cm，身长 66cm

●**密度**：编织花样 1 个 8cm，10cm 内 10 行。

■**编织方法和要点**：左右身片在后身片中心锁针起针，从左身片开始按照图示编织花样。第 1 行的短针挑起针的半针和内山的 2 根线编织。第 2 行的长针和短针是整束挑起前一行编织。第 3 行的枣形针和短针是挑起前一行的锁针整束编织。袖窿共线锁针织 18 行，第 19 行参照图示编织。右身片挑起针的半针编织，左身片同样编织。组合时，身片四周织 2 行收边。

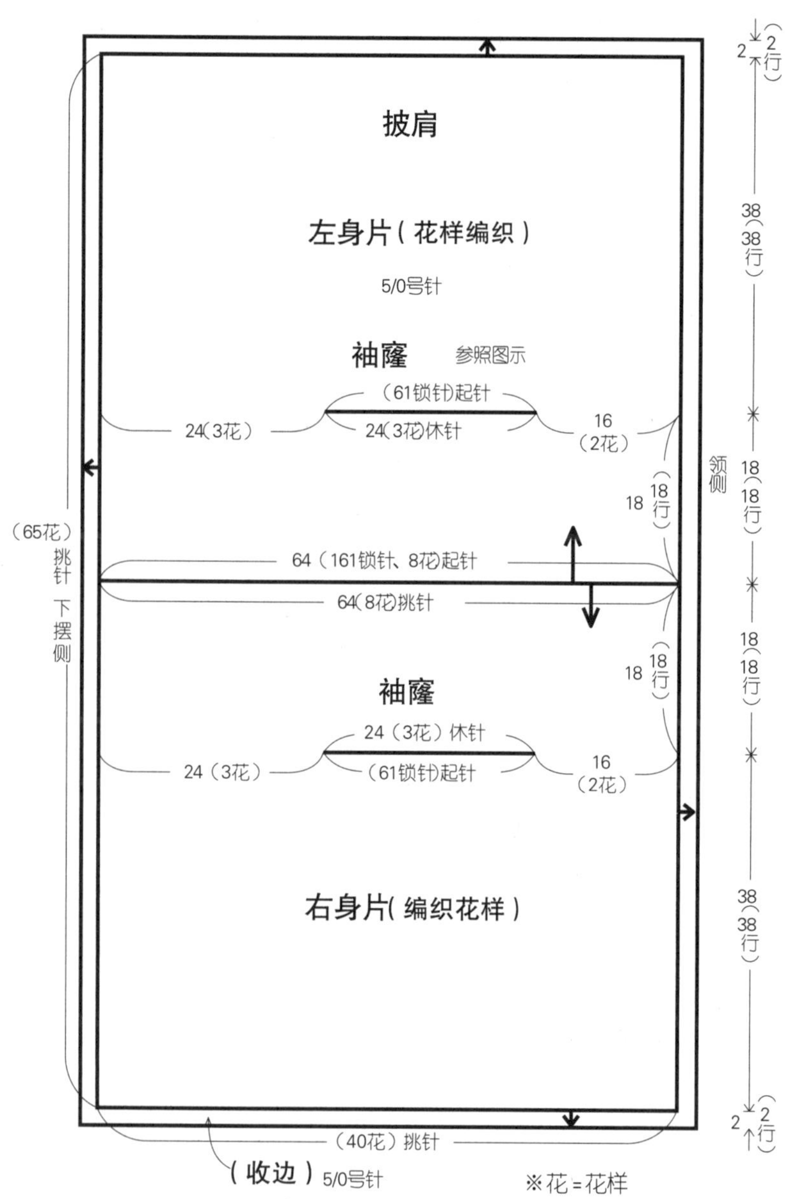

※花 = 花样

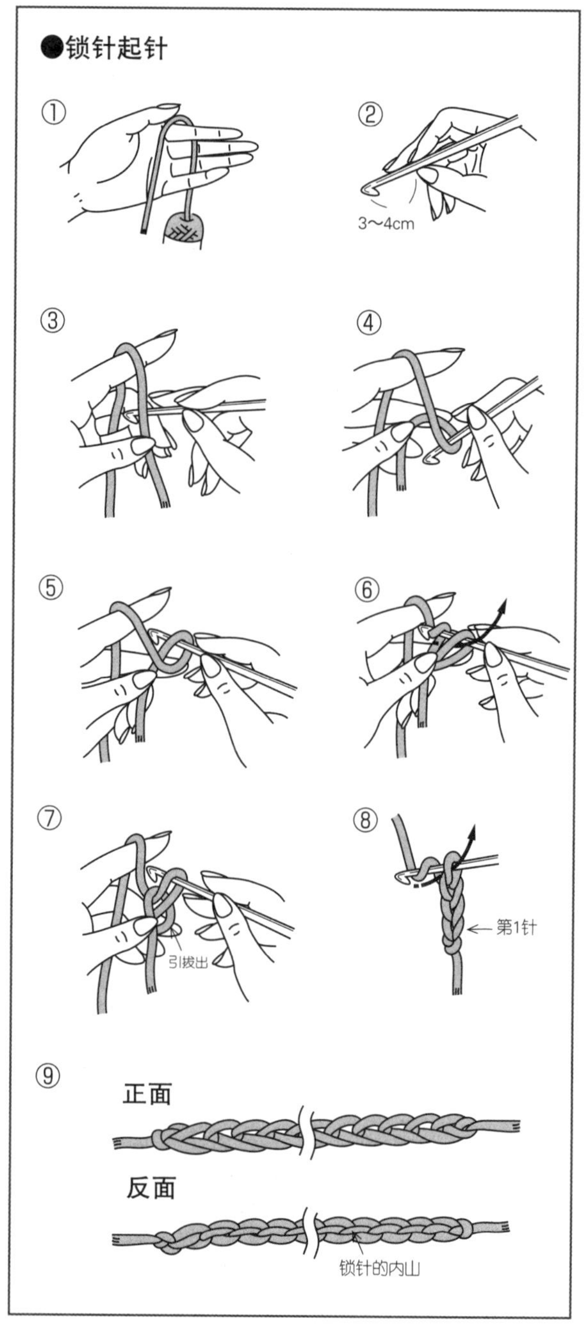

编织花样　披肩的编织图

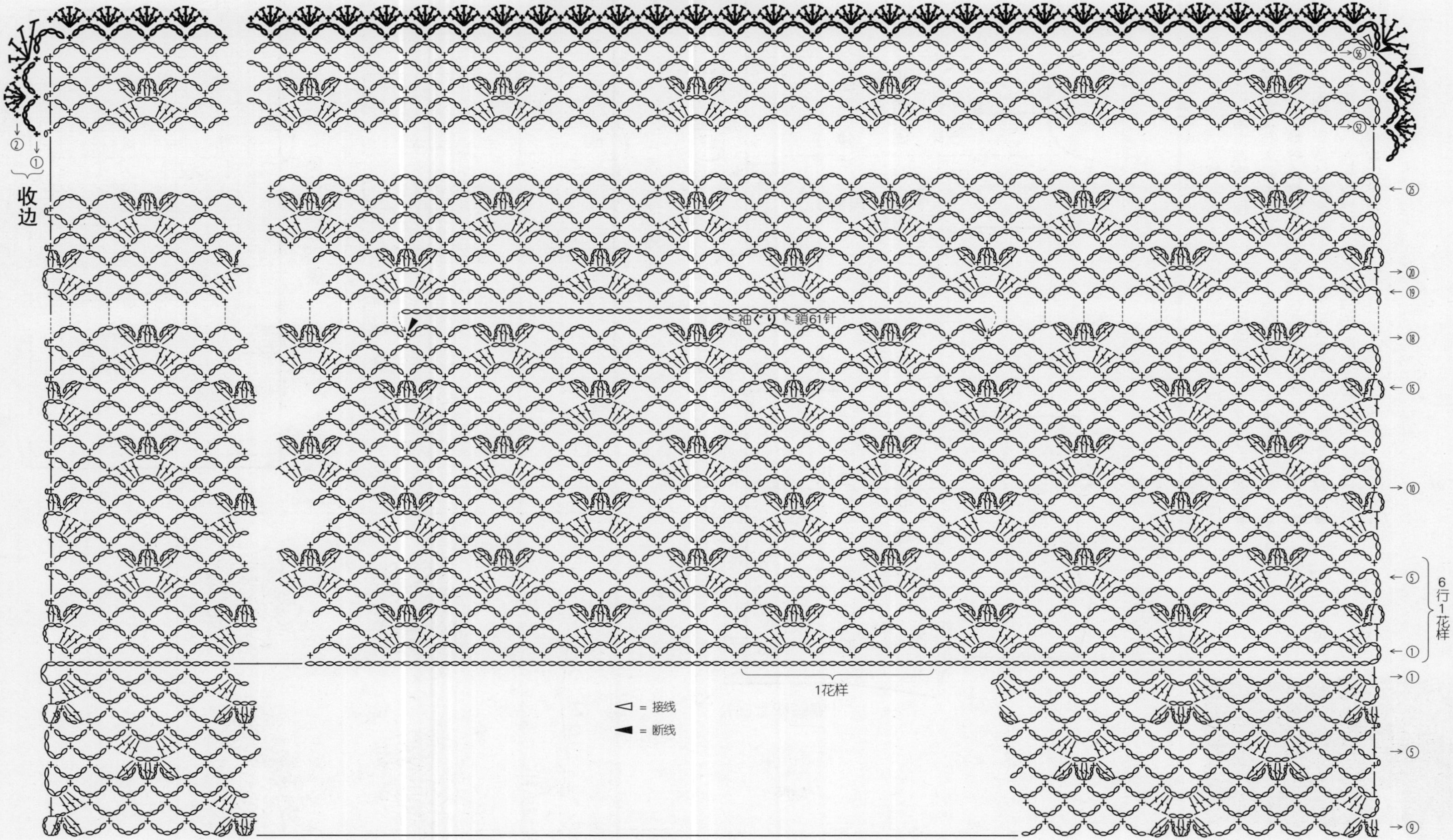

28
第 40 页

●材料：棉线 卡其色（1119）230g/6 团，直径 1.5cm 的纽扣 2 个
●工具：棒针 4 号，钩针 4/0 号
●成品尺寸：胸围 90cm，肩背宽 34cm，身长 54cm，袖长 12cm
●密度：10cmx10cm 面积内：正针编织 29 针，36 行，编织花样 A 33 针，36 行

■编织方法和要点：前后身片都另线锁针起针，用正针和编织花样 A 按照图示编织。胁立起开头 1 针加针，袖窿、领窝伏针收针，立起开头 1 针减针，肩部往返编织后休针。下摆在另线锁针的针目上挑针，按照图示织花样 B、C，用钩针收针。在前身片开口位置织卷加针，按照图示，左

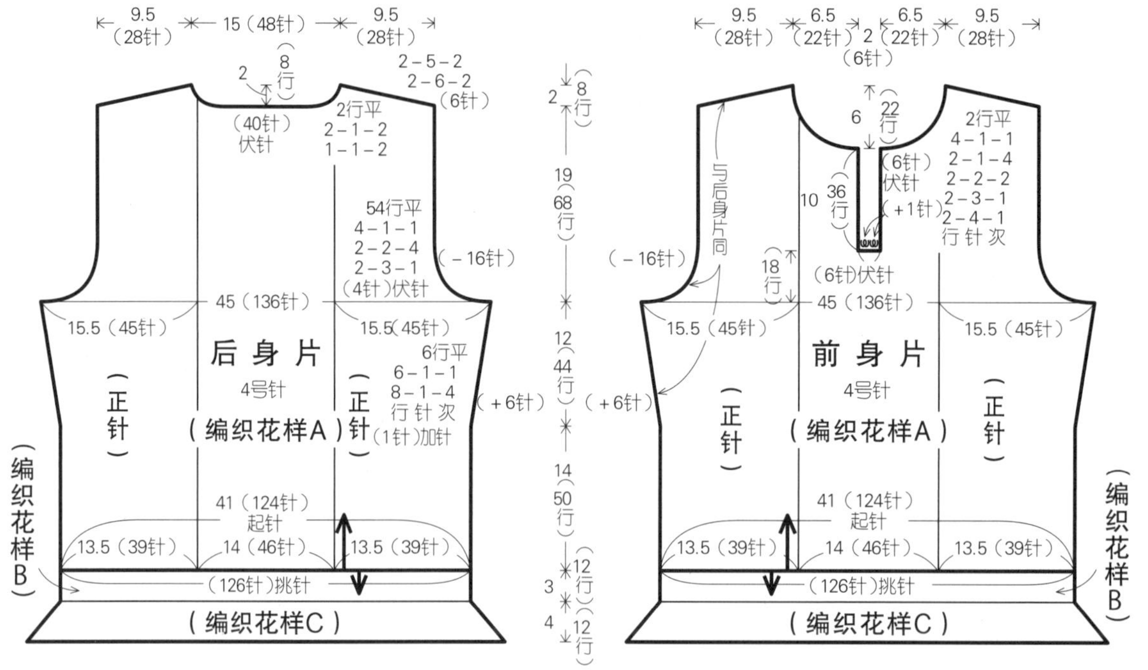

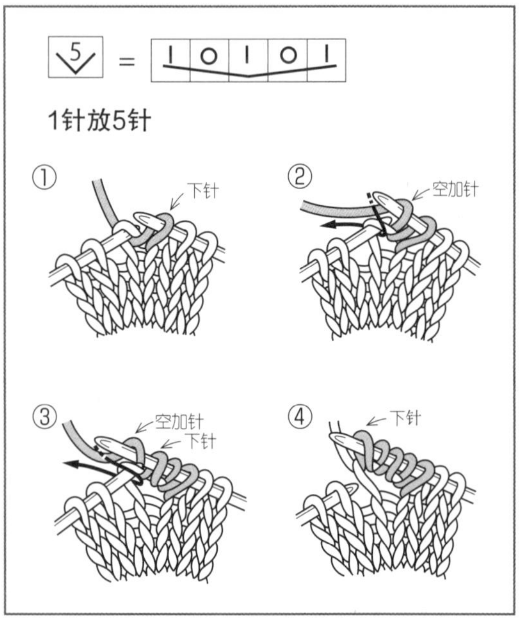

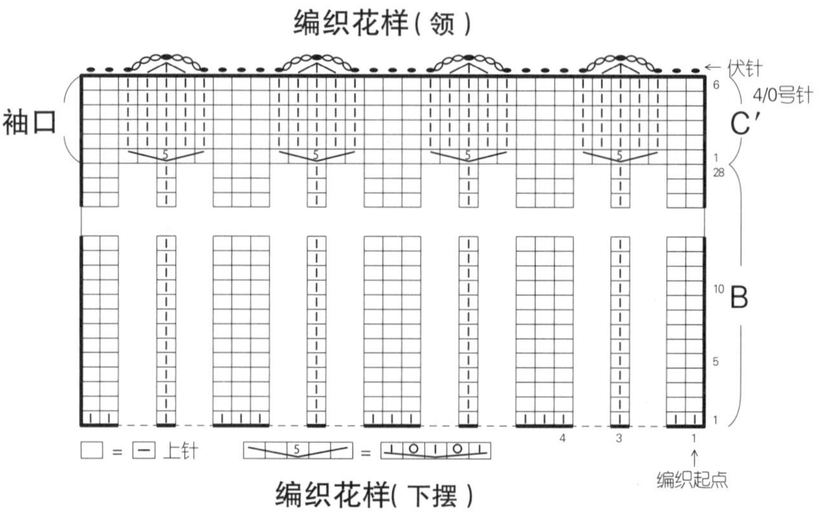

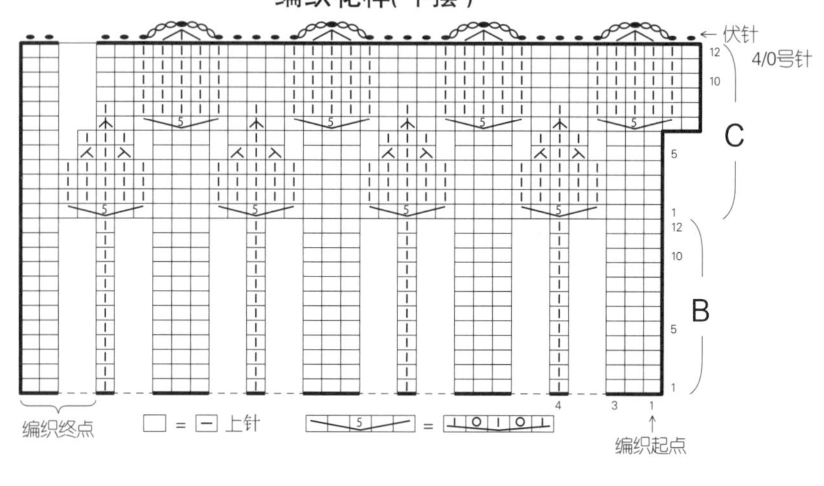

右两边分开编织。袖织花样 B，袖山编织结束时伏针收针。袖口织花样 C。组合时，肩部引拔订缝，胁接缝。前襟织平针，伏针收针。右前襟从反面卷针缝，领织花样 B、C。袖参照图示与身片引拔接缝。袖口织 1 行短针调整。领子开口处如图所示缝上纽扣。

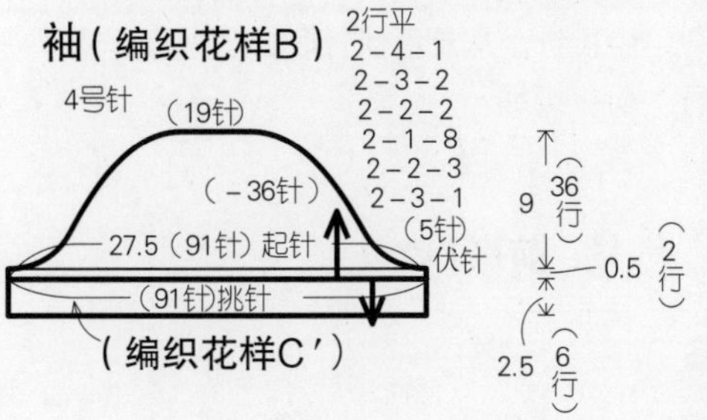

编织花样A

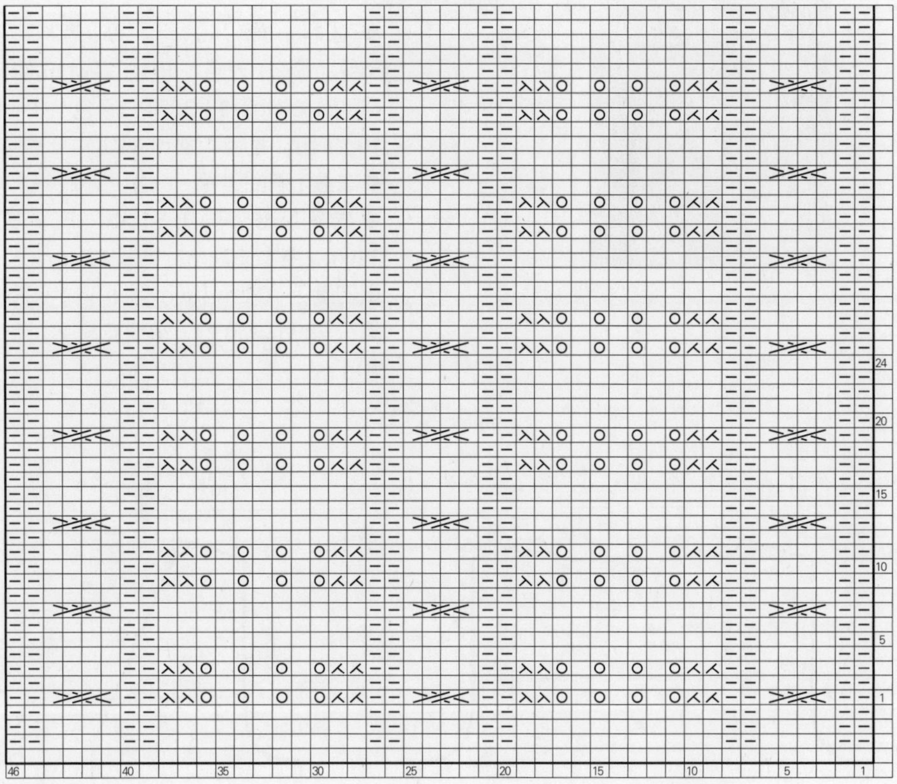

□ = ⊟ 下针

前领窝编织图

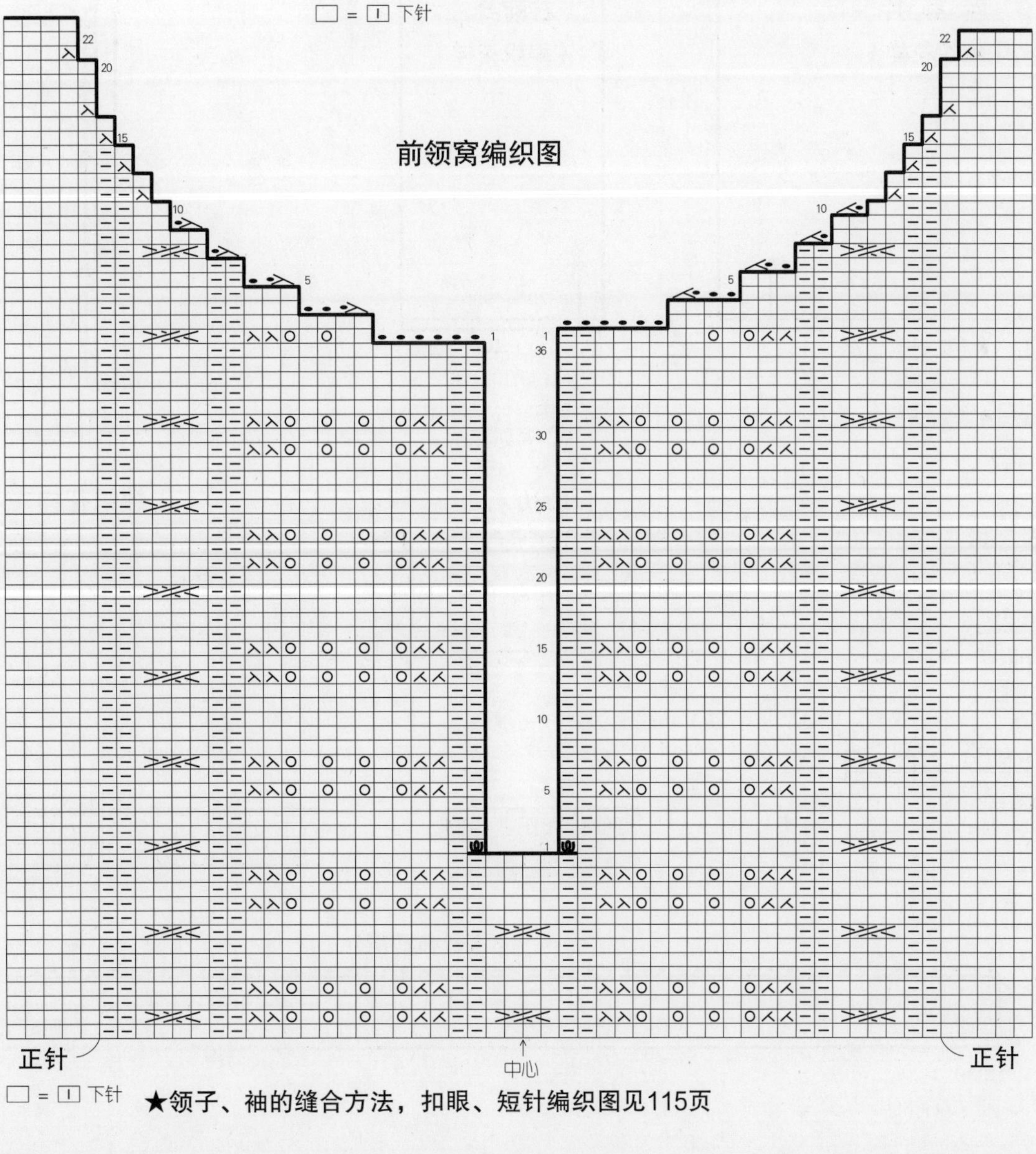

□ = ⊟ 下针

★领子、袖的缝合方法，扣眼、短针编织图见115页

31

第 44 页

●**材料**：棉（49%）、麻（47%）、锦纶（4%）原色（401）220g/6 团，棉（61%）、锦纶（39%）原色（101）10g/1 团，直径 1.3cm 的纽扣 6 个

●**工具**：棒针 4 号

●**成品尺寸**：胸围 91cm，肩背宽 34cm，身长 57cm，袖长 15cm

●**密度**：10cmx10cm 面积内：正针编织 25 针，30 行，编织花样 24 针，30 行

■**编织方法和要点**：后身片在指上挂线起针，从下摆开始织平针和花样。袖窿、领窝伏针，立起开头 1 针减针，肩部往返编织后休针。前领窝立起开头 1 针减针编织。袖织正针，袖山编织结束时伏针收针。组合时，肩部盖针订缝，袖下接缝。领、前襟继续收边，伏针收针，前襟在正针的针目中挑针，从反面伏针收针。袖与前片引拔接缝。

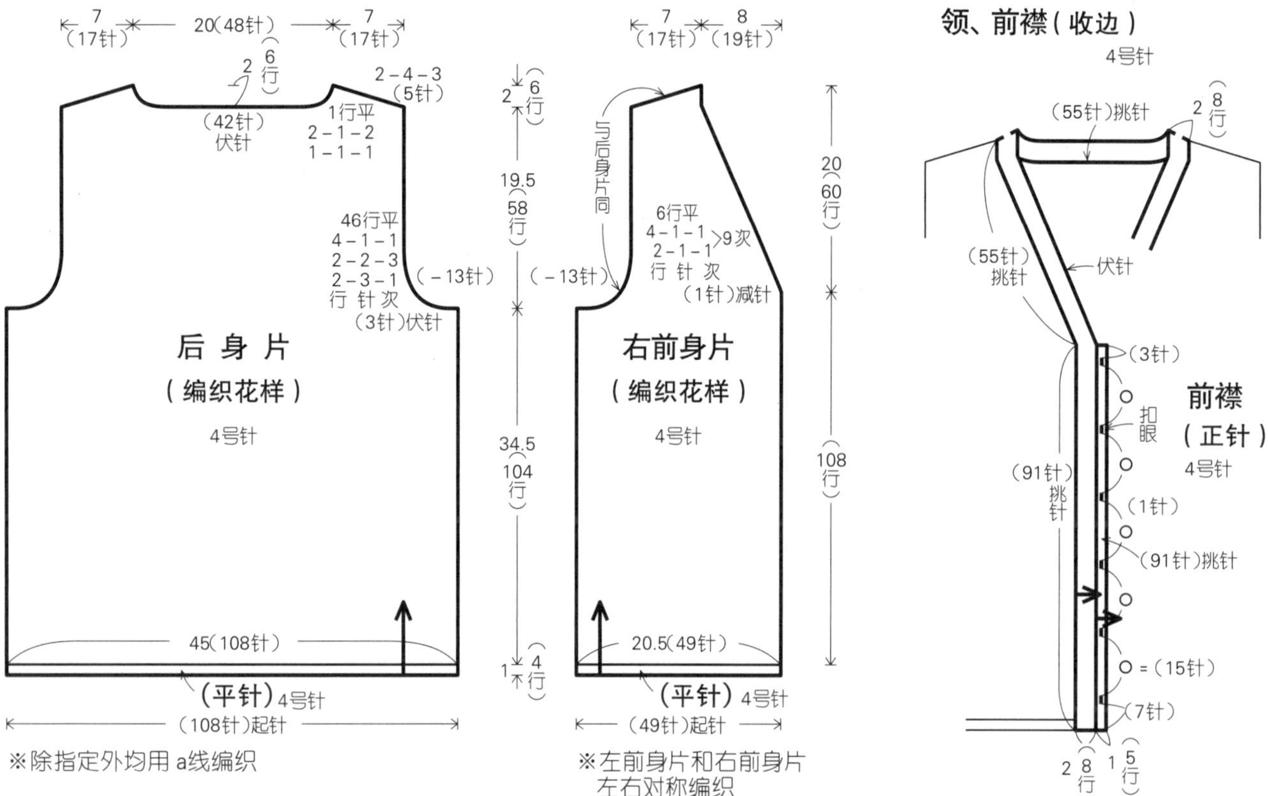

※除指定外均用 a线编织

※左前身片和右前身片左右对称编织

a线 = 原色(401)
b线 = 原色(101)

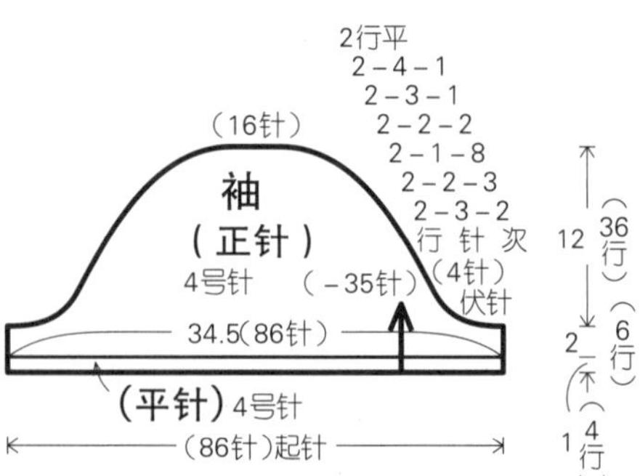

收边

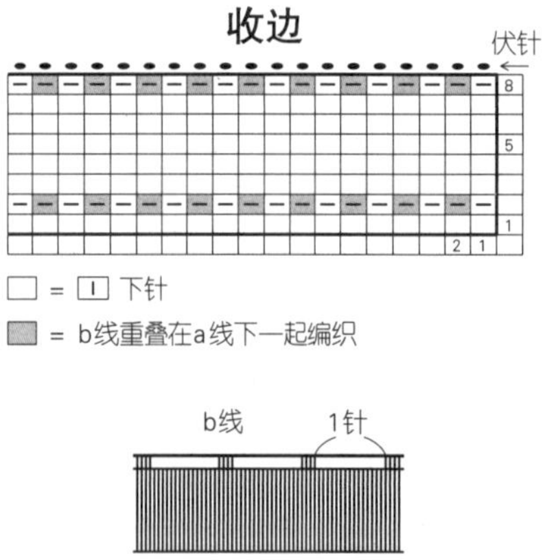

□ = ▯ 下针

▩ = b线重叠在a线下一起编织

编织花样

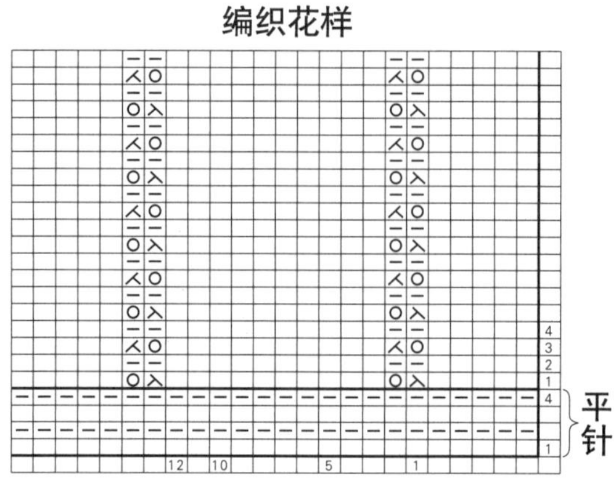

□ = ▯ 下针

扣眼(右前襟)

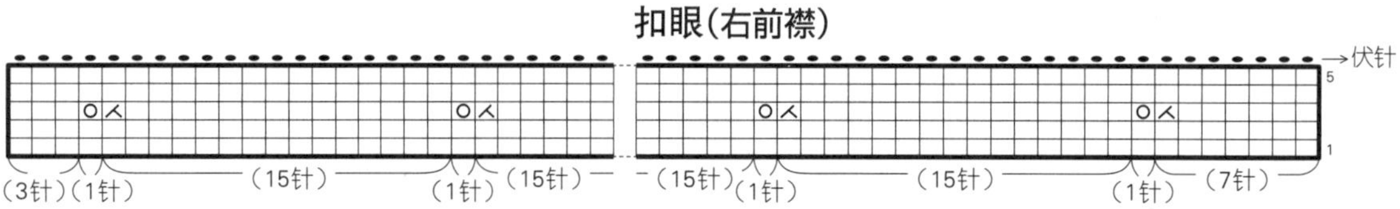

□ = ▯ 下针

29
第 42 页

●**材料：**棉（61%）、麻（39%） 黄绿色（107）160g/7 团
●**工具：**钩针 3/0 号
●**成品尺寸：**胸围 90cm，肩背宽 37cm，身长 58.5cm
●**密度：**10cmx10cm 面积内：编织花样 31 针，11.5 行
■**编织方法和要点：**编织连续花片时，先织 9 针锁针，在锁针的半针和内山 2 根线上挑针编织 9 针短针。在下一个花片上织 11 针锁针。同样织 9 针锁针、9 针短针。最后一个花片同样编织。在最后一个花片上短针的头部引拔编织，前后身片在下摆的连续花片上按照图示挑针织花样。组合时，肩部卷针订缝。胁织“1 针引拔针、3 针锁针”接缝。领口和袖口环形织短针。

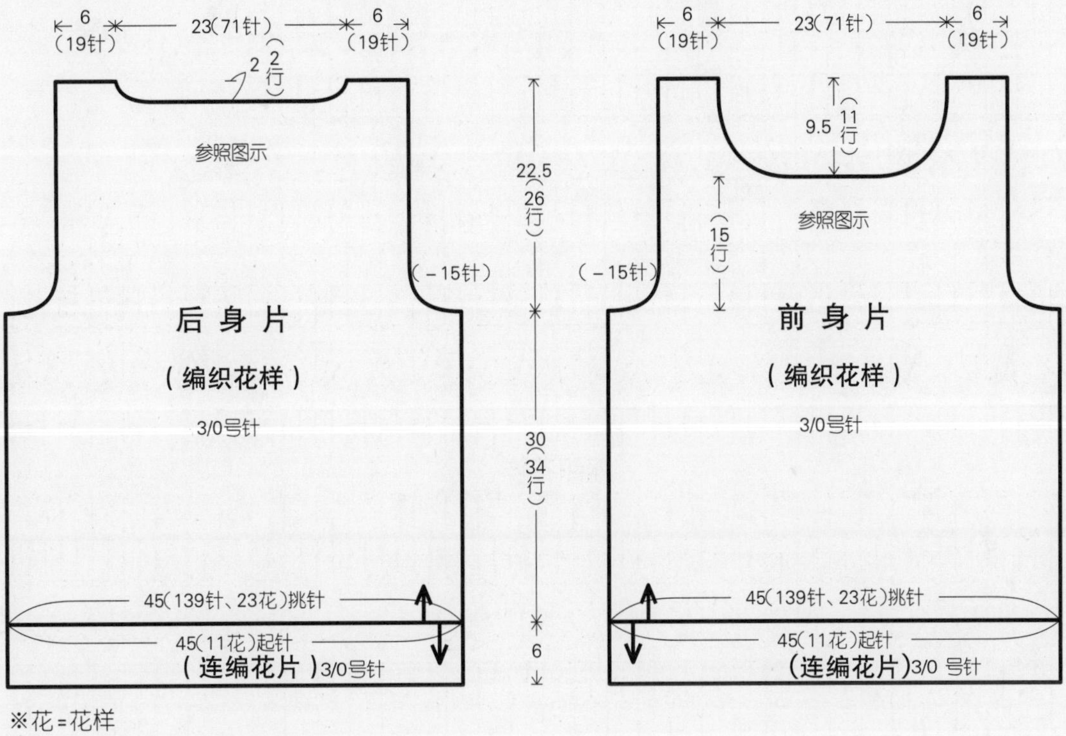

※花=花样

连编花片

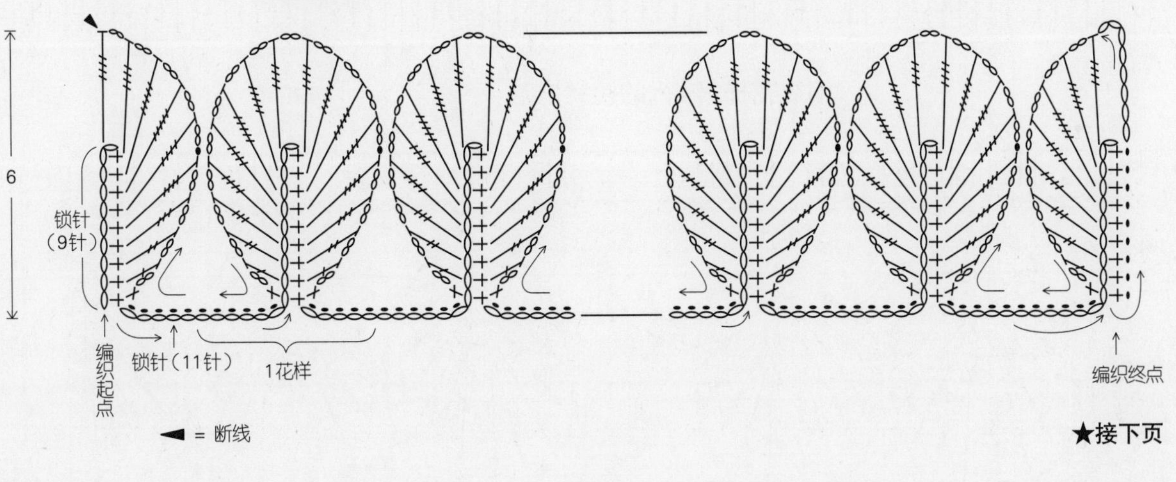

★接下页

后身片编织图

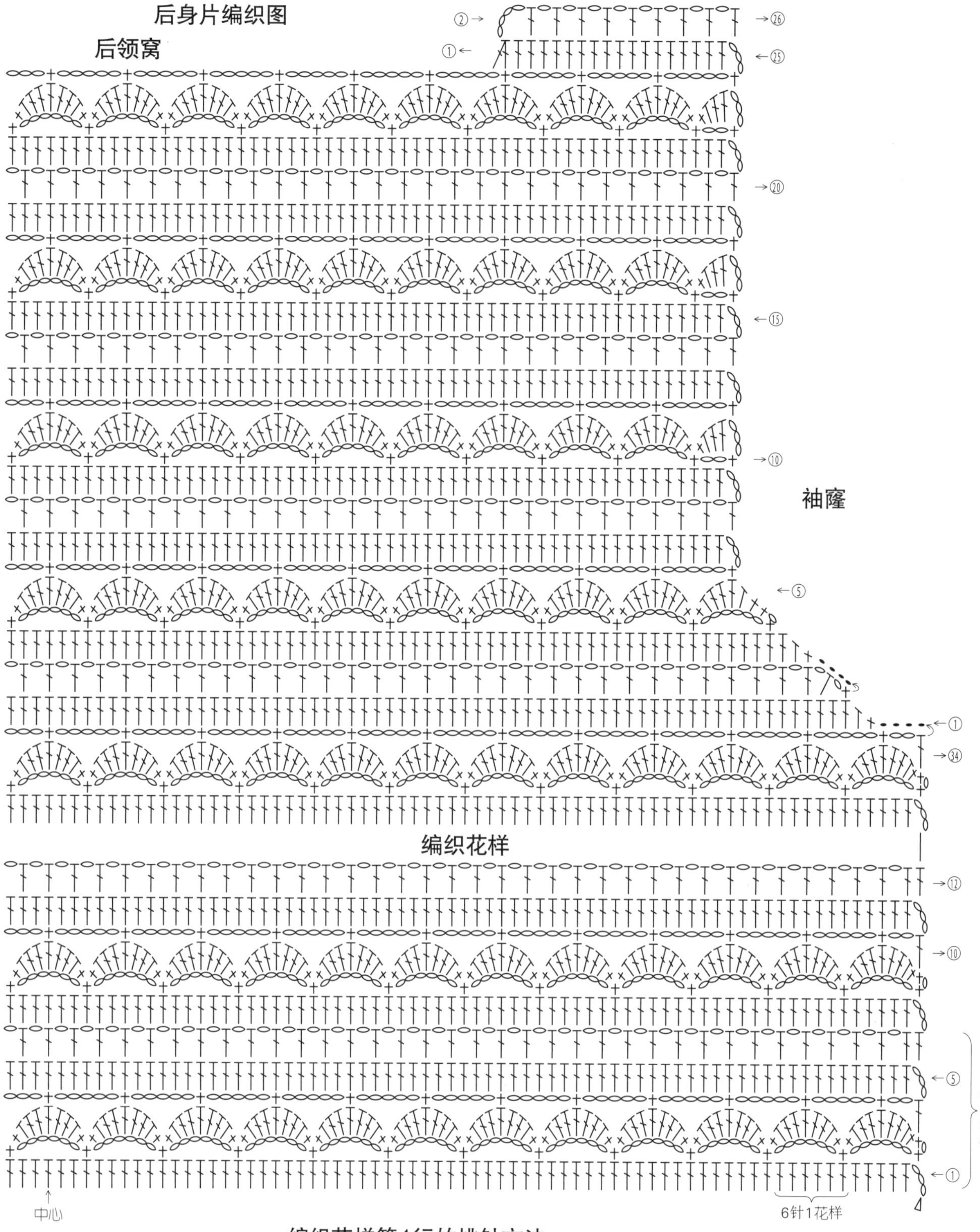

编织花样第1行的挑针方法

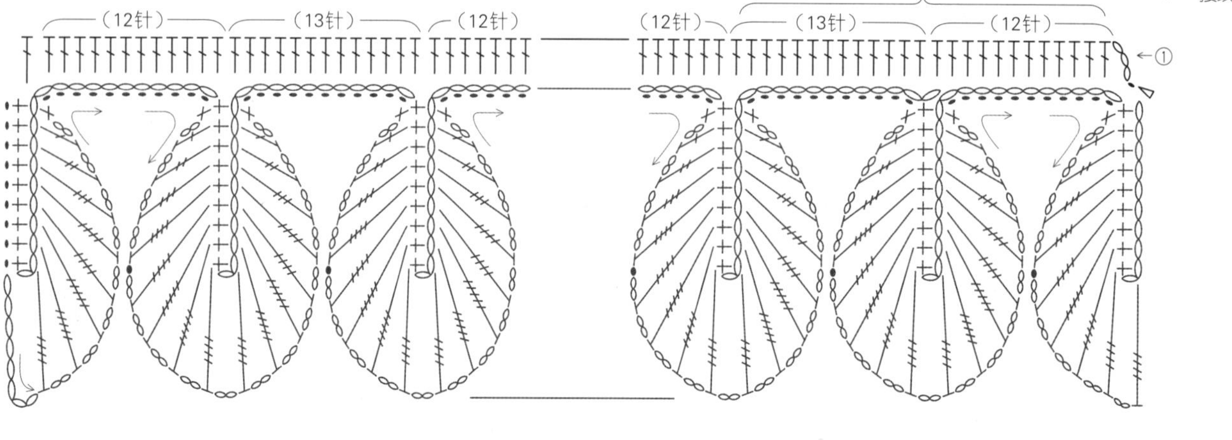

前身片编织图

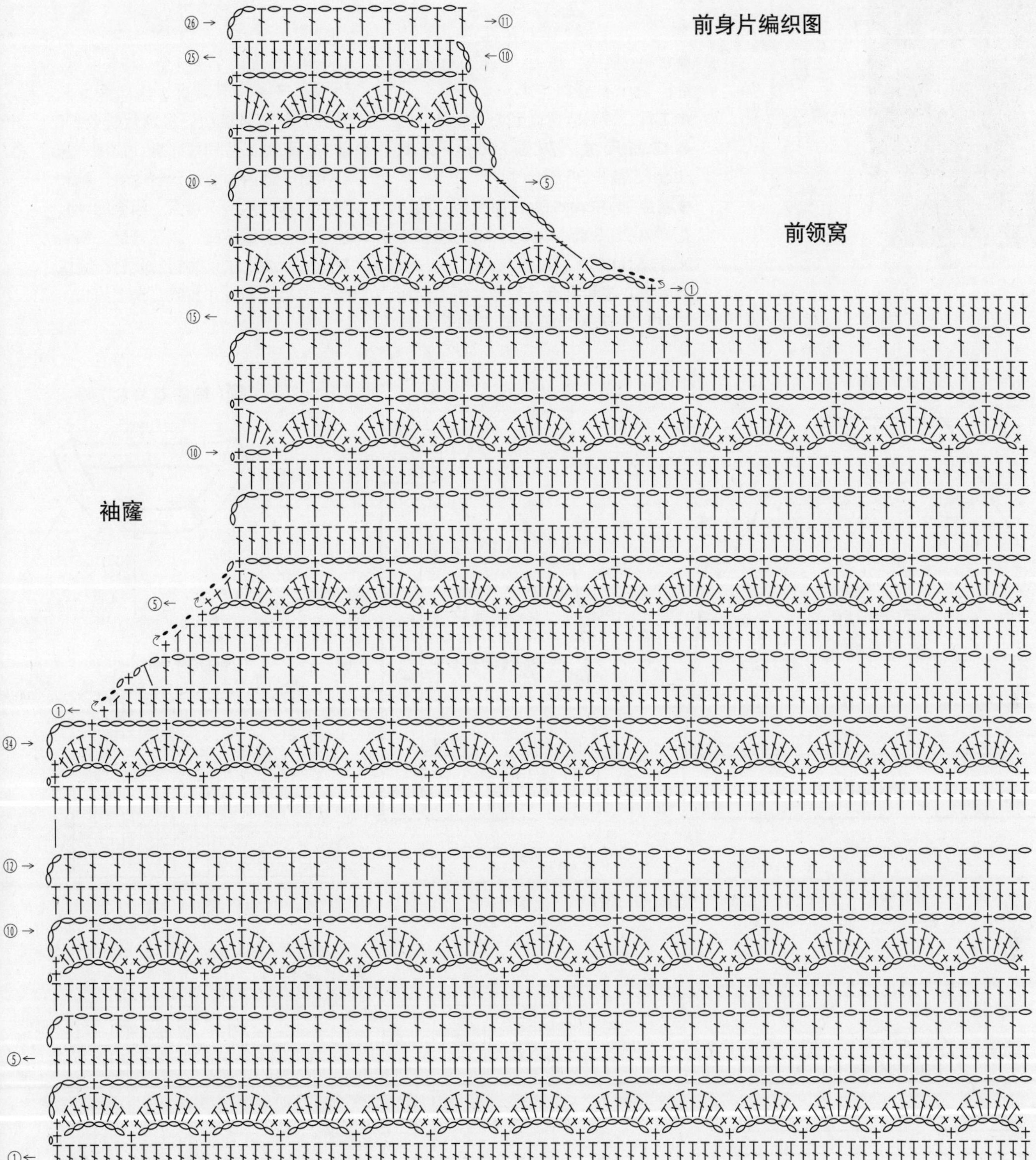

编织花样第1行的挑针方法

领口、袖口

（短针） 3/0号针

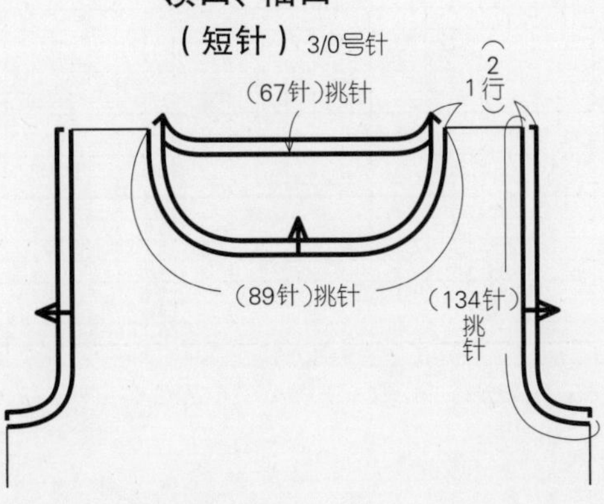

短针

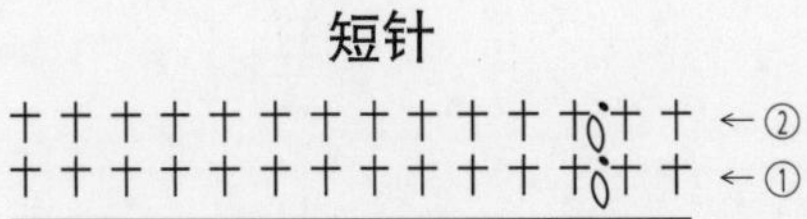

30
第43页

●**材料：**棉线　棕色(70)320g/8团，直径2cm的纽扣1个

●**工具：**棒针4号，钩针4/0号

●**成品尺寸：**胸围89cm，身长50cm，袖长35.5cm

●**密度：**10cmx10cm面积内：编织花样A 26.5针，34行，编织花样B 25针，34行

■**编织方法和要点：**后身片指上挂线起针，下摆开始织花样A和B的第1行10针，织2针并1针，均匀减针。胁立起开头1针减针，插肩线立起开头2针减针编织。领窝伏针收针。前身片和后身片同样起针，前襟一起织平针，最后的2针伏针收针。袖和身片同样如图所示编织。组合时，胁、袖下、插肩线接缝，腋下订缝。领织花样C，编织结束时钩针收针，编织饰花。用针目当作扣眼，缝上纽扣。

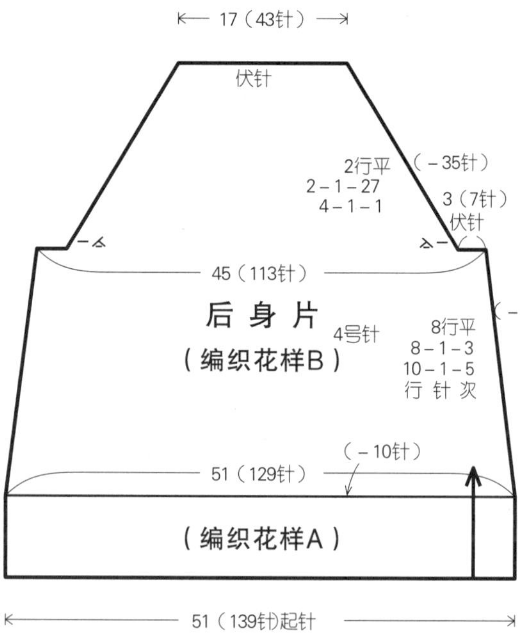

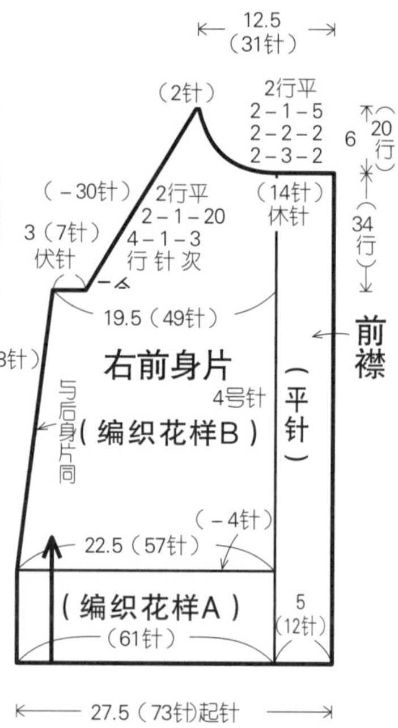

※左前身片和右前身片左右对称编织

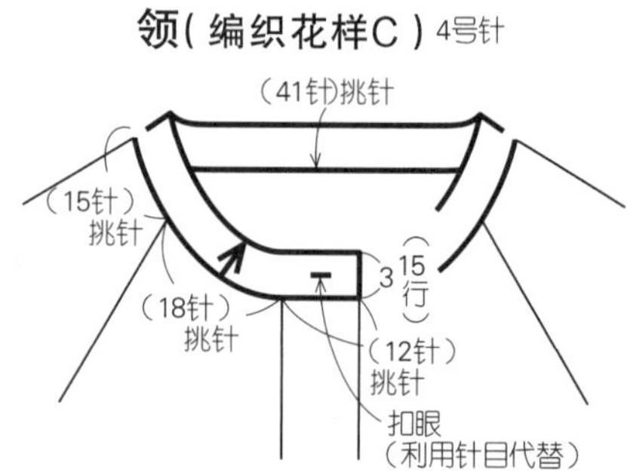

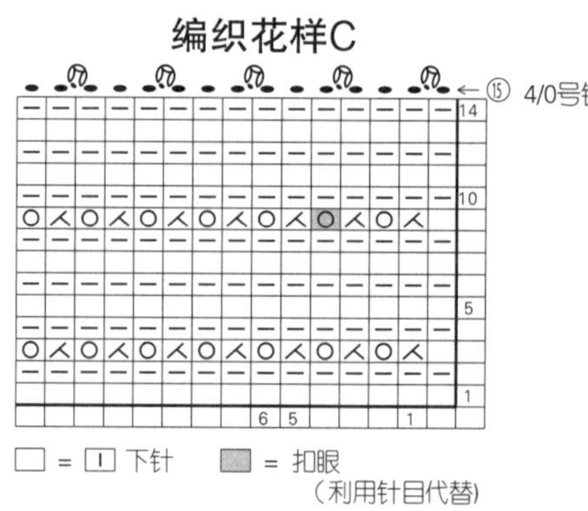

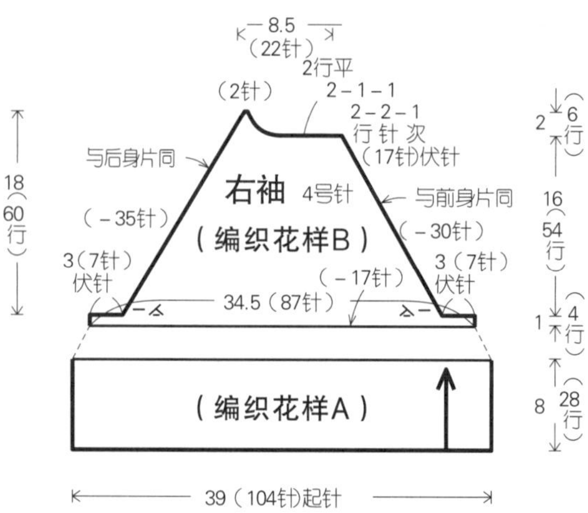

※左袖片、右袖片左右对称编织

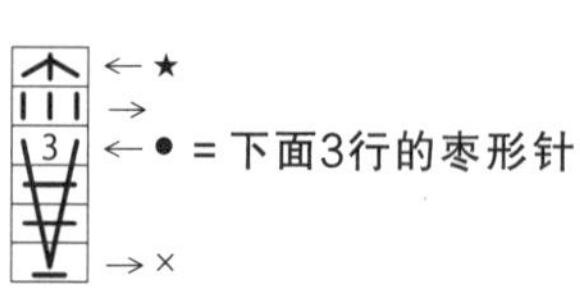

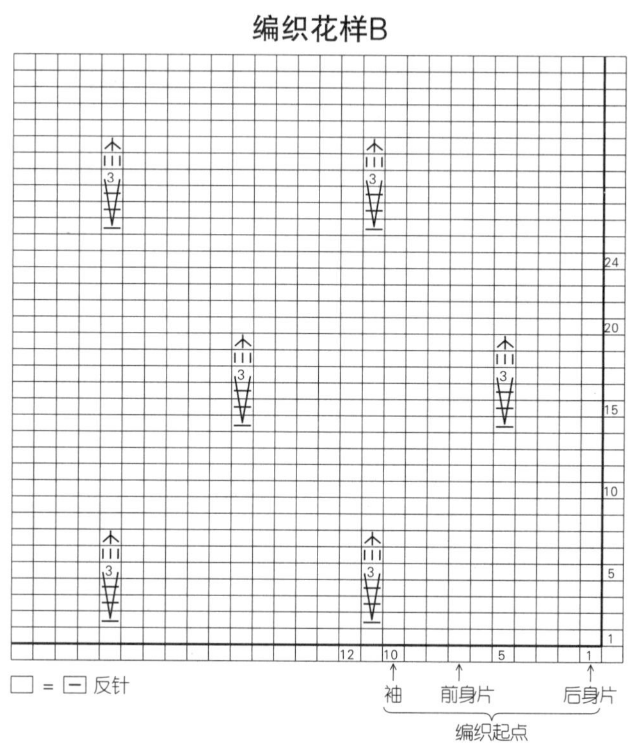

编织花样A

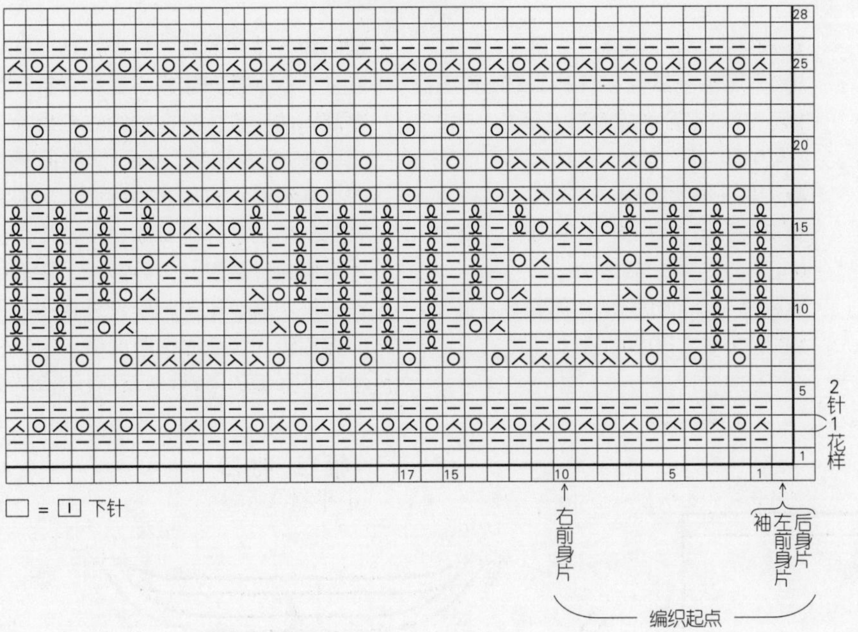

□ = Ⅰ 下针

前襟编织方法

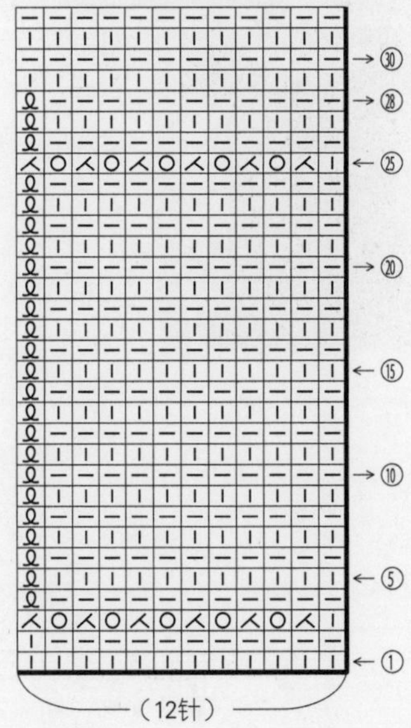

下面4行的枣形针

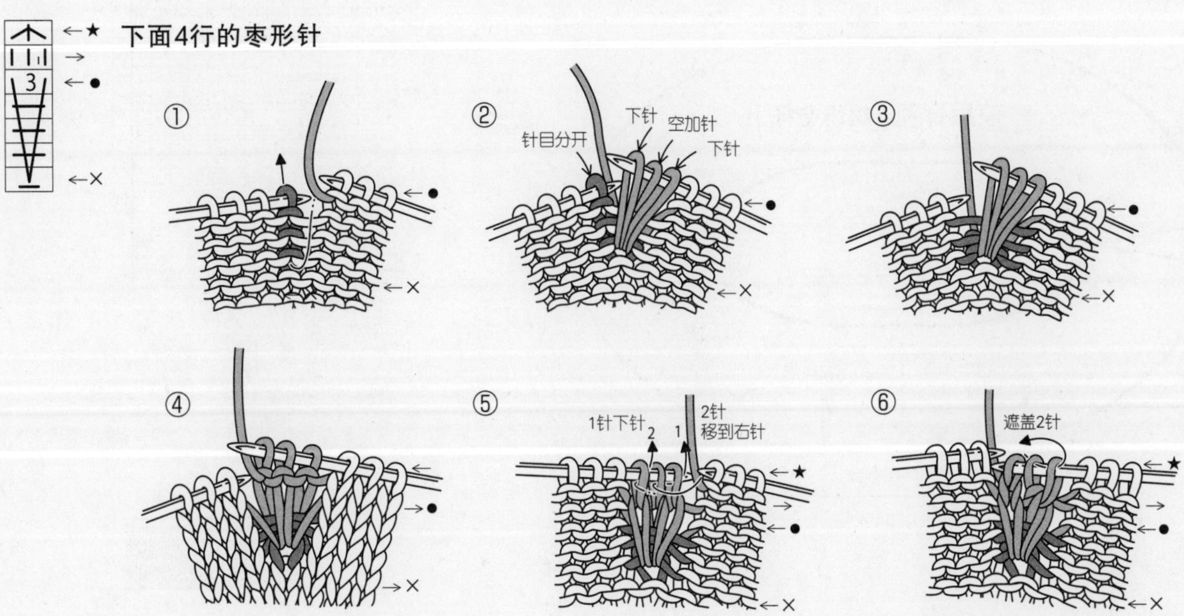

32

第 46 页

● **材料**：棉（49%）、麻（47%）、锦纶（4%）黑色（412）215g/6 团，棉（61%）、锦纶（39%）黑色（102）25g/1 团

●**工具**：棒针 4 号、3 号

● **成品尺寸**：胸围 89cm，身长 54cm，饰边长 33.5cm

●**密度**：10cmx10cm 面积内：正针编织 22 针，30 行

■**编织方法和要点**：后身片指上挂线起针，从下摆开始织平针和正针。袖窿腋下的针目休针，继续织前后片之间的 10 行后休针。前身片和后身片同样编织胁。育克和袖窿休针。前后育克从前后身片挑针编织，袖口从身片两侧起针编织。分散减针，环形编织花样。编织花样时丝带重叠在前面一起编织。组合时，胁接缝。领口和袖口环形编织平针，从反面伏针收针。

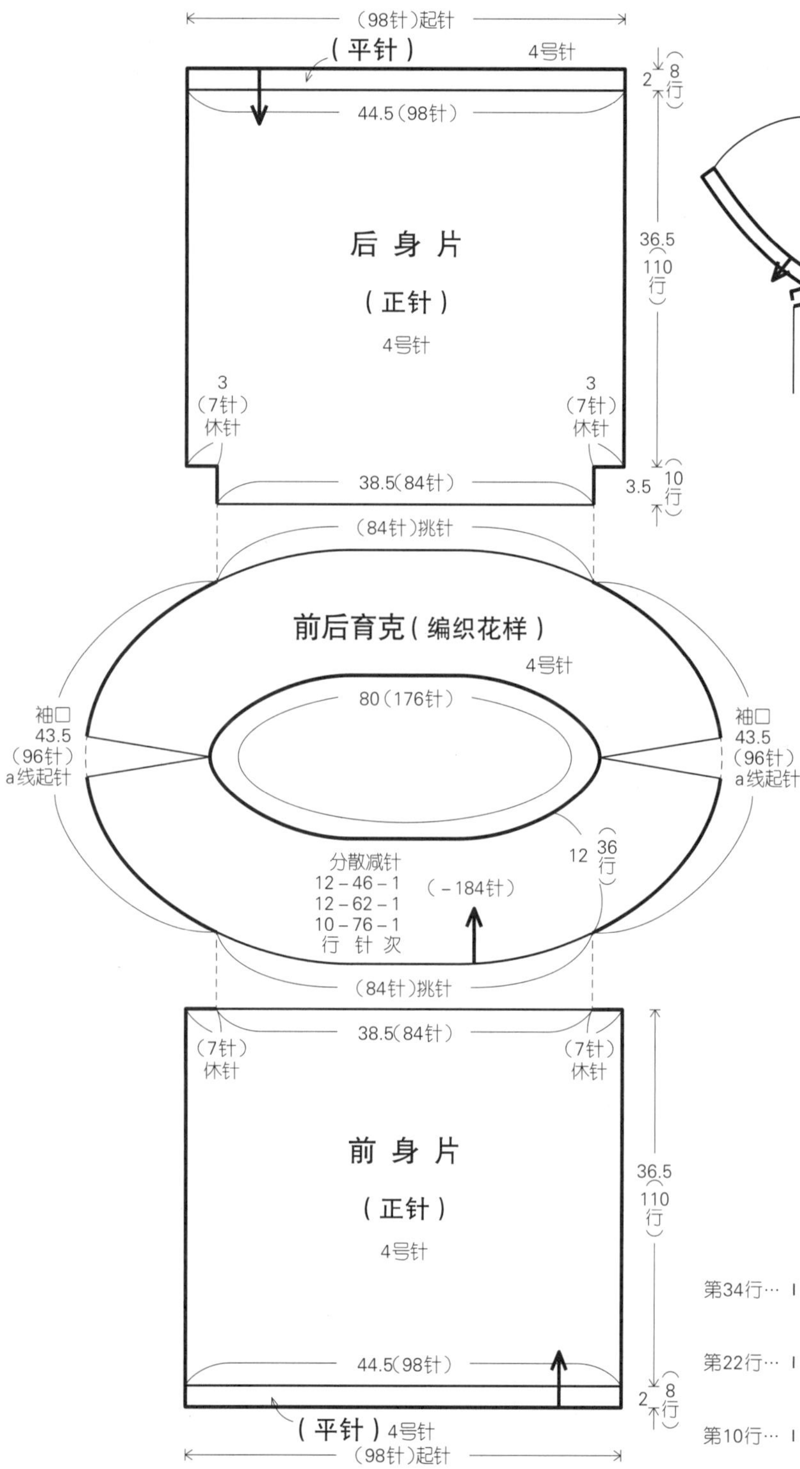

※除指定外用a线编织

领口、袖口

（平针） 3号针

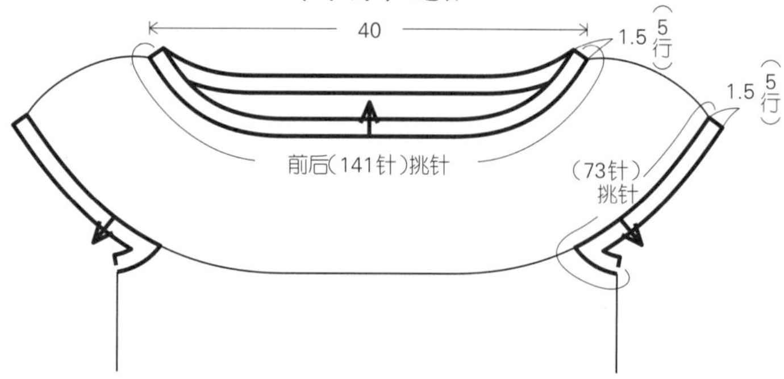

编织花样

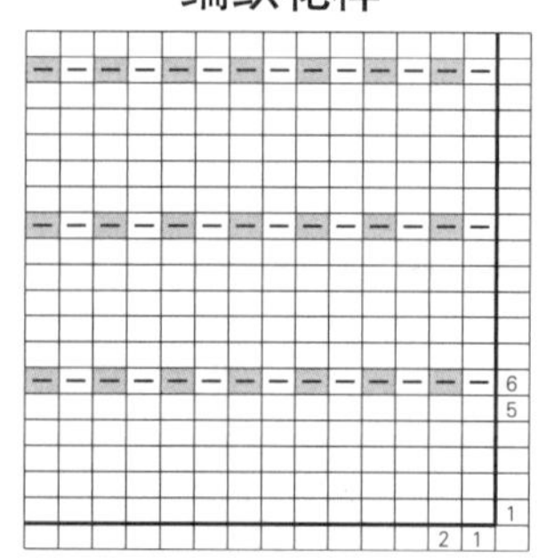

□ = 丨 下针

▒ = 把b线重叠在a线上面编织

a线 = 黑色（412）
b线 = 黑色（102）

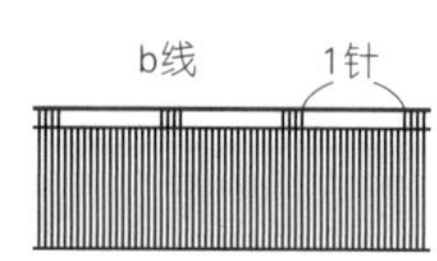

减针的方法

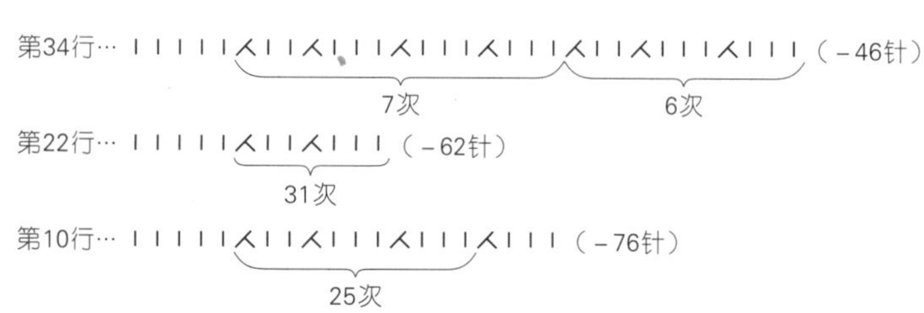

33
第48页

● **材料**：棉（49%）、麻（47%）、锦纶（4%）灰系粉色（413）390g/10团，直径3cm的纽扣2个，直径1.5cm的纽扣1个

● **工具**：棒针4号、3号

● **成品尺寸**：胸围93cm，肩背宽34cm，身长55cm，袖长52cm

● **密度**：10cmx10cm面积内：编织花样A 36针，35行，编织花样B 25针，35行

■ **编织方法和要点**：后身片在指上挂线起针，从下摆开始织平针，继续织花样B和花样A，在花样A部分织扭加针，均匀加4针。肋立起开头1针在内侧织扭加针，袖窿、领窝伏针，在一端立织减针，肩部往返编织后休针。前身片和后身片同样编织。袖织平针和花样B，袖山编织结束时伏针收针。组合时，肩部引拔订缝，肋、袖下接缝。领织平针，伏针收针。袖与身片引拔接缝。缝上纽扣。

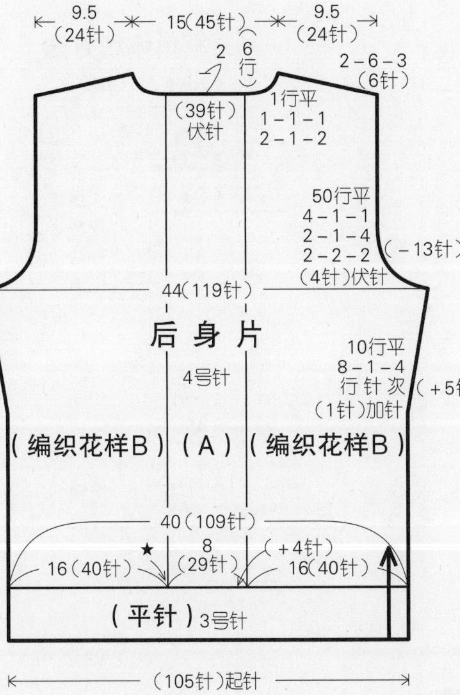

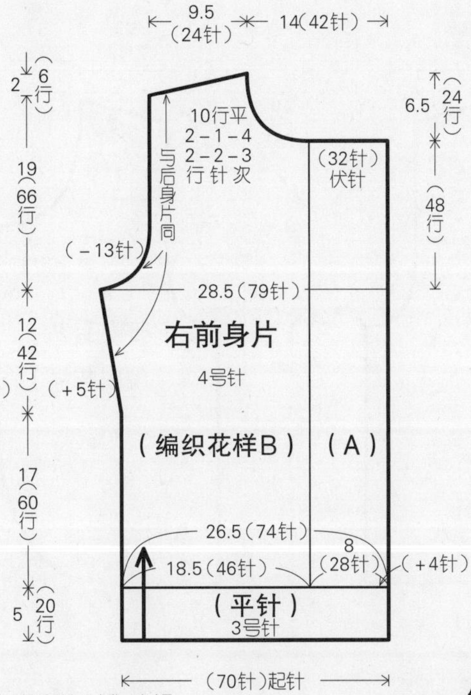

※左右身片对称编织

编织花样B

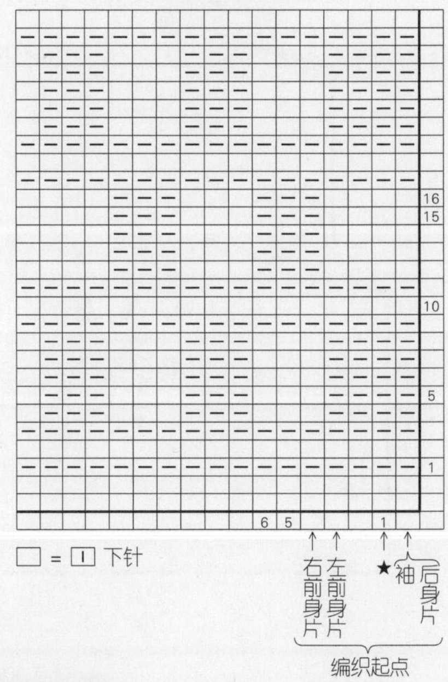

编织花样A

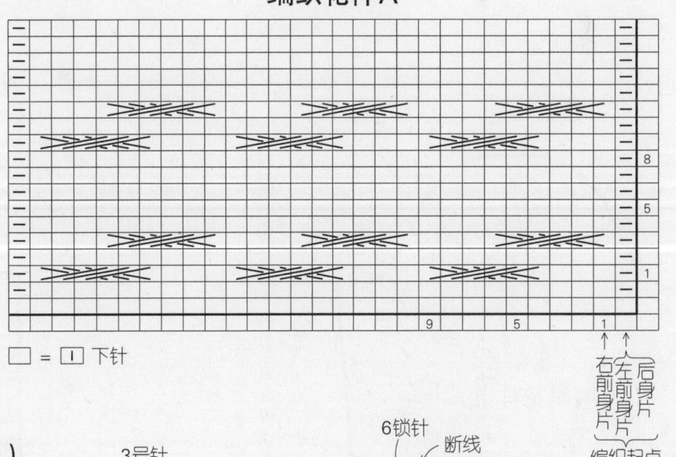

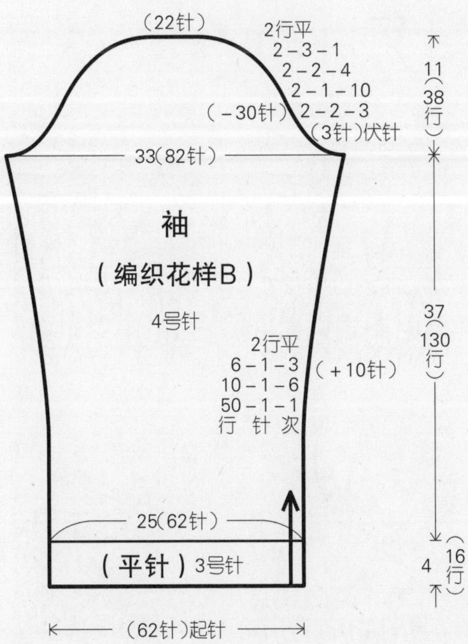

领（平针）

3号针

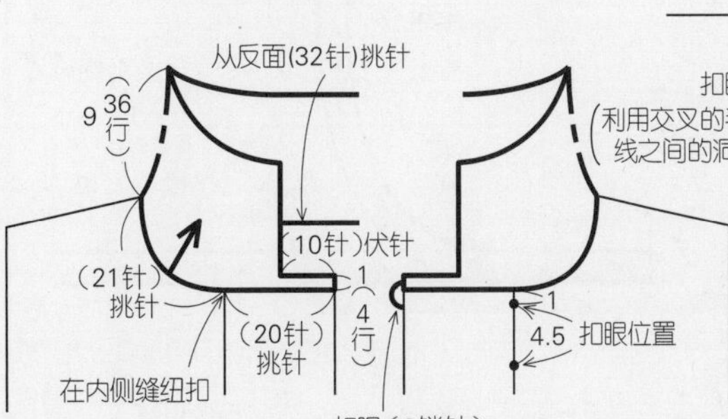

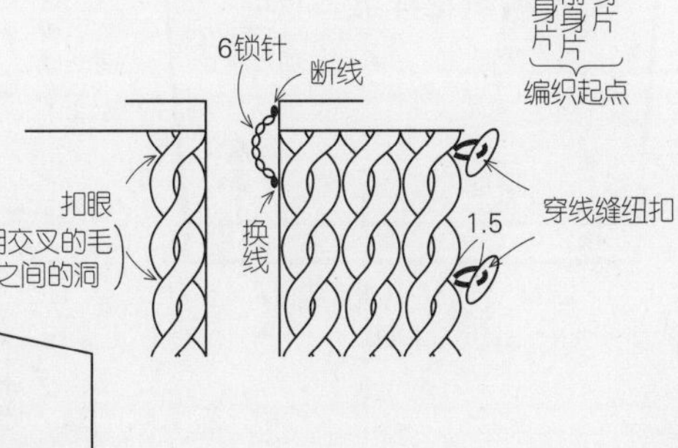

34

第 49 页

●**材料：**人造丝（63%）、棉（20%）、锦纶（17%）粉色系（801）260g/7 团，黑色系（807）20g/1 团，风纪扣（大）1 组

●**工具：**棒针 4 号，钩针 4/0 号

●**成品尺寸：**胸围 93.5cm，肩背宽 37cm，身长 49.5cm，袖长 40.5cm

●**密度：**10cmx10cm 面积内：编织花样 27 针，35 行

■**编织方法和要点：**后身片在指上挂线起针，从下摆开始编织花样。袖窿、领窝伏针，立起一端 1 针减针，肩部往返编织后休针。前身片按照图示在下摆加针编织。袖和身片同样起针编织花样。袖下在一端 1 针内侧织扭加针，袖山编织结束时伏针收针。组合时，肩部两侧对齐盖针订缝，胁、袖下接缝。下摆、前襟、领用钩针环形收边。袖口环形收边。袖和身片引拔接缝。把风纪扣按照图示缝在左右领上。

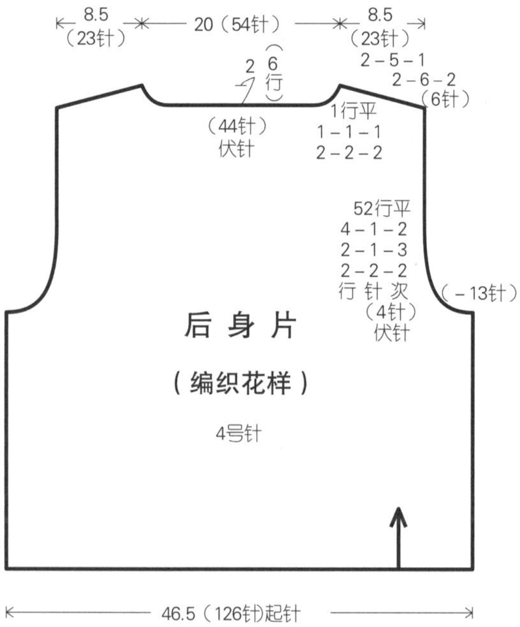

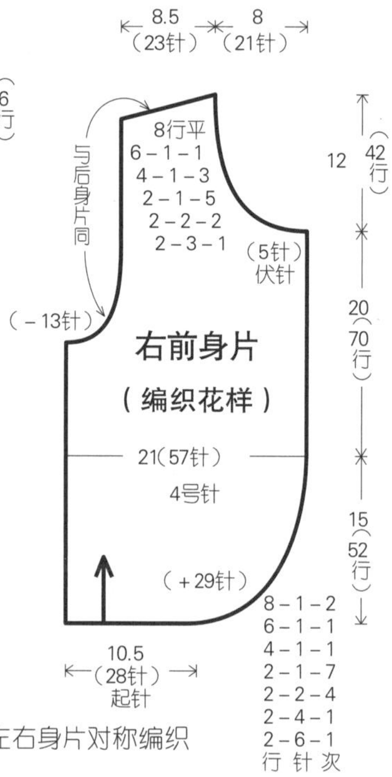

※ ▭ = 黑色系　除指定外均用粉色系编织　　　※左右身片对称编织

领角编织方法

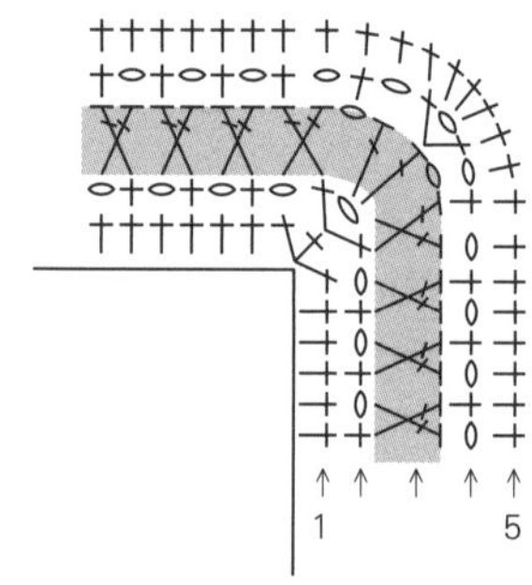

收边

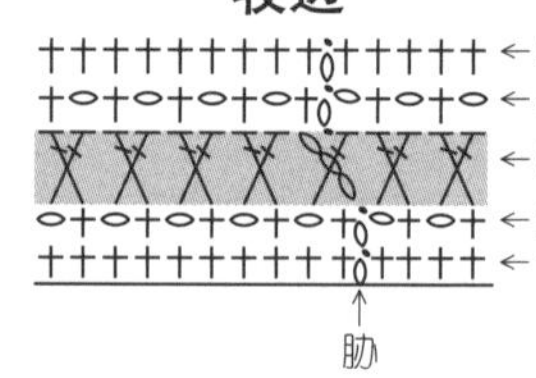

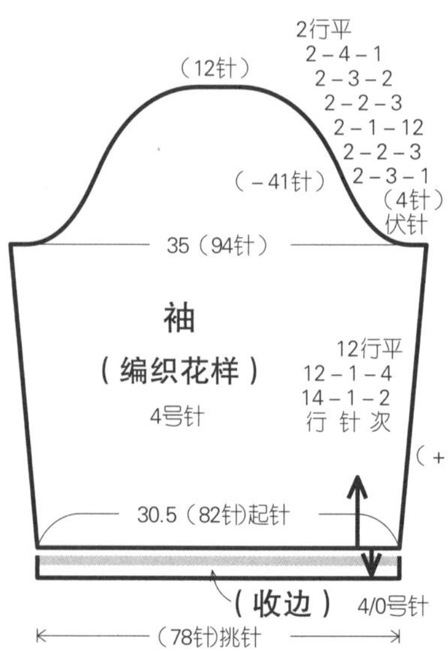

下摆、前襟、领

（收边）4/0号针

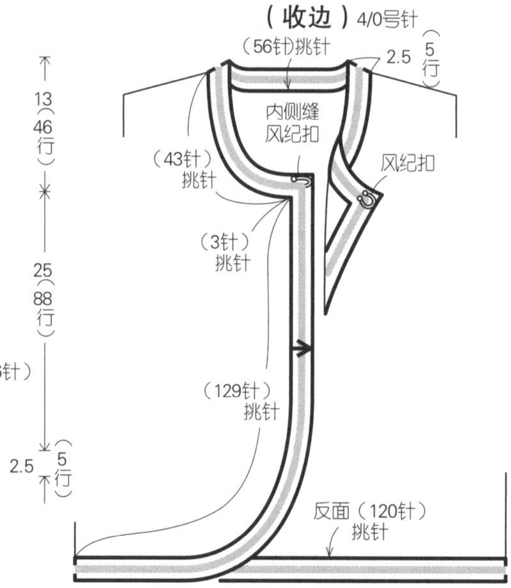

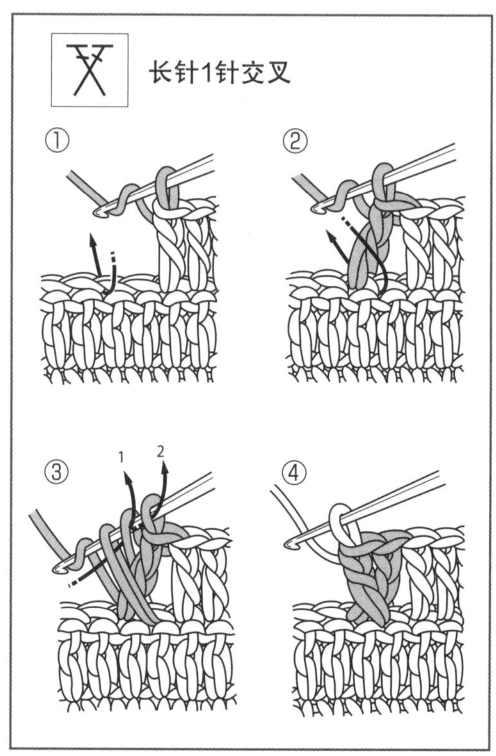

右前身片编织图

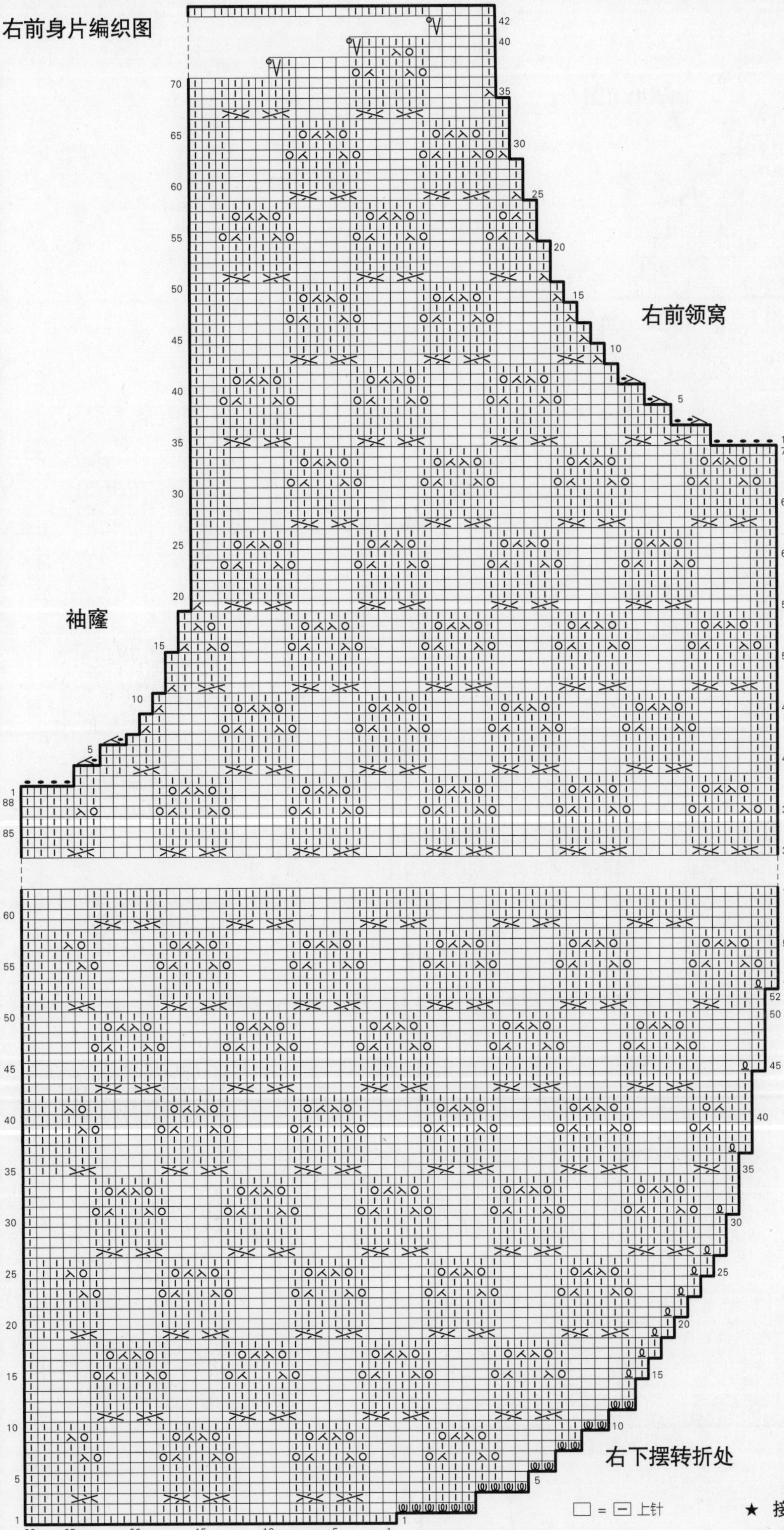

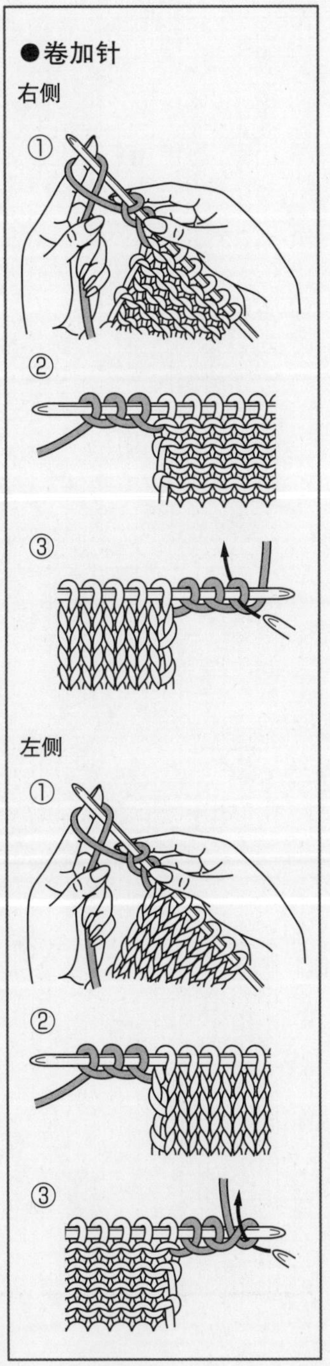

□ = ⊟ 上针

★ 接下页

袖子编织图

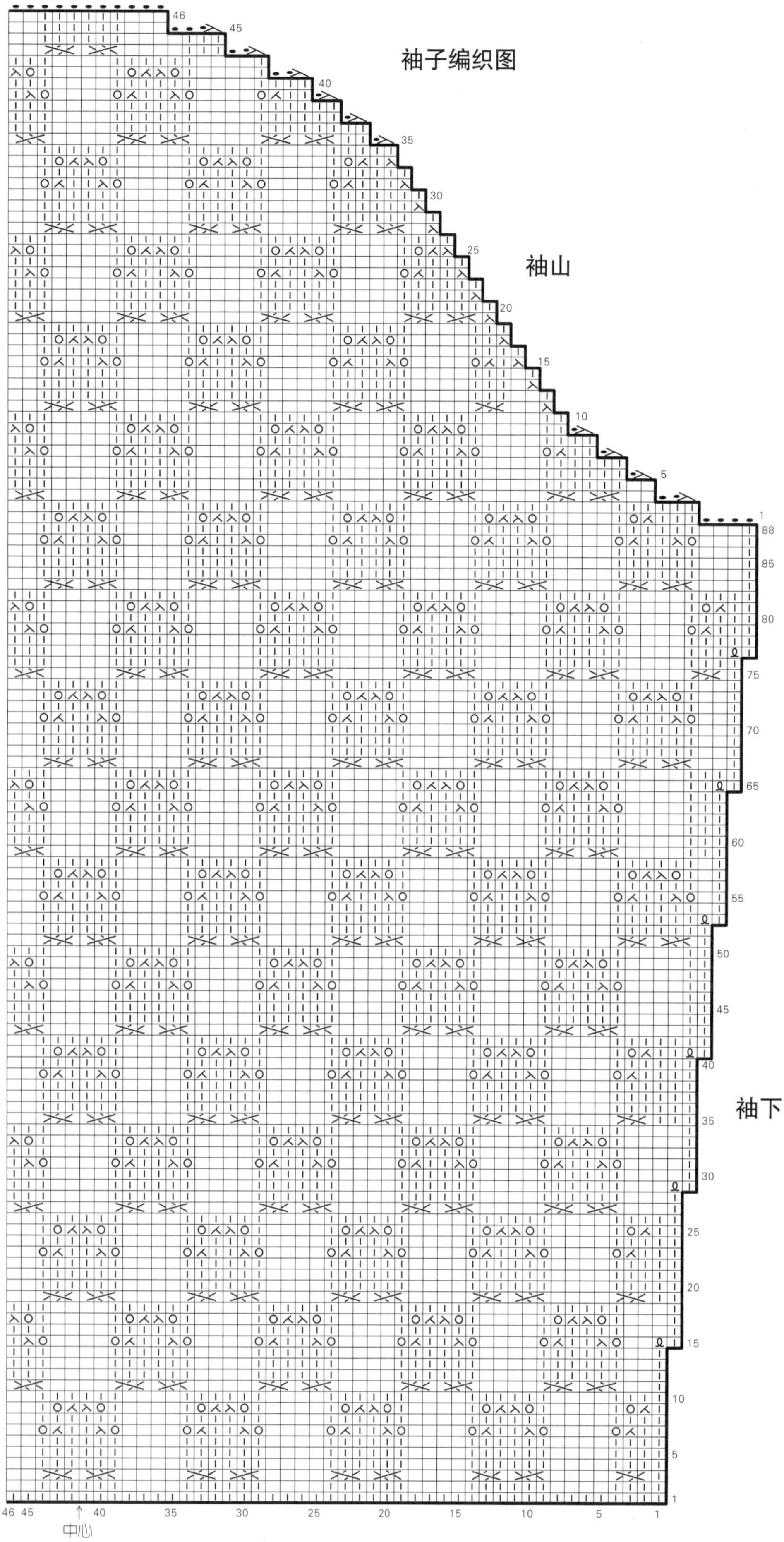

□ = ⊟ 上针

●空加针

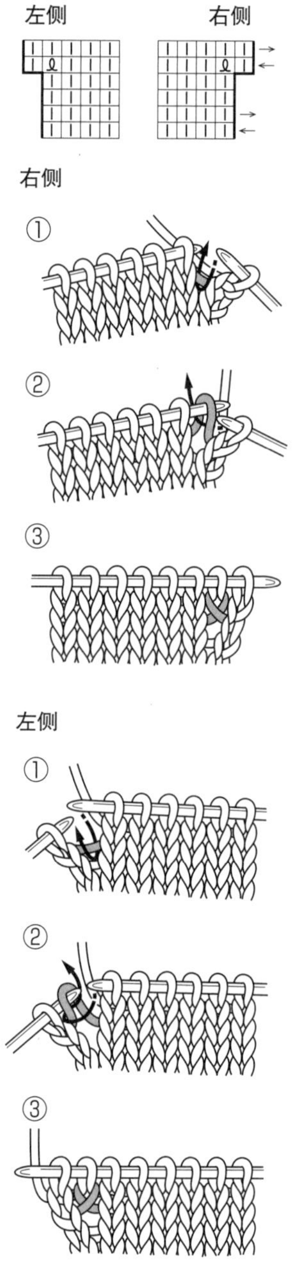

36
第51页

● 材料：人造丝（63%）、棉（20%）、锦纶（17%）卡其色系（802）95g/3团，棉线 米色（1605）70g/2团，带亮片的棉线 米色（604）50g/3团，直径1.3cm的纽扣6个

●工具：棒针5号

●成品尺寸：胸围91.5cm，肩背宽33cm，身长56.5cm，袖长43.5cm

●密度：10cmx10cm面积内：编织花样24针，30行

■编织方法和要点：后身片在指上挂线起针，从下摆开始织平针和条纹花样。袖窝、领窝伏针，一端立织1针减针，肩部往返编织后休针。前身片和后身片同样编织。袖下在一端1针内侧织扭加针，袖山编织结束时伏针收针。组合时，肩部盖针订缝，胁、袖下接缝，领、前襟依次开扣眼、收边，伏针收针。袖和身片引拔接缝。用米色线（1605）接缝。

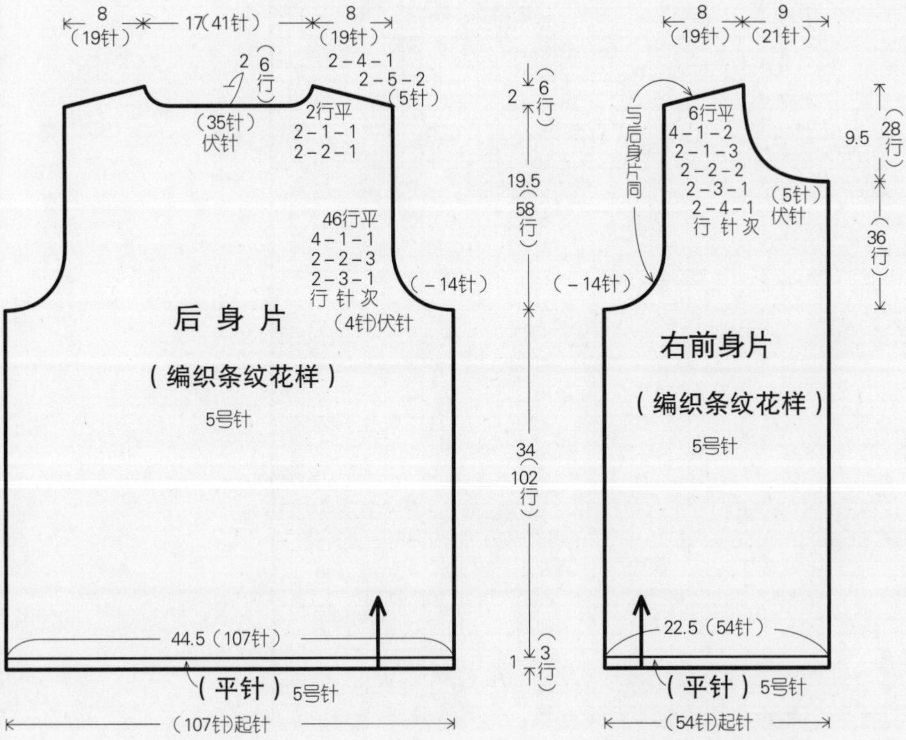

※左右身片对称编织

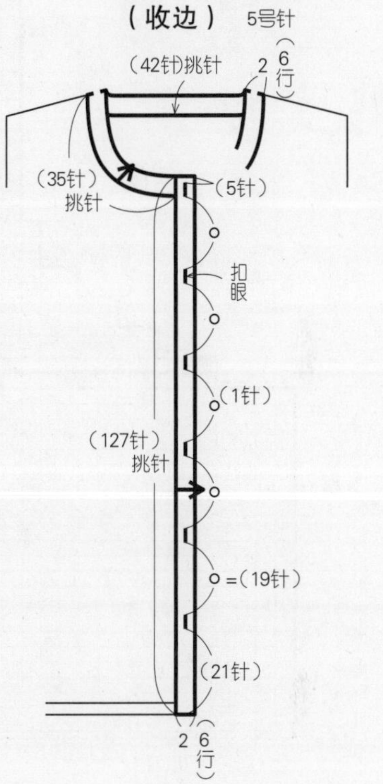

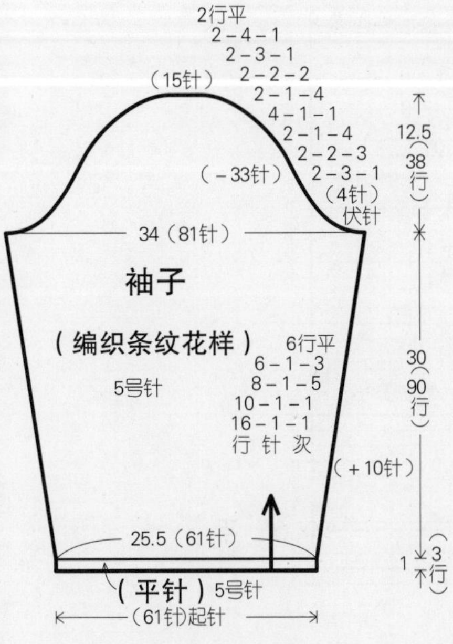

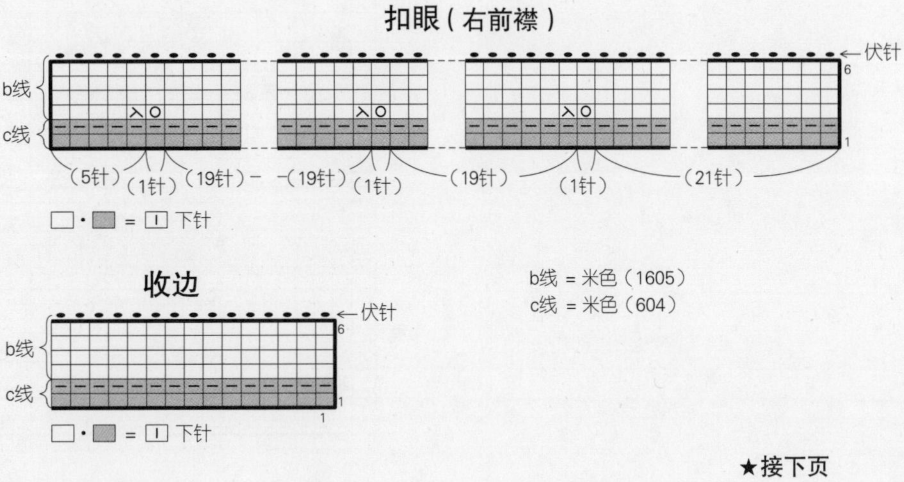

b线 = 米色（1605）
c线 = 米色（604）

★接下页

前身片编织图

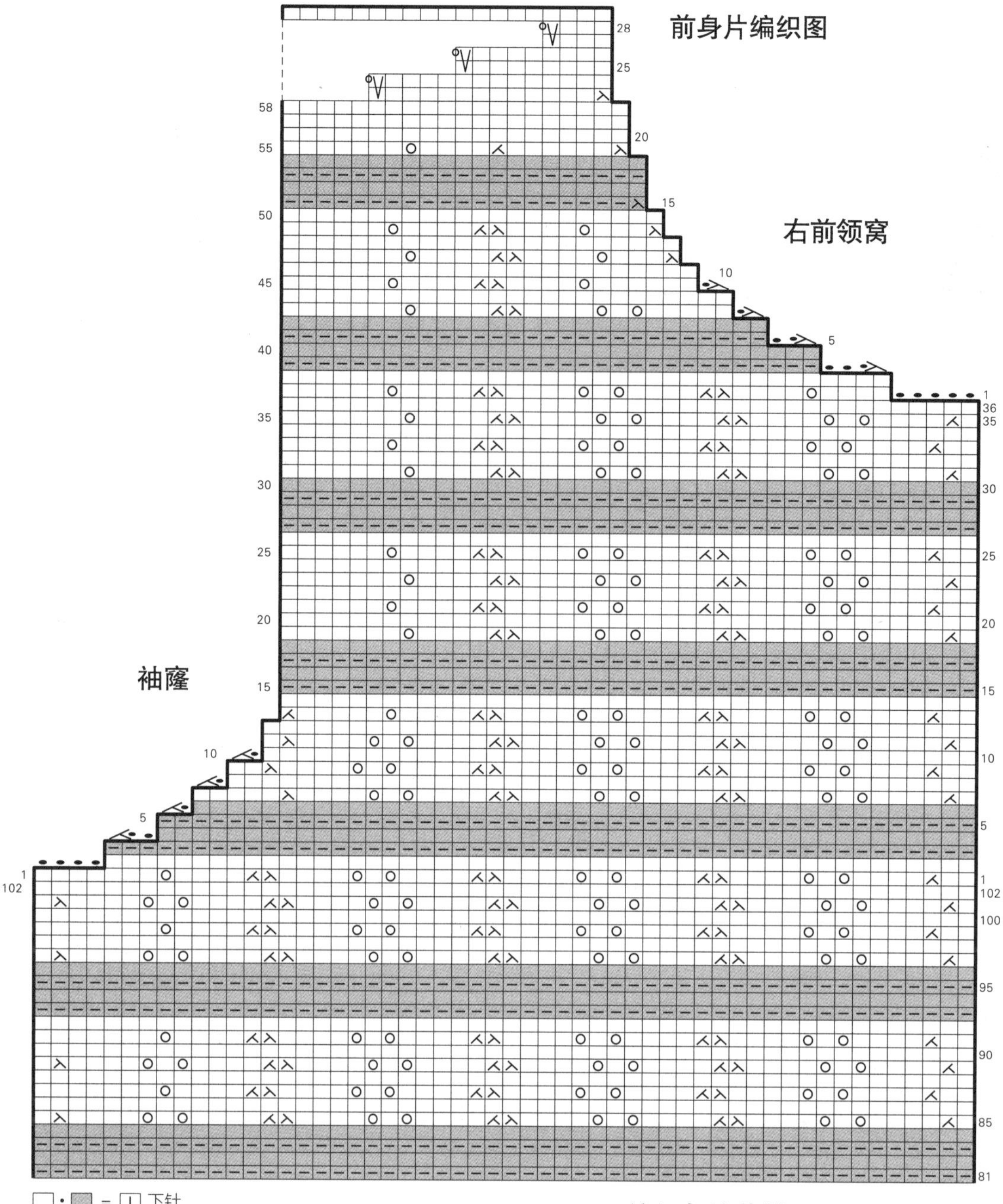

编织条纹花样

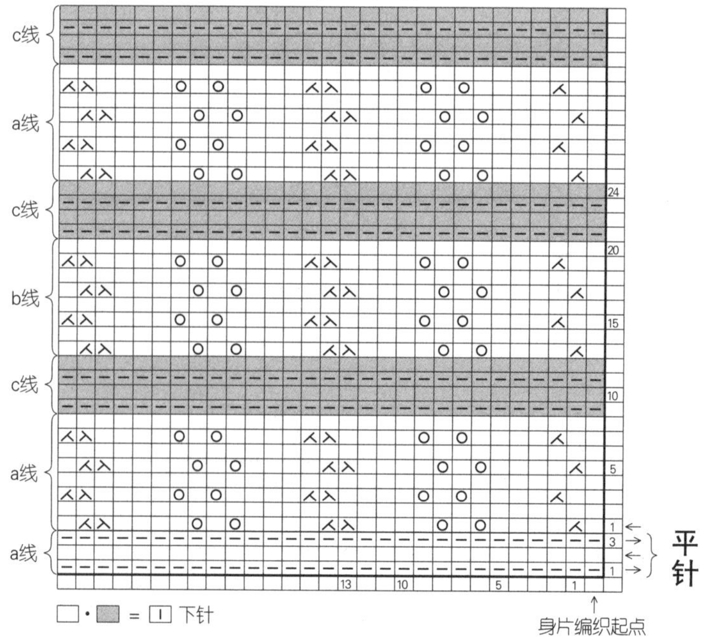

a线 = 卡其色系（802）
b线 = 米色（1605）
c线 = 米色（604）

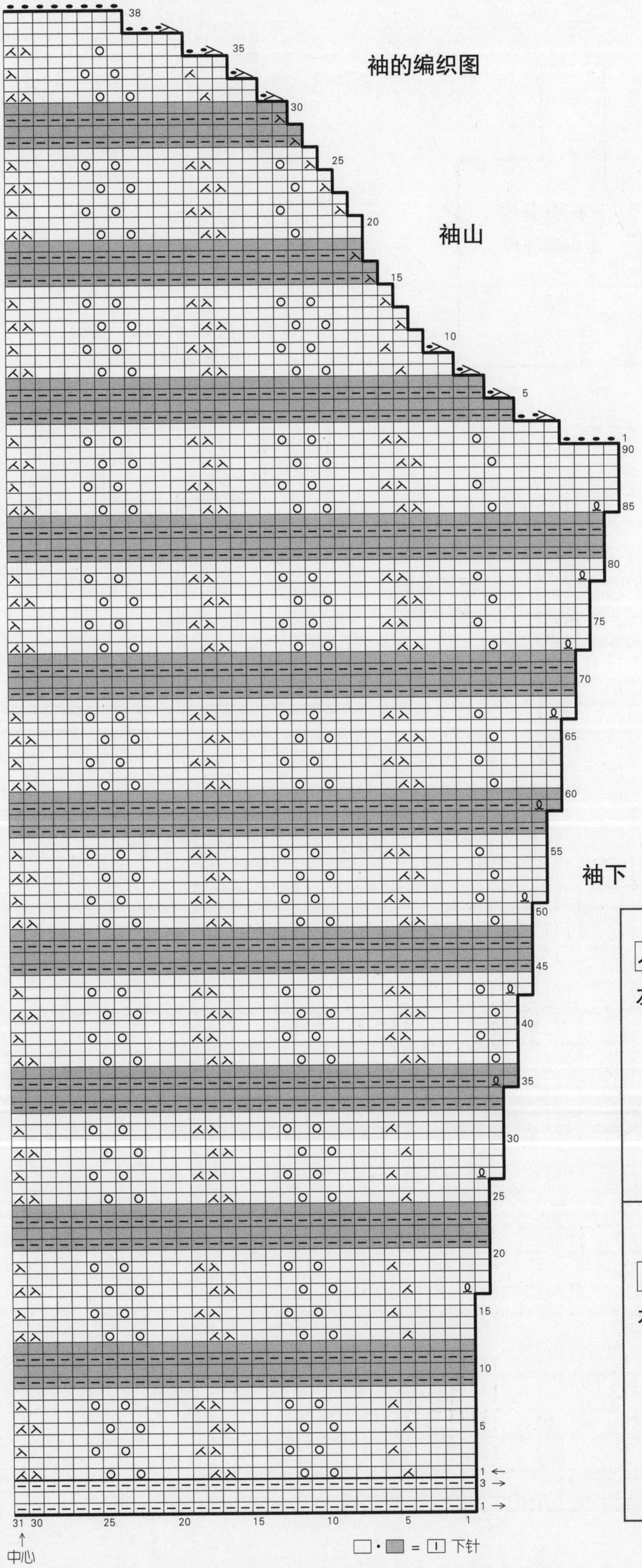

□·■ = Ⅰ 下针

35

第50页

●**材料：**人造丝（86%）、锦纶（14%）金色（902）120g/5团，直径1.15cm的纽扣3个

●**工具：**钩针2/0号

●**成品尺寸：**胸围91cm，肩背宽37cm，身长37.5cm

●**密度：**10cmx10cm面积内：编织花样32针，9行

■**编织方法和要点：**后身片锁针起针，参照图示编织花样。第1行的长长针是挑锁针起针的内山编织。前身片和后身片同样起针。组合时肩部卷针订缝。胁接缝。衣服下摆、前襟、领口继续编织条纹针。袖窿上编织1行条纹针。扣眼使用针目代替，在左前襟缝上纽扣。

左上2针并1针

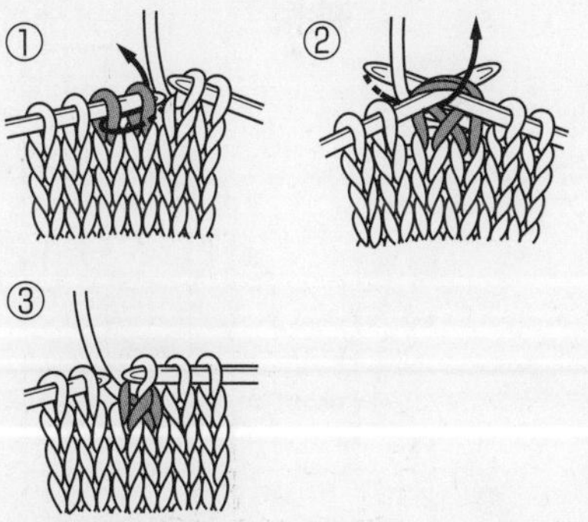

右上2针并1针

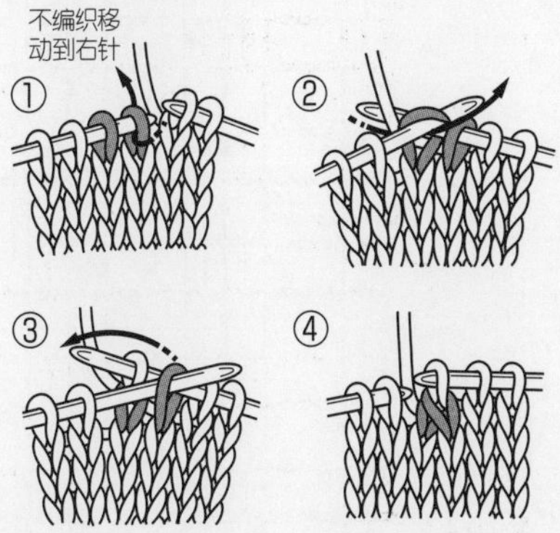

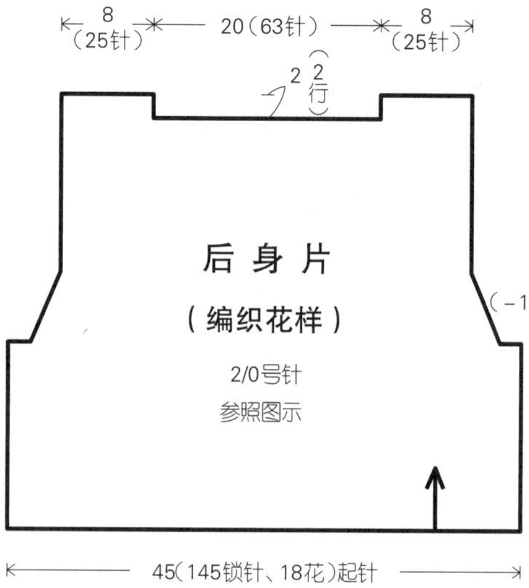

※花=花样

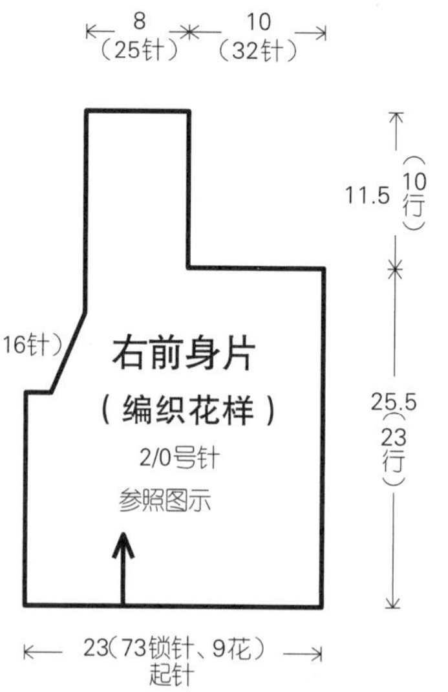

※左前身片和右前身片
左右对称编织

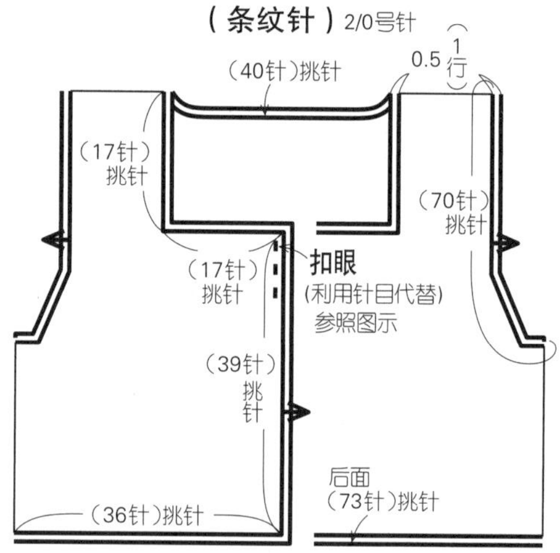

※挑针数目指短针(+)

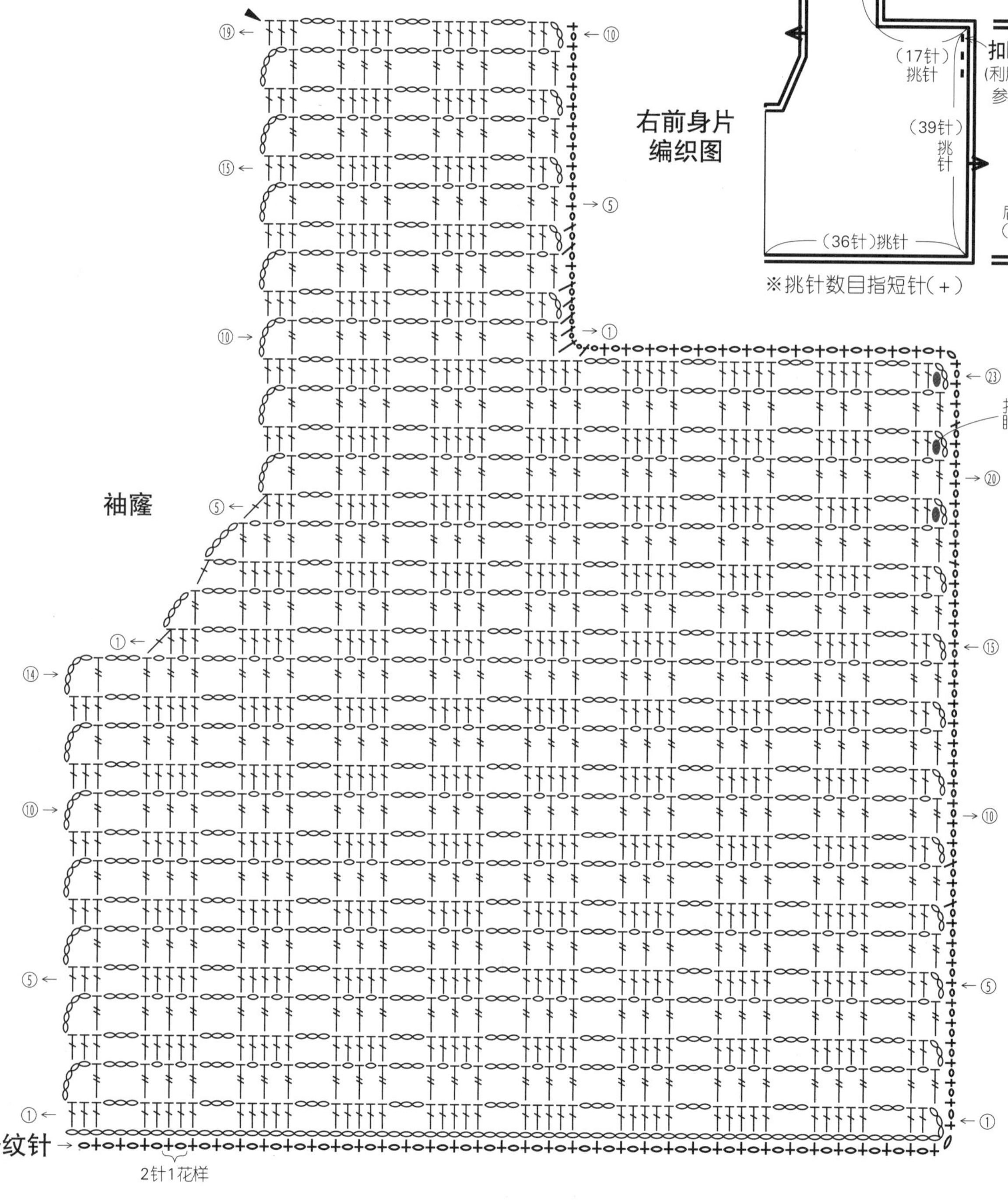

编织花样、后身片编织图

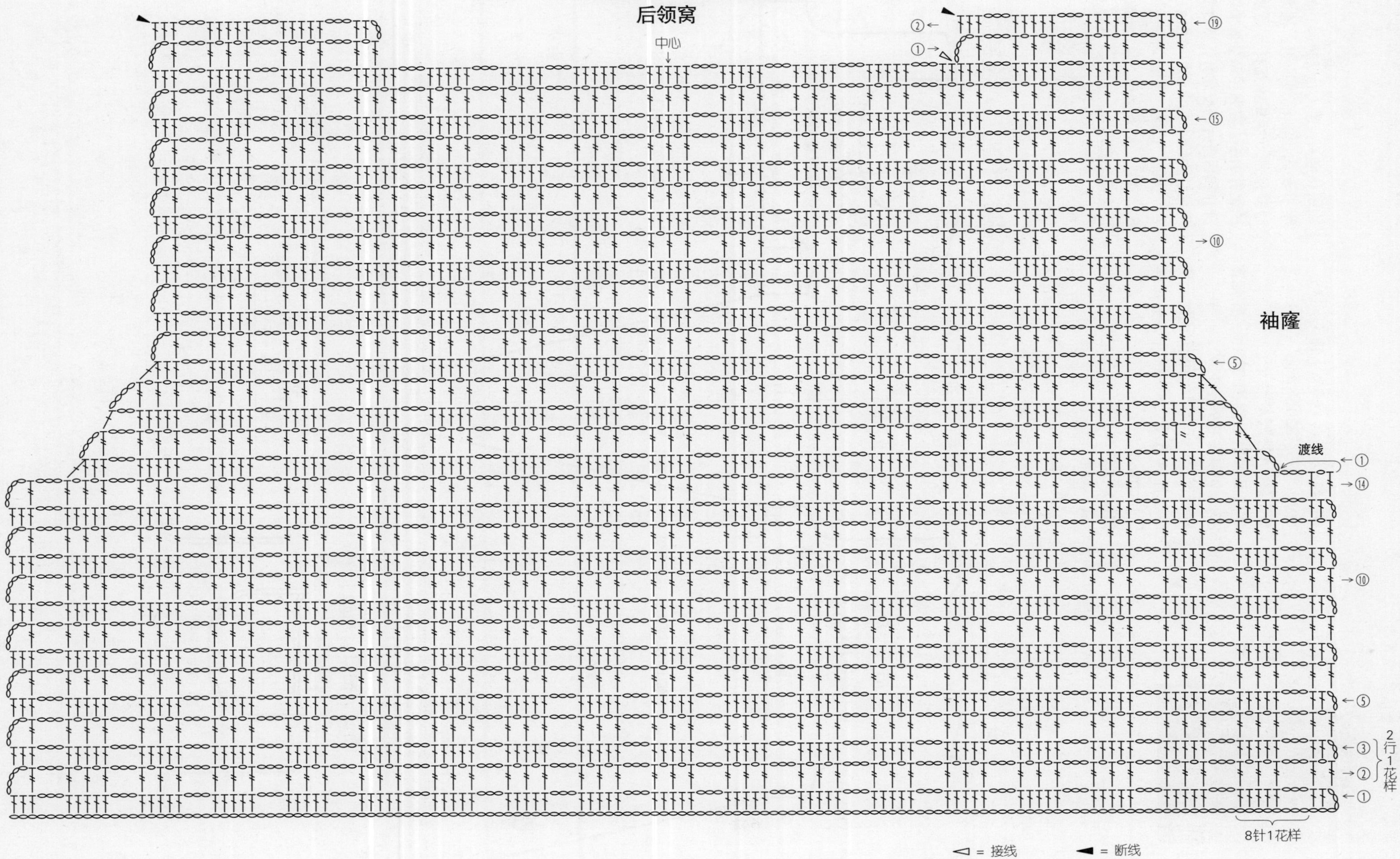

37

第 52 页

●材料：人造丝（86%）、锦纶（14%）棕色（905）330g/14 团

●工具：钩针 3/0 号

●成品尺寸：胸围 92cm，肩背宽 37cm，身长 82cm

●密度：10cmx10cm 面积内：编织花样 A 6 个，10 行，编织花样 B 10cm，9.5 行

■编织方法和要点：后身片锁针起针，编织花样 A。第 1 行是挑起针的锁针半针和内山 2 根线编织。袖窿、领口参照图示编织。花样 B 是挑起针的锁针编织，参照图示分散加针。前身片和后身片同样起针，领口参照图示编织。组合时，肩部织"1 针引拔针、2 针锁针"接缝。胁织"1 针引拔针、5 针锁针"对齐接缝。领口和袖口前后连续环形收边。

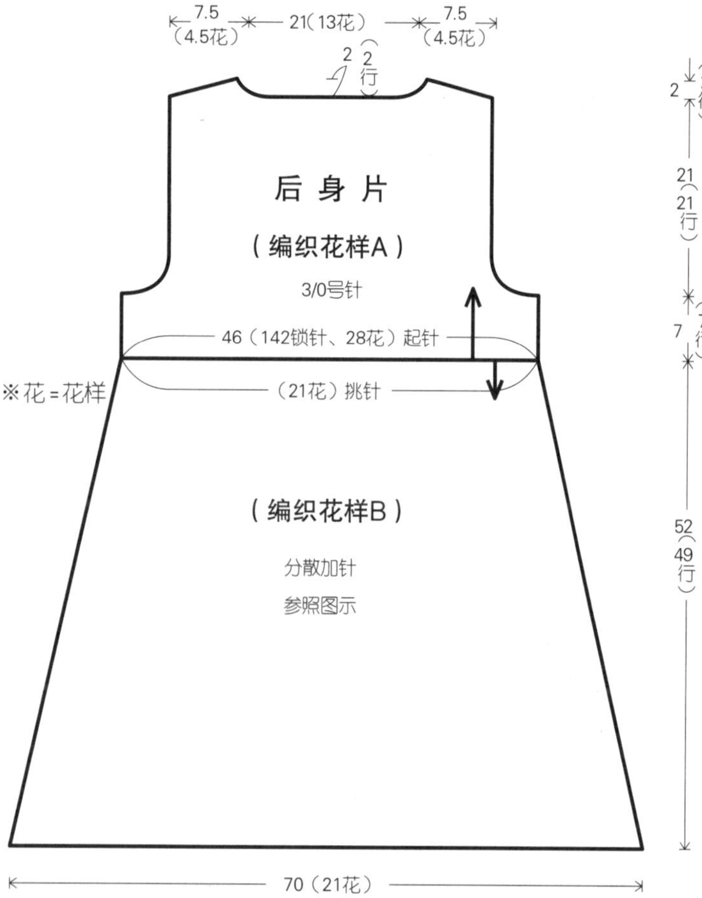

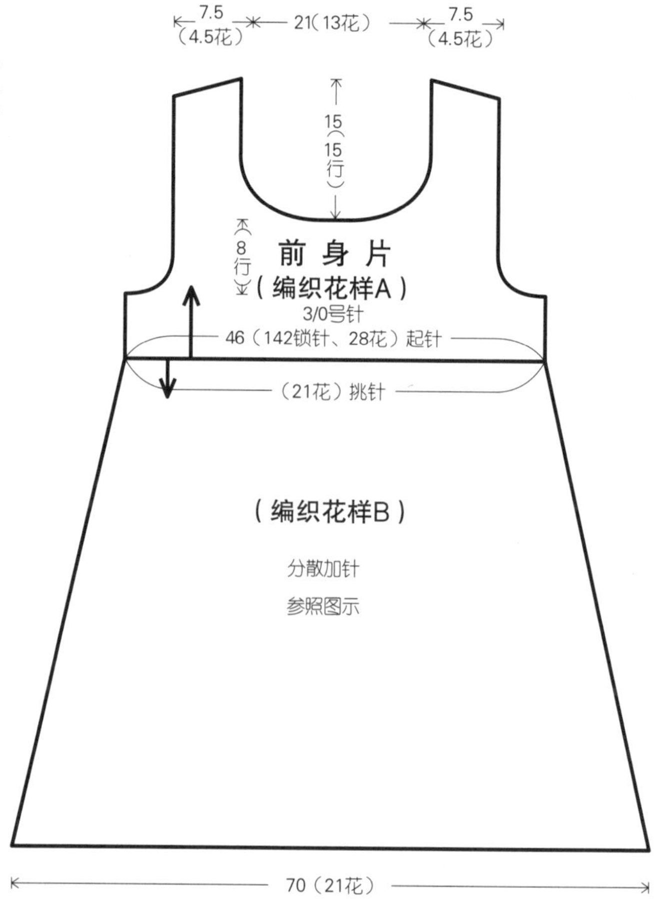

领口、袖口（收边） 3/0号针

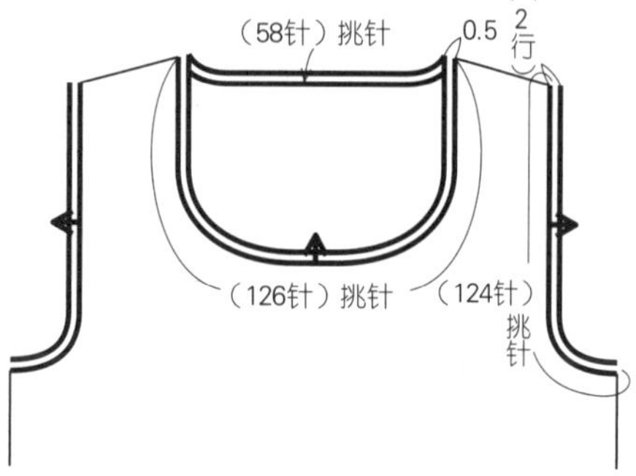

收边

后领口编织图

= 3锁针，未完成的长针，织物翻面，长长针上织长针和2针并1针，织物再次翻面后织3锁针。

编织花样A、后身片编织图

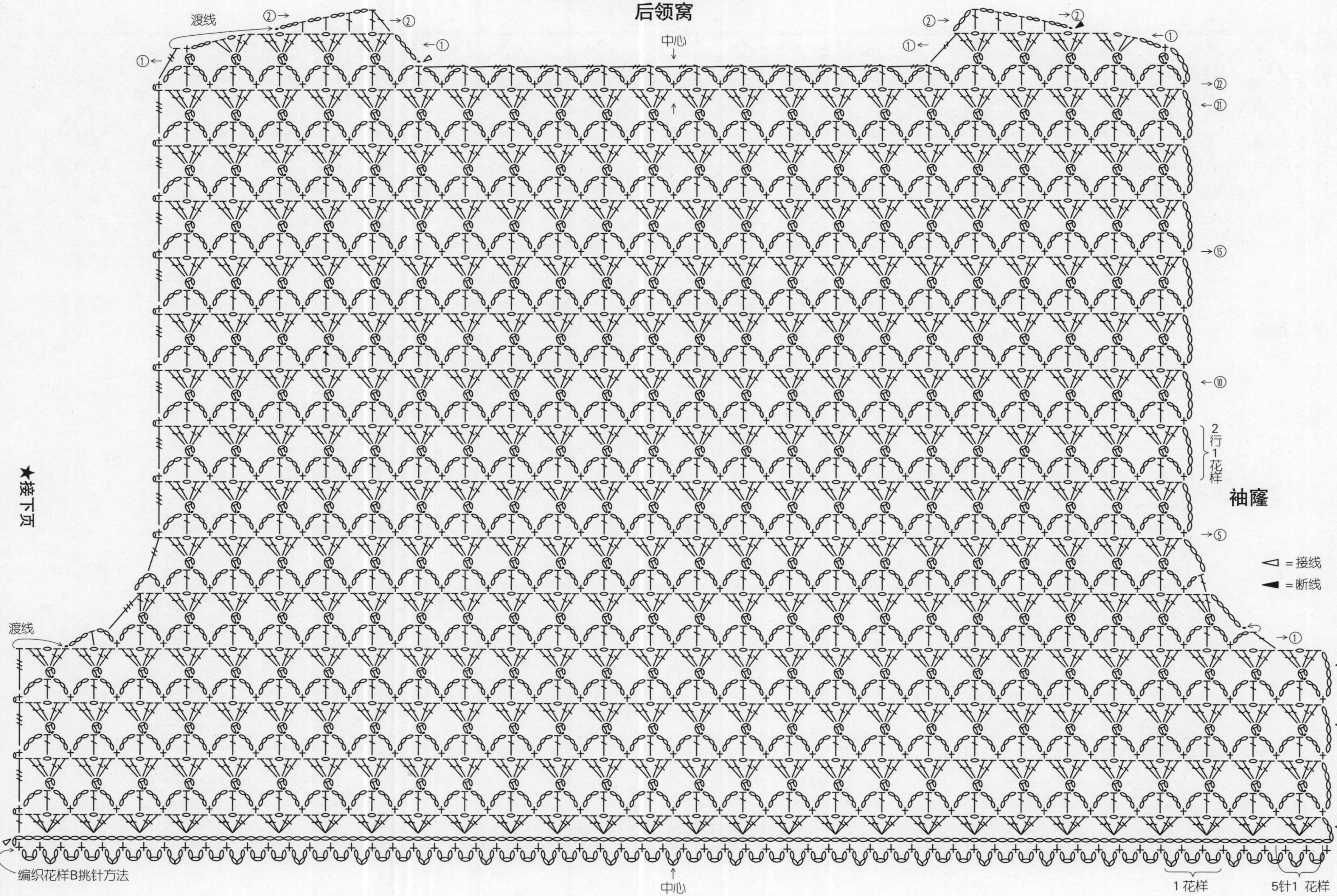

★接下页

编织花样A、前身片编织图

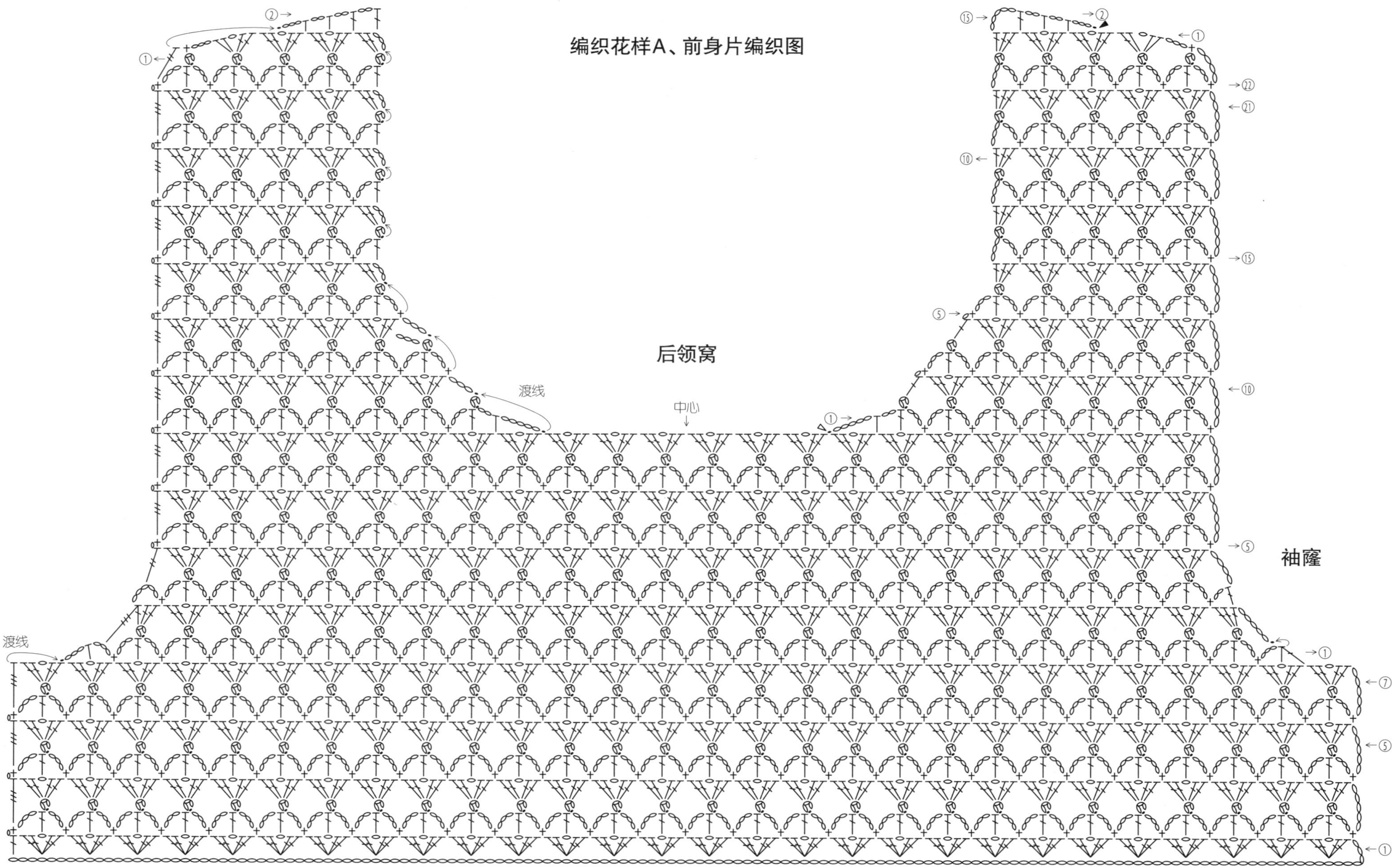

编织花样B、分散加针

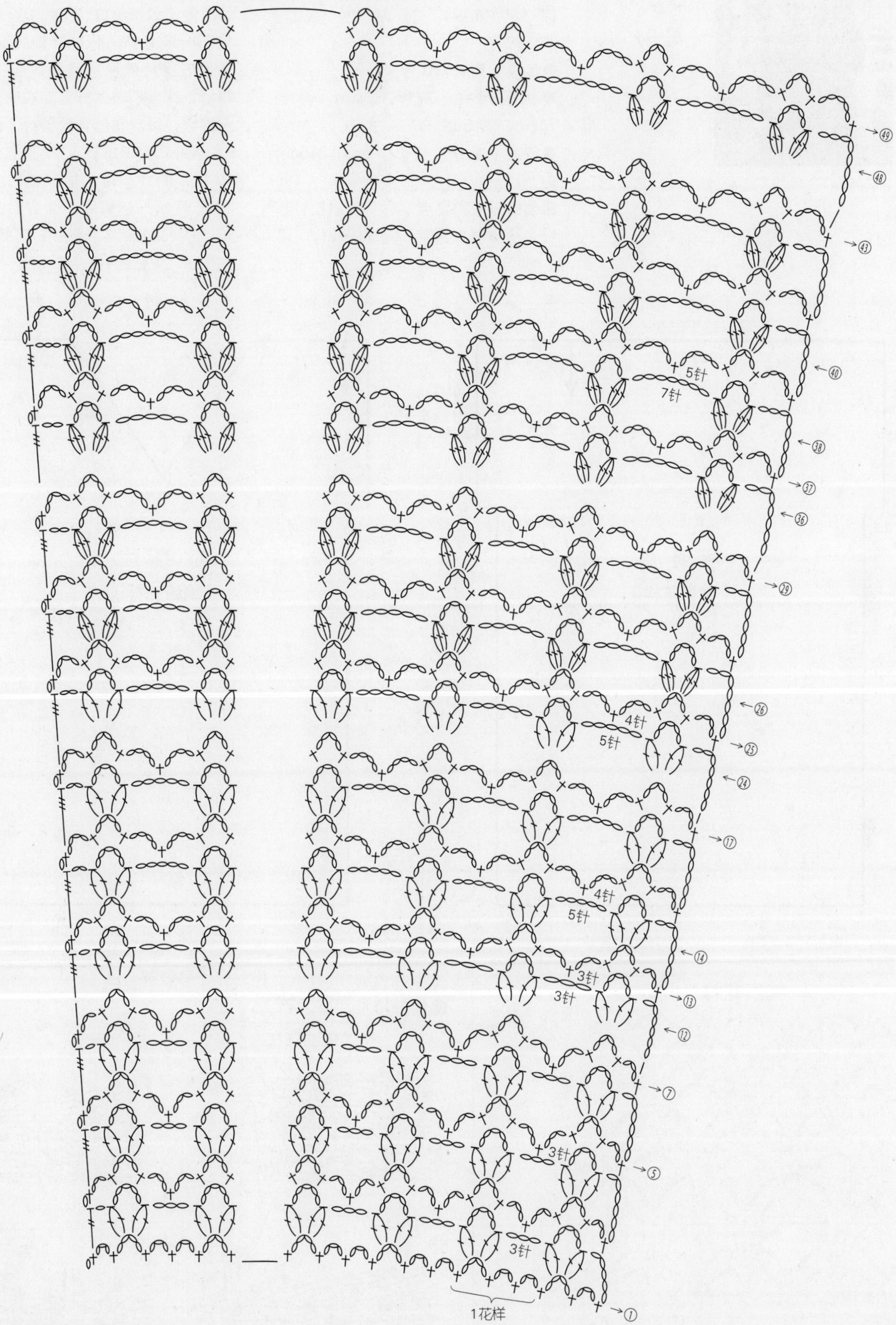

49
48
43
40
5针
7针
38
37
36
29
26
4针
5针
25
24
17
4针
5针
14
3针
3针
13
12
7
3针
5
3针
1花样
1

38

第 54 页

●**材料**：人造丝（67%）、麻（22%）、锦纶（11%） 炭灰色（1602）260g/7 团

●**工具**：钩针 6/0 号

●**成品尺寸**：胸围 100cm，身长 74cm，27.5cm

●**密度**：编织花样 1 个 5cm，10cm 内 10 行

■**编织方法和要点**：后身片以锁针起针，从肩部、领窝开始编织花样。第 1 行挑起针的锁针半针和内山 2 根线按照图示编织袖口，不加减针。袖下按照图示减针，胁等针直线编织 52 行。前身片的两肩和领窝织 162 针锁针，在中心做上标记。右肩按照图示编织，领窝在起针的锁针上织短针（在半针和内山挑针），领窝加针，织 17 行，断线。接着编织左肩。从第 18 行开始一起编织。组合时，肩部织“1 针短针、1 针锁针”订缝，胁、袖下织“1 针短针、1 针锁针”接缝。

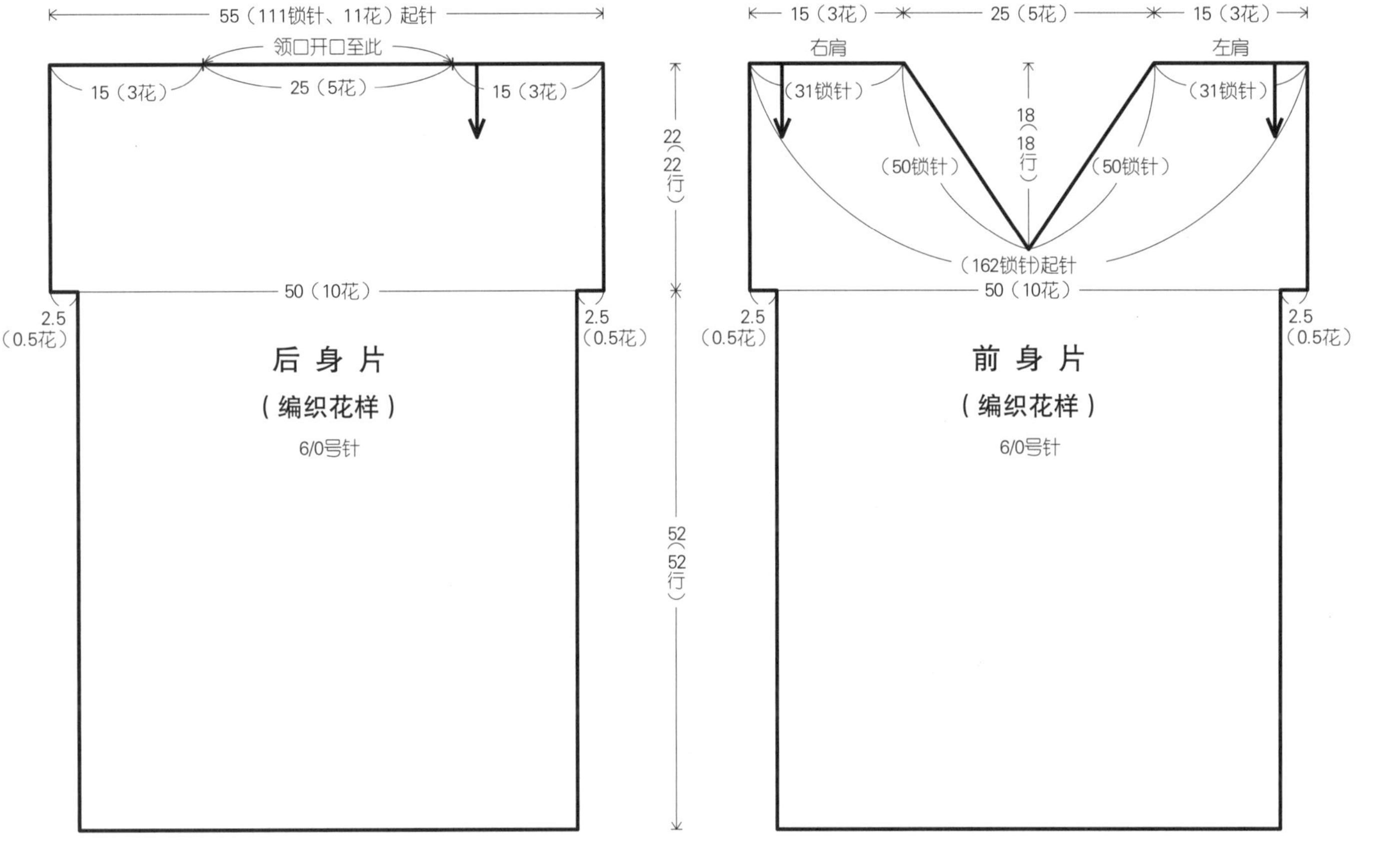

※花=花样

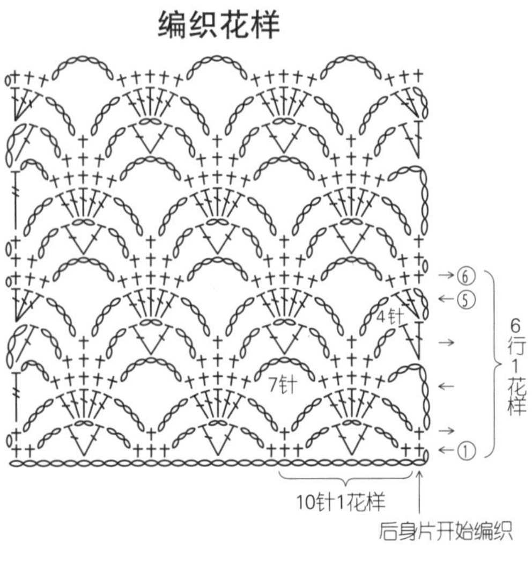

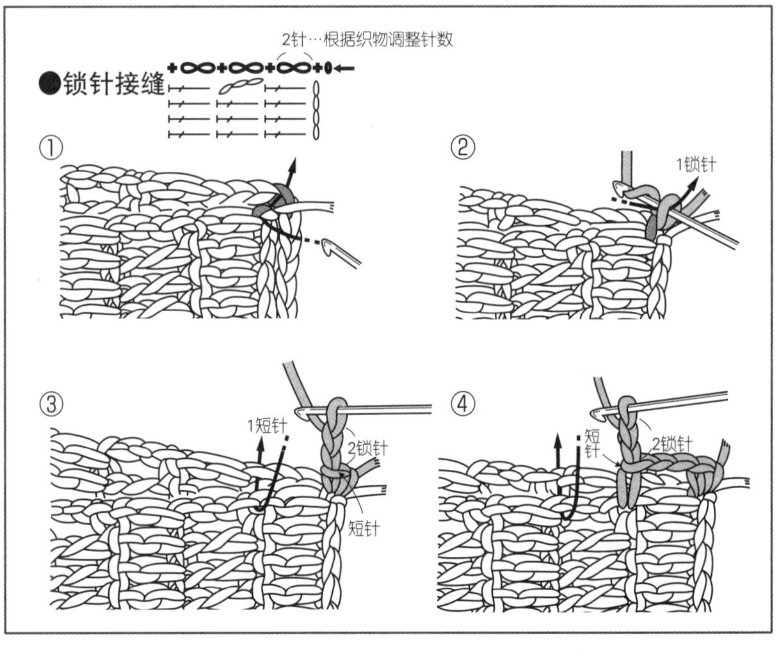

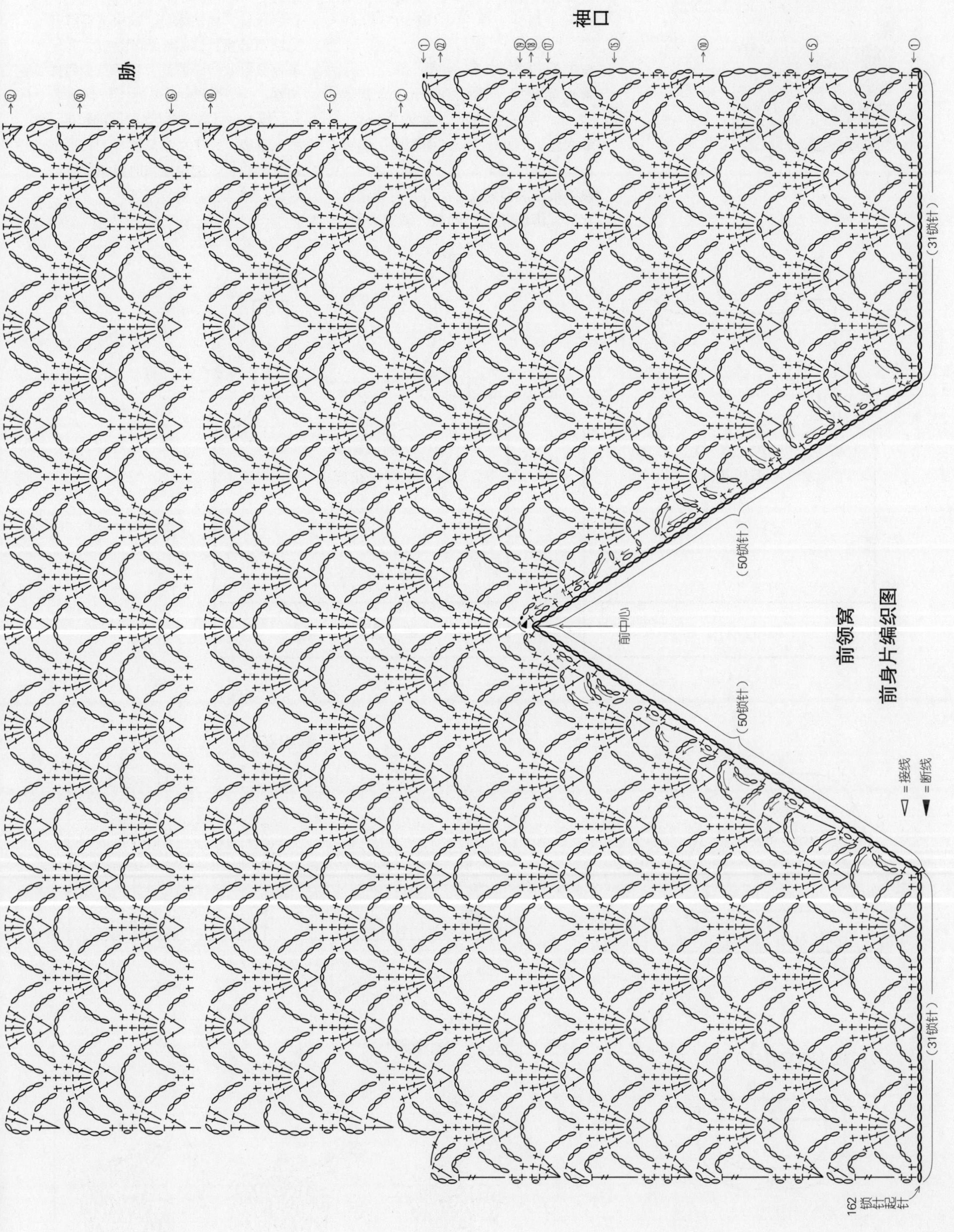

胁
袖口
前领窝
前身片编织图
前中心
（50锁针）
（50锁针）
（31锁针）
（31锁针）
162锁针起针
◁ = 接线
◀ = 断线

39
第55页

●**材料**：人造丝（67%）、麻（22%）、锦纶（11%）原色（1585）340g/9团

●**工具**：棒针5号、4号

●**成品尺寸**：胸围89cm，肩背宽32cm，身长52.5cm，袖长26cm

●**密度**：10cmx10cm面积内：编织花样28针，34行

■**编织方法和要点**：后身片另线锁针起针，编织花样。袖窿、领窝收针，立起开头1针减针，领窝平均减6针后收针。肩部休针。衣服下摆解开另线锁针挑针，编织单罗纹针，并以单罗纹针收针。前身片和后身片同样编织。袖子的袖山最后1针伏针收针。组合时，肩部前后盖针订缝。胁、袖下接缝。领子从领窝挑针，环形编织单罗纹针。编织结束时织单罗纹针收针。袖与身片引拔接缝。

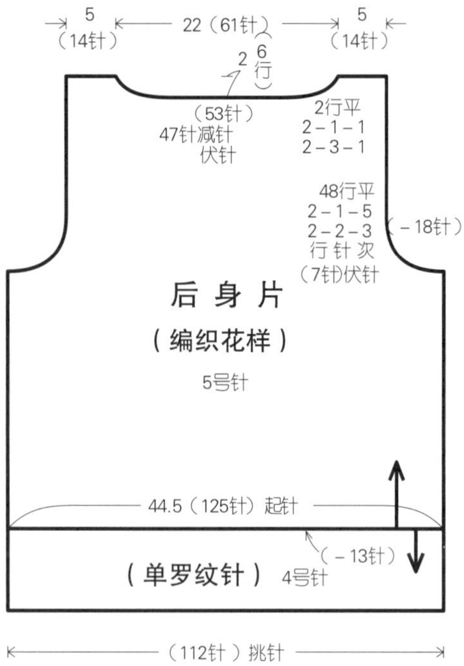

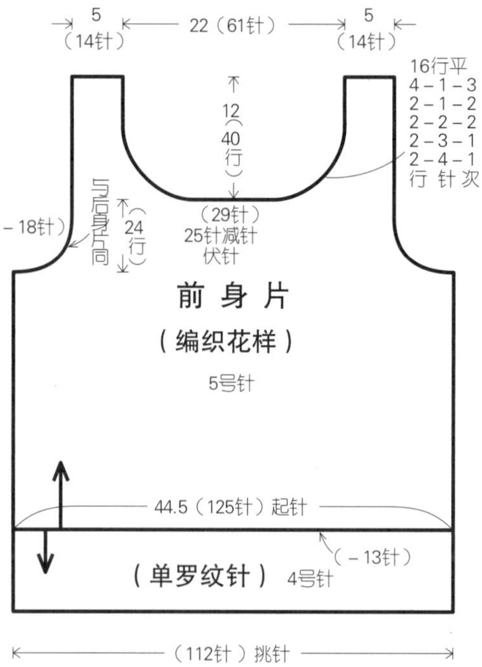

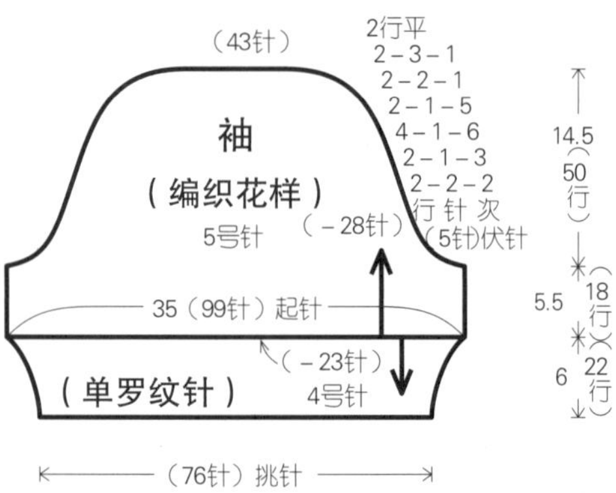

编织花样

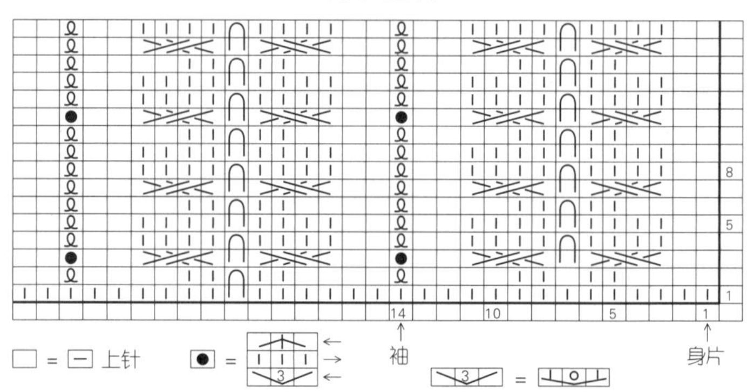

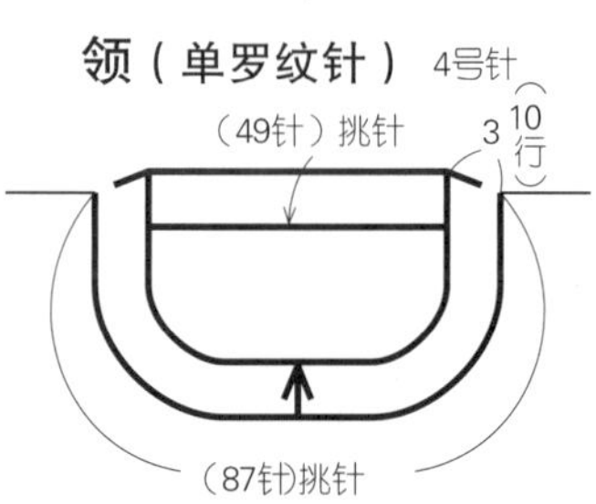

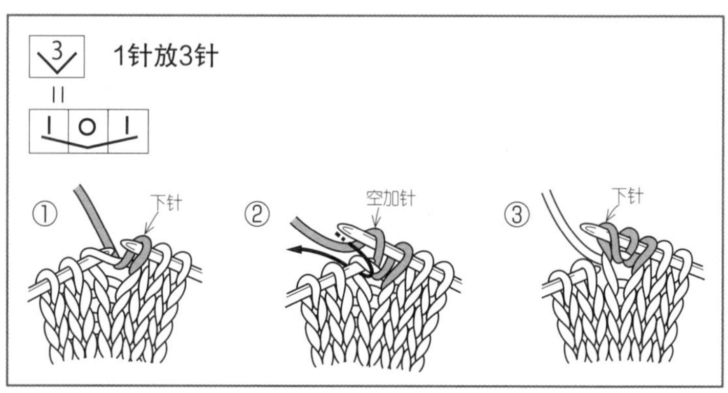

40
第56页

●**材料**：棉线 淡蓝色（619）280g/7团，直径1.5cm纽扣6个

●**工具**：棒针4号

●**成品尺寸**：胸围92.5cm，肩背宽34.5cm，身长55.5cm，袖长38.5cm

●**密度**：10cmx10cm面积内：编织花样A 27针，36行，编织花样B 27针，32行

■**编织方法和要点**：前身片指上挂线起针，从衣服开始织平针，按照图示编织花样A、B。袖窿、领窝收针并立起1针减针，肩部往返编织，休针。前身片和后身片同样起针，右前襟上开扣眼，和桂花针一起编织。袖子的袖山最后1针伏针收针。组合时，肩部盖针订缝，肋、袖下接缝。领子从领窝挑针织桂花针。编织结束时袖与身片引拔接缝。左前襟缝上纽扣。

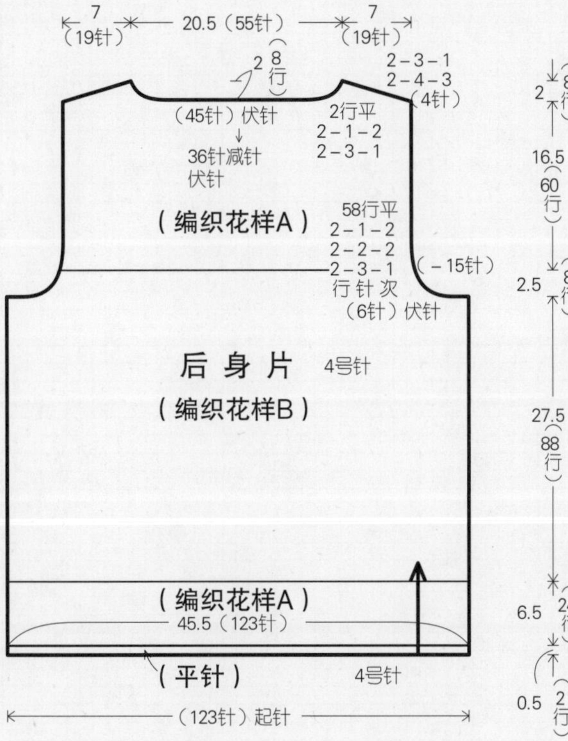

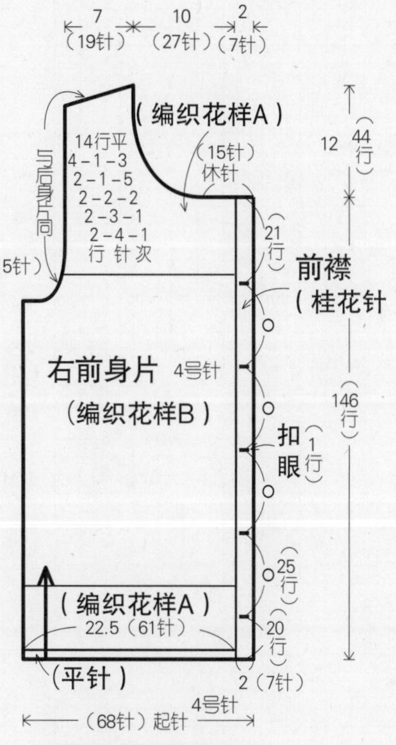

※左前身片和右前身片左右对称编织

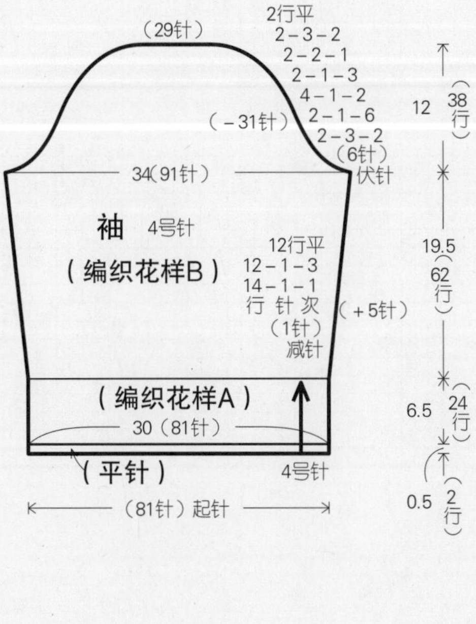

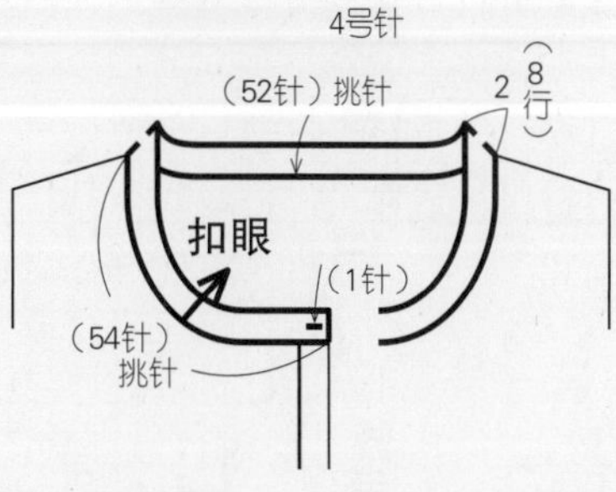

★接下页

后身片编织图

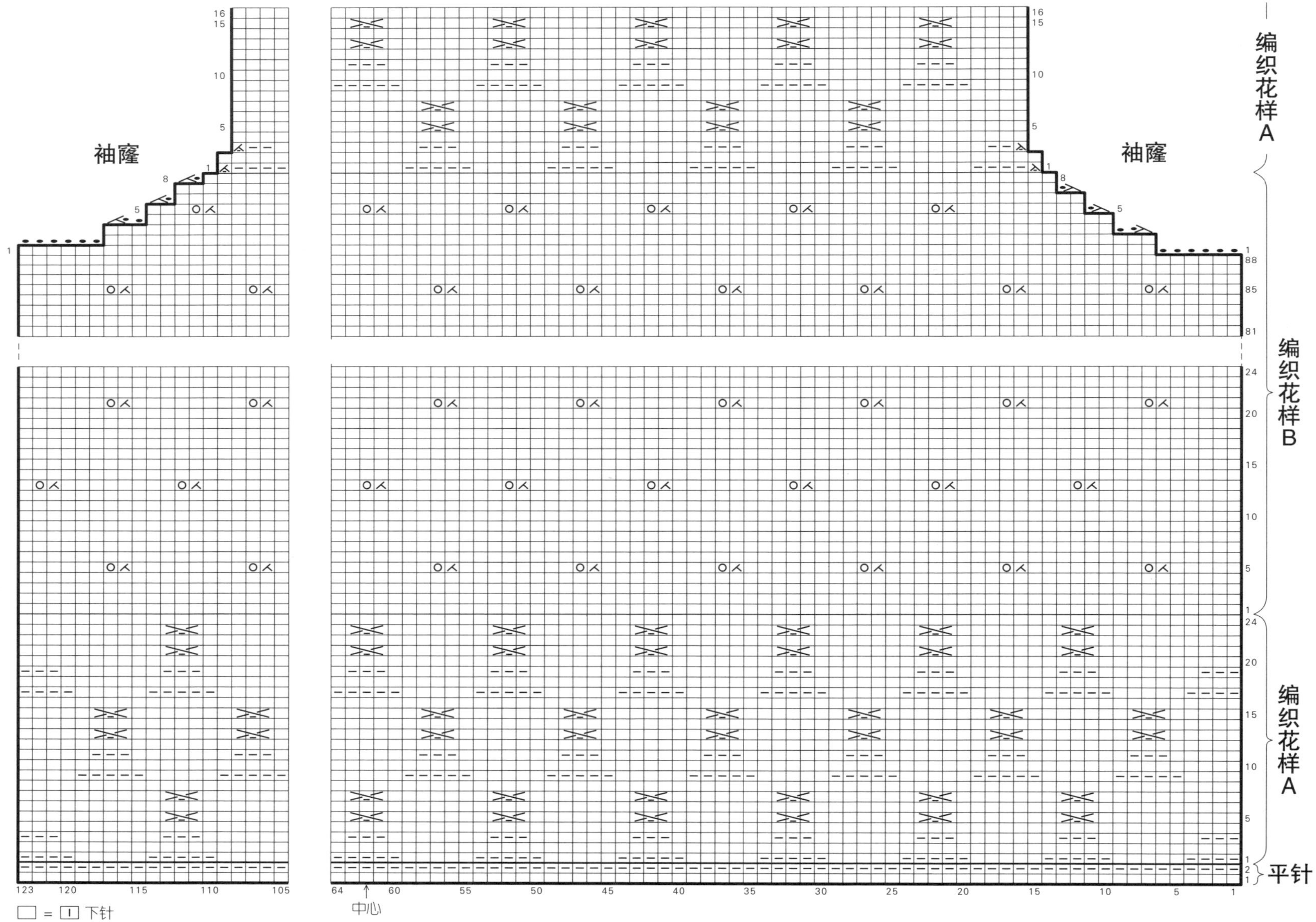

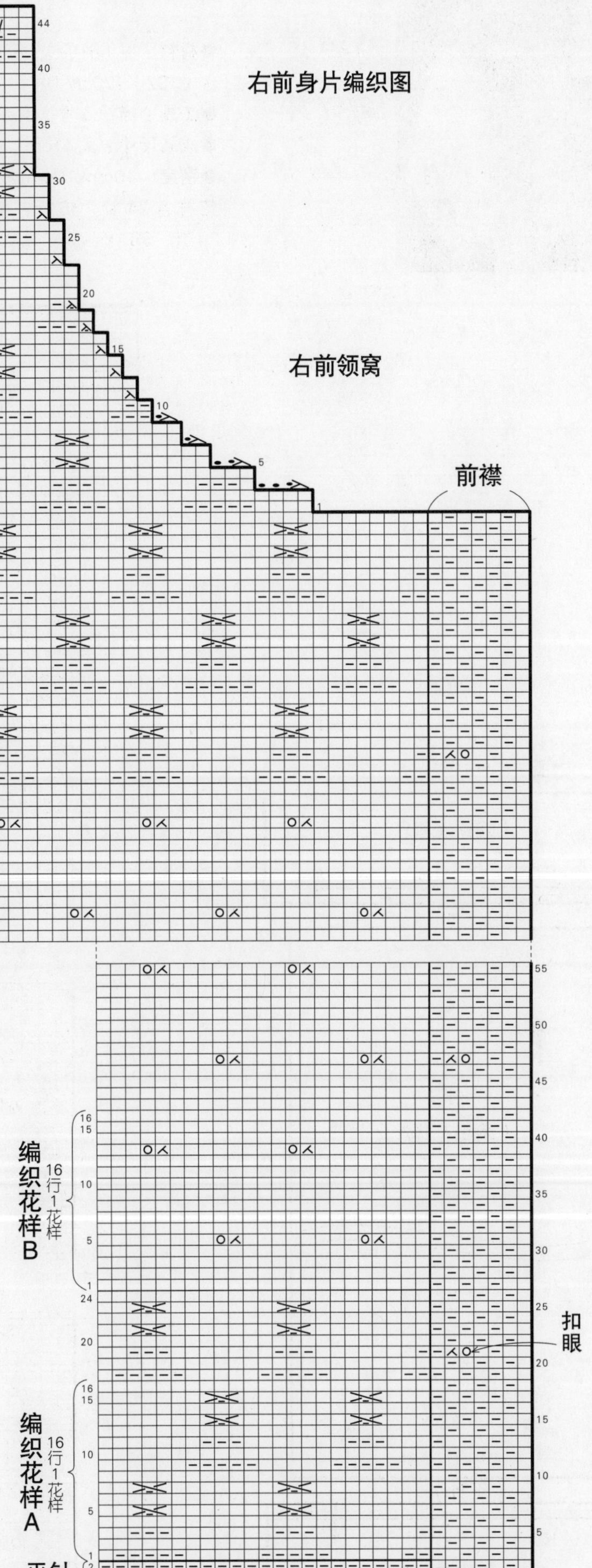

右前身片编织图
右前领窝
前襟
袖窿
编织花样B
16行1花样
编织花样A
16行1花样
平针
扣眼
10针1花样
桂花针
□ = ⊟ 下针

桂花针（领）

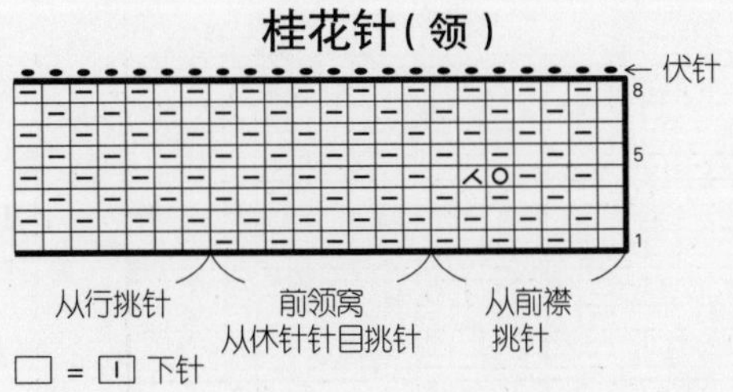

伏针
从行挑针
前领窝
从休针针目挑针
从前襟
挑针
□ = ⊟ 下针

41

第 57 页

●**材料：**棉（61%）、麻（39%） 原色（102）170g/7 团

●**工具：**棒针 5 号，钩针 4/0 号

●**成品尺寸：**宽 41cm，长 163cm

●**密度：**10cmx10cm 面积内：编织花样 A 24 针，36 行，编织花样 B 24 针，38 行

■**编织方法和要点：**围巾指上挂线起针，编织花样 A 486 行。接着，按照图示在第 1 行的正针上均匀加 16 针。编织花样 B 后以钩针收针。另一侧在起针的锁针上挑针，和正面同样编织正针和花样 B。

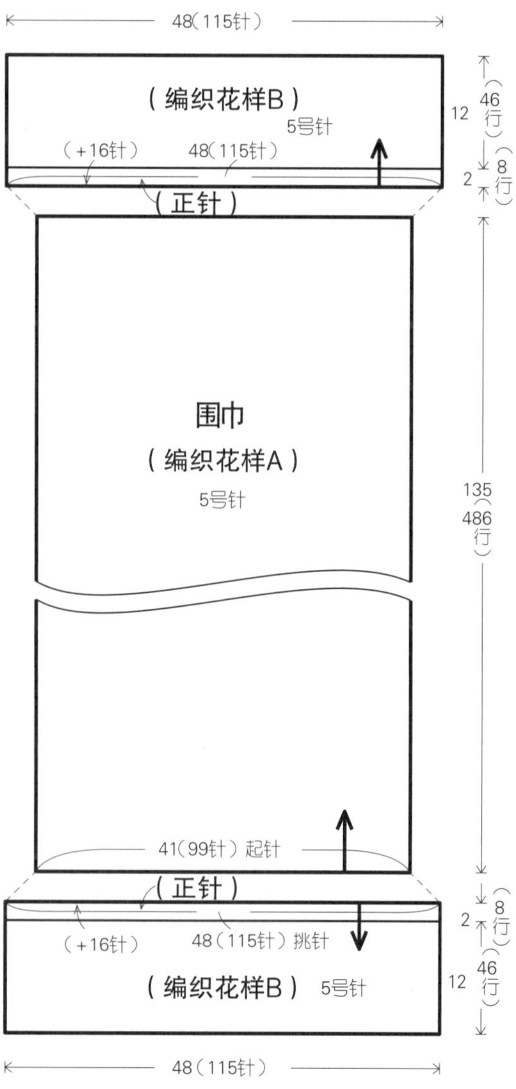

围巾编织图

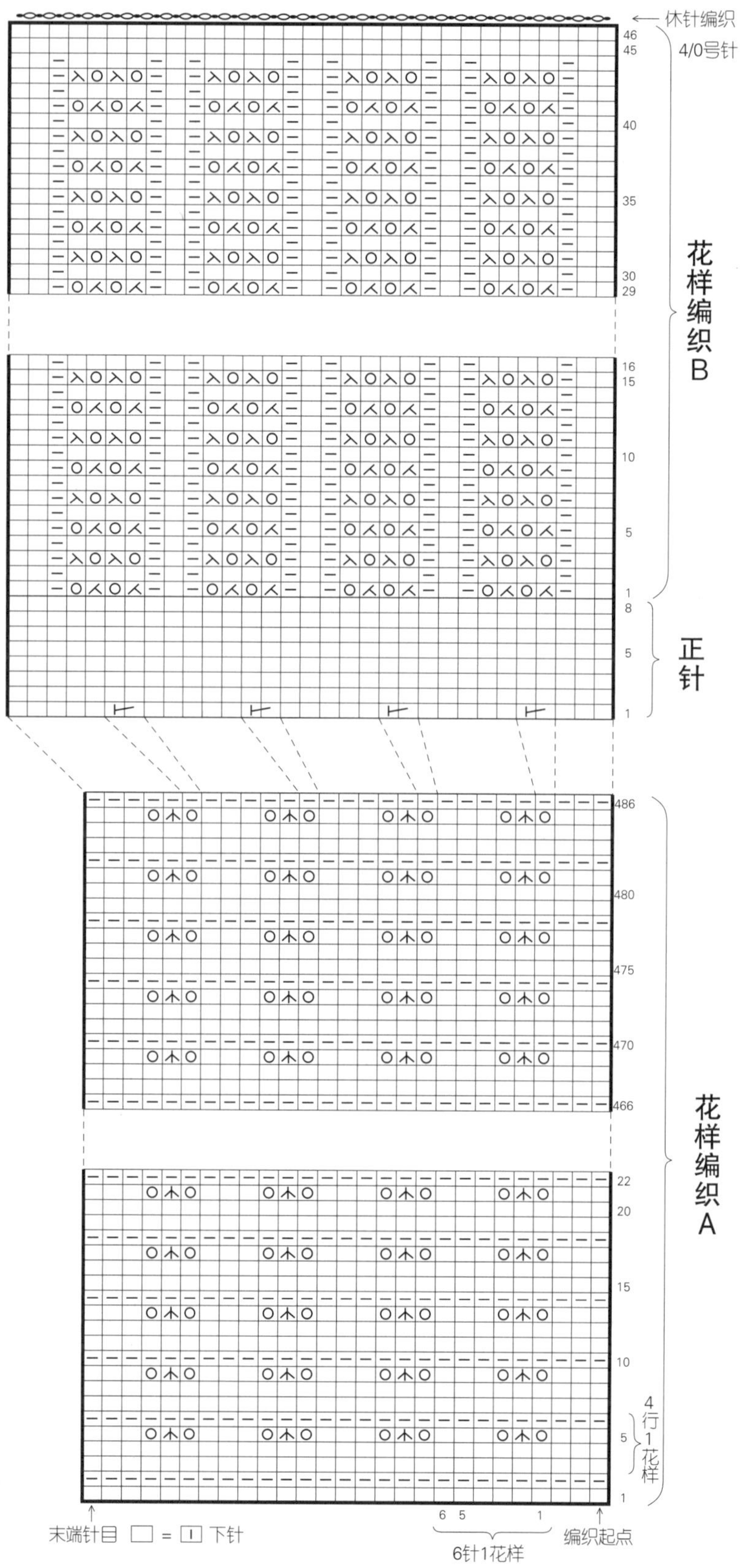

42

第 58 页

●材料：棉（89%）、锦纶（11%）棕色系（13）400g/8 团

●工具：棒针 8mm

●成品尺寸：胸围 96cm，身长 75cm，育克长 28cm

●密度：10cmx10cm 面积内：编织反针 10 针，13 行

■编织方法和要点：后身片指上挂线从下摆起针，织正针。袖口收针处做上标记。肩部往返编织后休针。领窝伏针收针。前身片和后身片同样起针，前襟、领一起织双罗纹针。肩部休针后织 1 针卷加针编织领子。领子休针。组合时，肩部盖针订缝。肋在袖口标记处接缝。左右领编织结束时盖针订缝。后领和领窝对齐后针与行订缝。

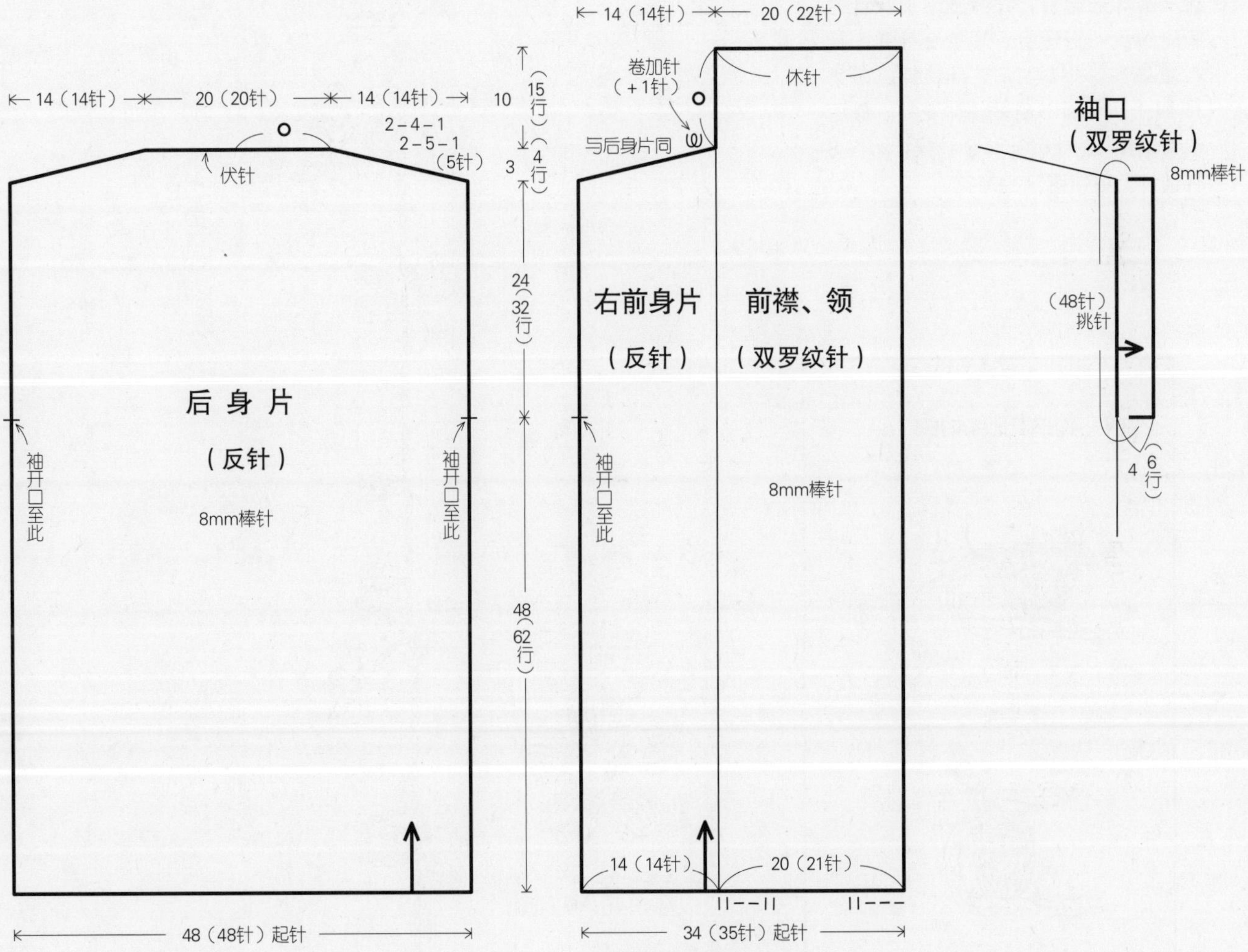

※左前身片和右前身片左右对称编织

43

第 60 页

●**材料：** 棉线　紫灰色（317）15g/1团

●**工具：**钩针 3/0 号

●**成品尺寸：**长 160cm

●**密度：**请参考图示

■**编织方法和要点：**项链的小绒球是在一端环形起针，按照图示加减针的同时编织 4 行短针。短针 2 针并 1 针引拔编织，继续织 12 针锁针。在第 12 针上织长针 5 针的爆米花针。最后引拔编织 12 针锁针和 8 针锁针。在 8 针锁针上按照图示织饰花。

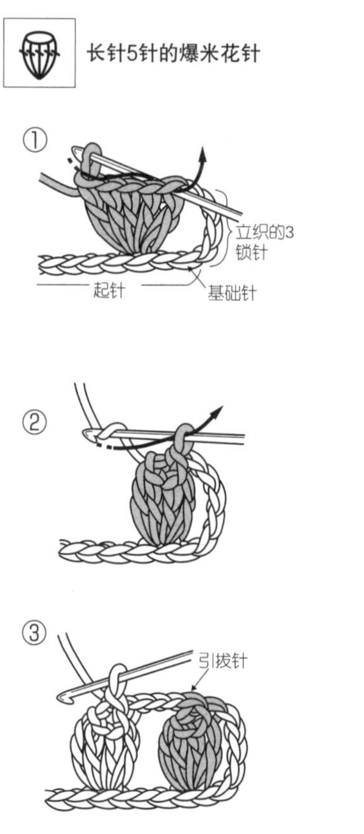

项链的编织方法图

3/0号针

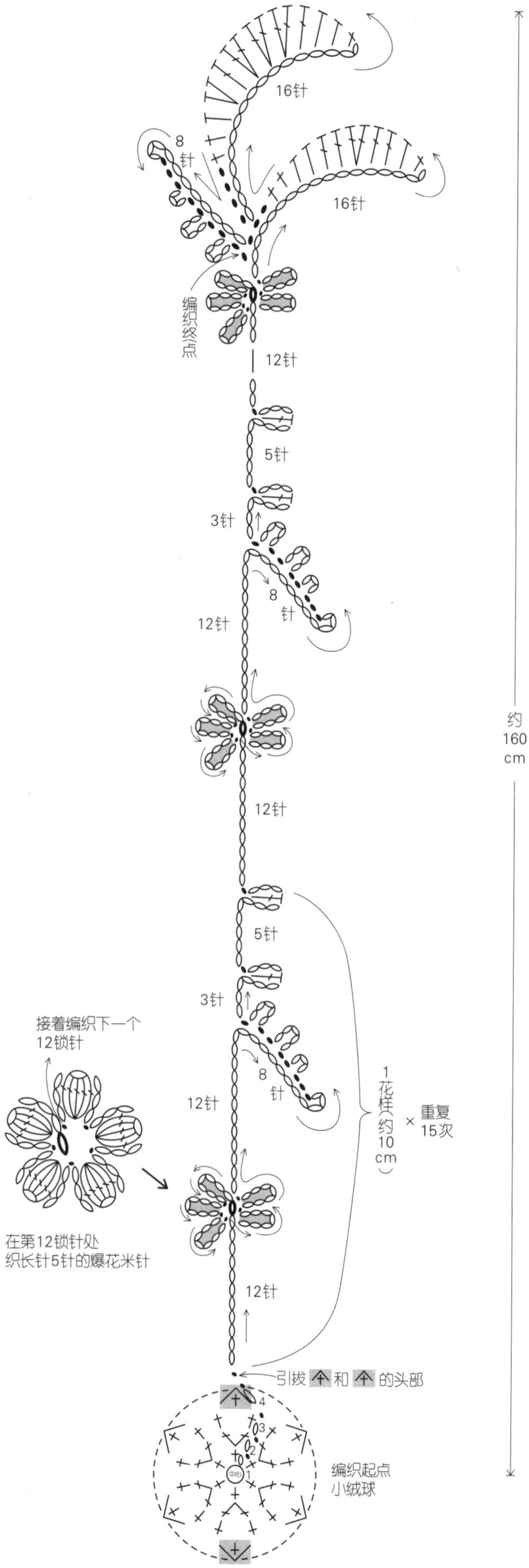

44

第 61 页

●**材料**：人造丝（86%）、锦纶（14%）银色（901）20g/1 团

●**工具**：钩针 3/0 号

●**成品尺寸**：长 165cm

●**密度**：请参考图示

■**编织方法和要点**：项链是把花样 A、B、C、D 织锁针连接。挑起各花片的锁针内山 1 根线编织。编织结束时，用手指一片一片地调整花片。

中长针

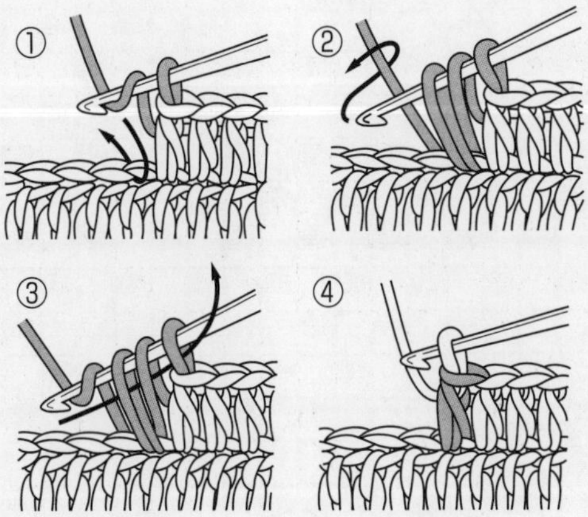

长针

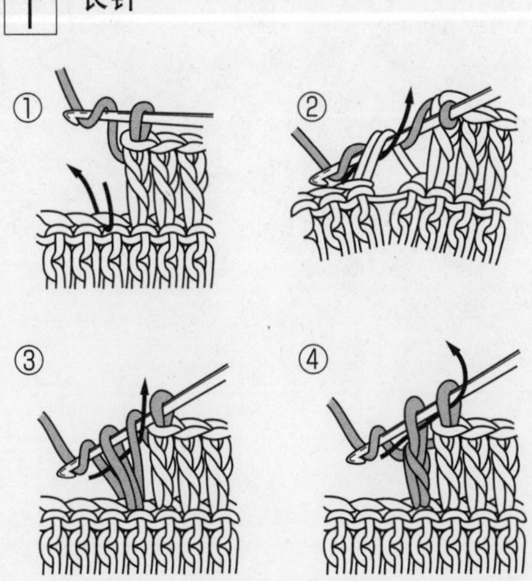

项链的编织方法图 3/0号针

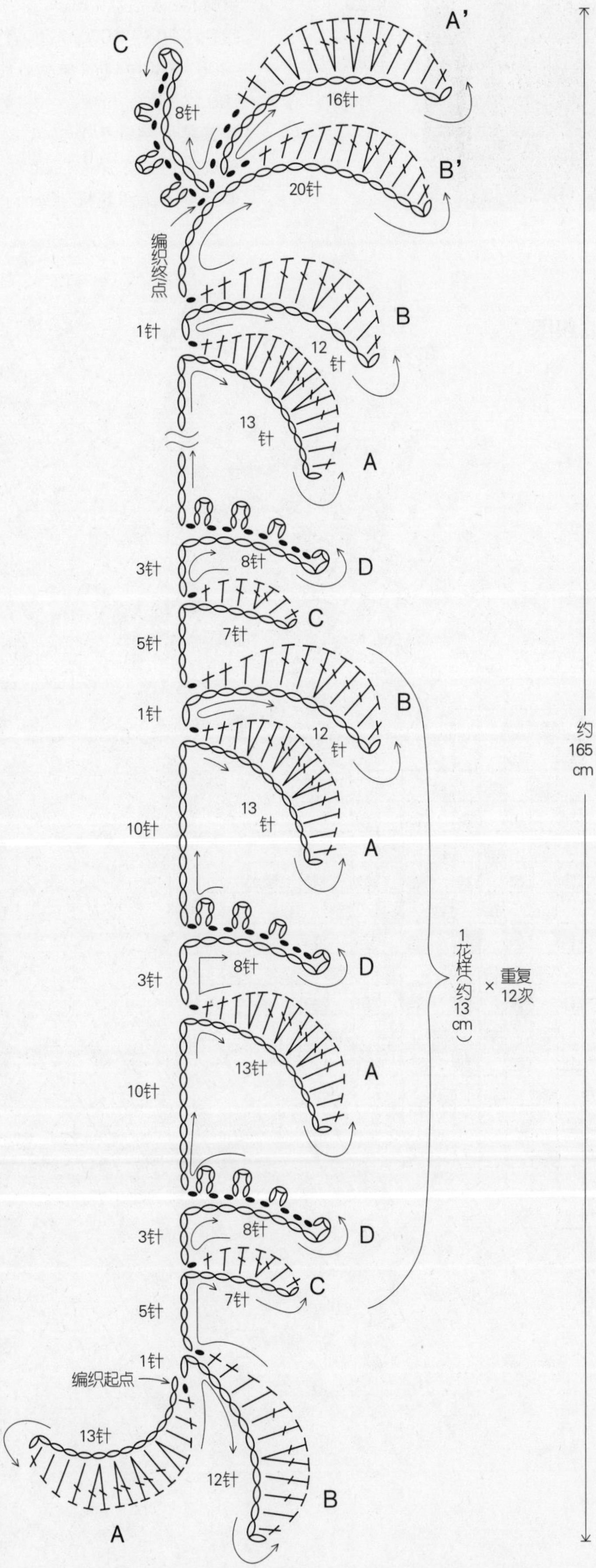

45

第 61 页

●**材料**：人造丝（86%）、锦纶（14%）绿色（903）100g/4 团，作品 a 茶色（905）100g/4 团，作品 b 银色（901）100g/4 团

●**工具**：钩针 2/0 号

●**成品尺寸**：深 18.5cm

●**密度**：编织花样 10cm 内 12 行

■**编织方法和要点**：包从底部按花样环形编织六边形。底、侧面环形起针，按照图示加针织 20 圈。收边时，侧面继续织短针挑针收紧，第 9 圈环形编织。提手锁针起针，在内山挑针织 54 行条纹针，编织 2 条。提手参照图示缝合在包口内侧。

手包的编织图

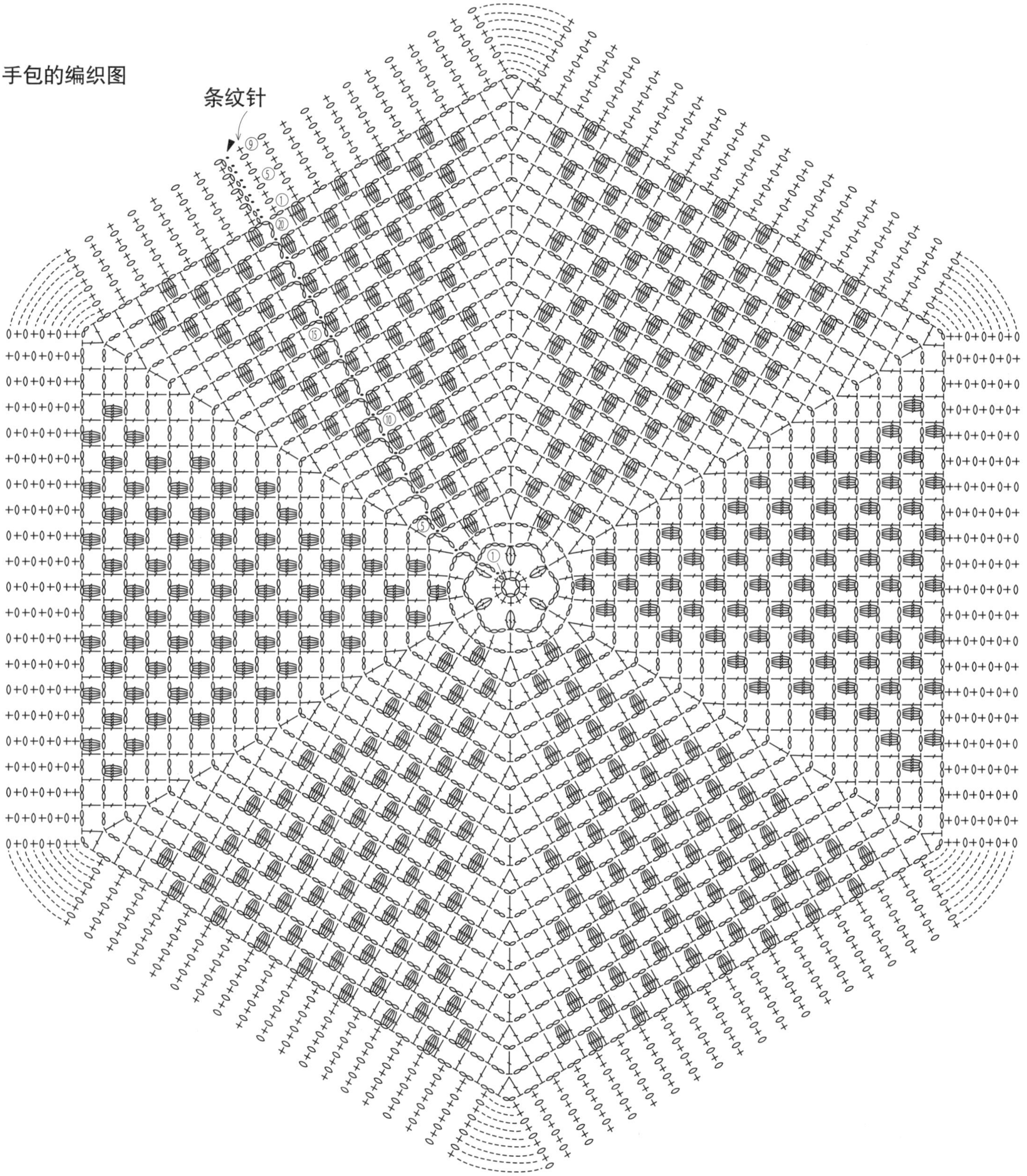

46
第62页

●材料：和纸纤维　作品a 粉色系段染线（721）140g/4团，作品b 绿色（754）140g/4团，作品c 黄色系段染线（712）140g/4团，提手直径16cm各1组

●工具：钩针7/0号

●成品尺寸：宽45cm，深28cm

●密度：编织花样10cm内10行

■编织方法和要点：包从包口开始向底部编织。包身锁针起针，第1行是挑起针的锁针半针和内山编织。参照图示，加针的同时编织20行。编织2片同样的形状。把包身叠在外部短针接缝。开口部分边缘编织3行短针，接着织2行收边。提手边缘向内侧折叠，藏针缝缝合。

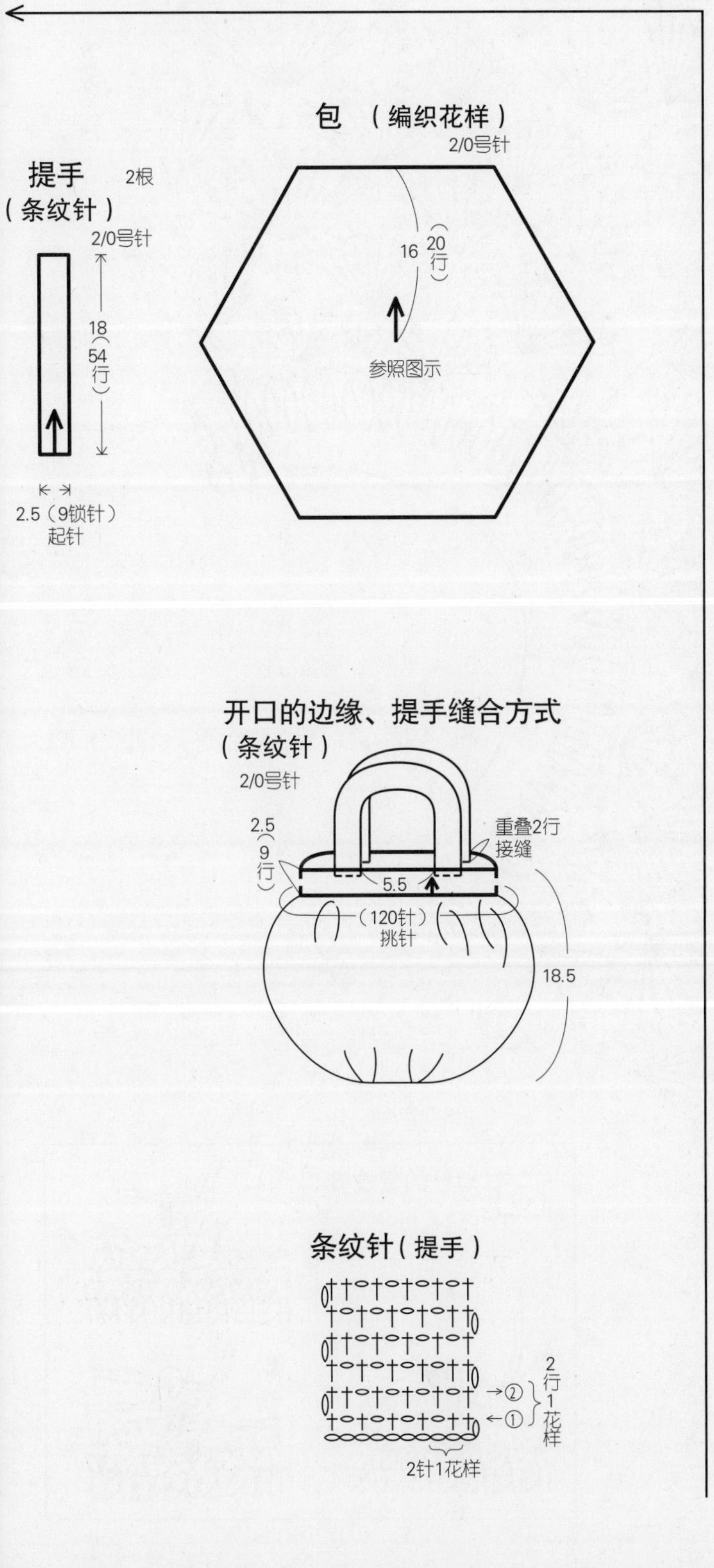

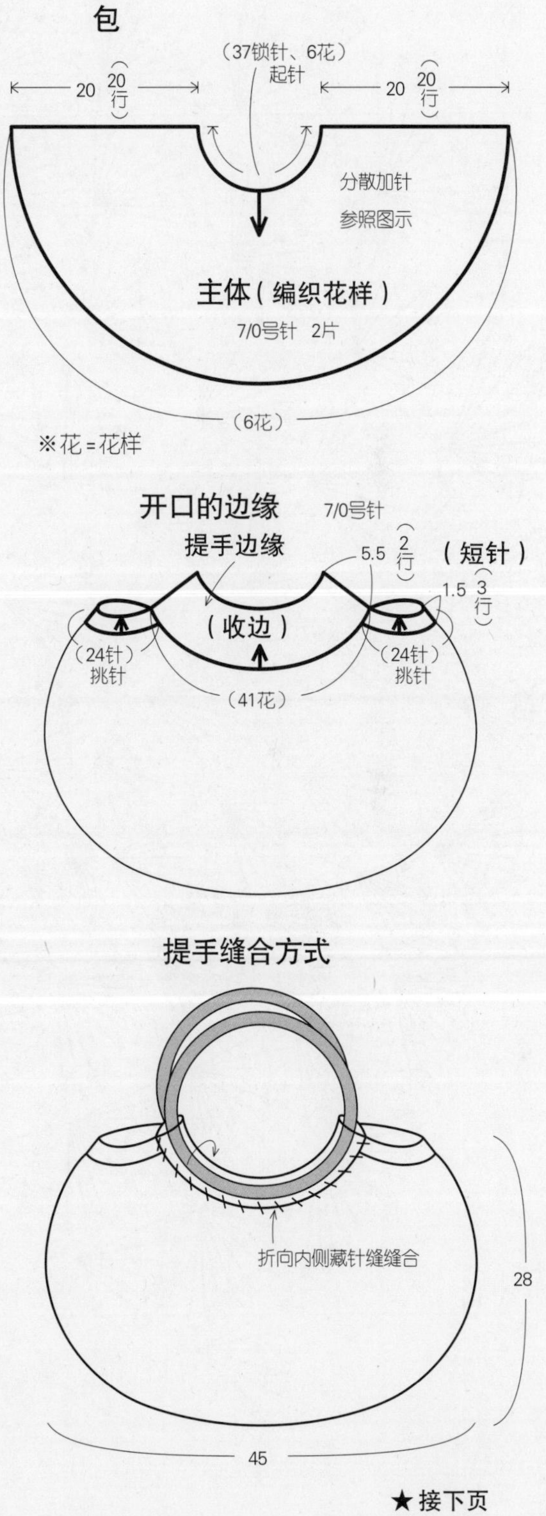

★接下页

编织花样、主体的编织图

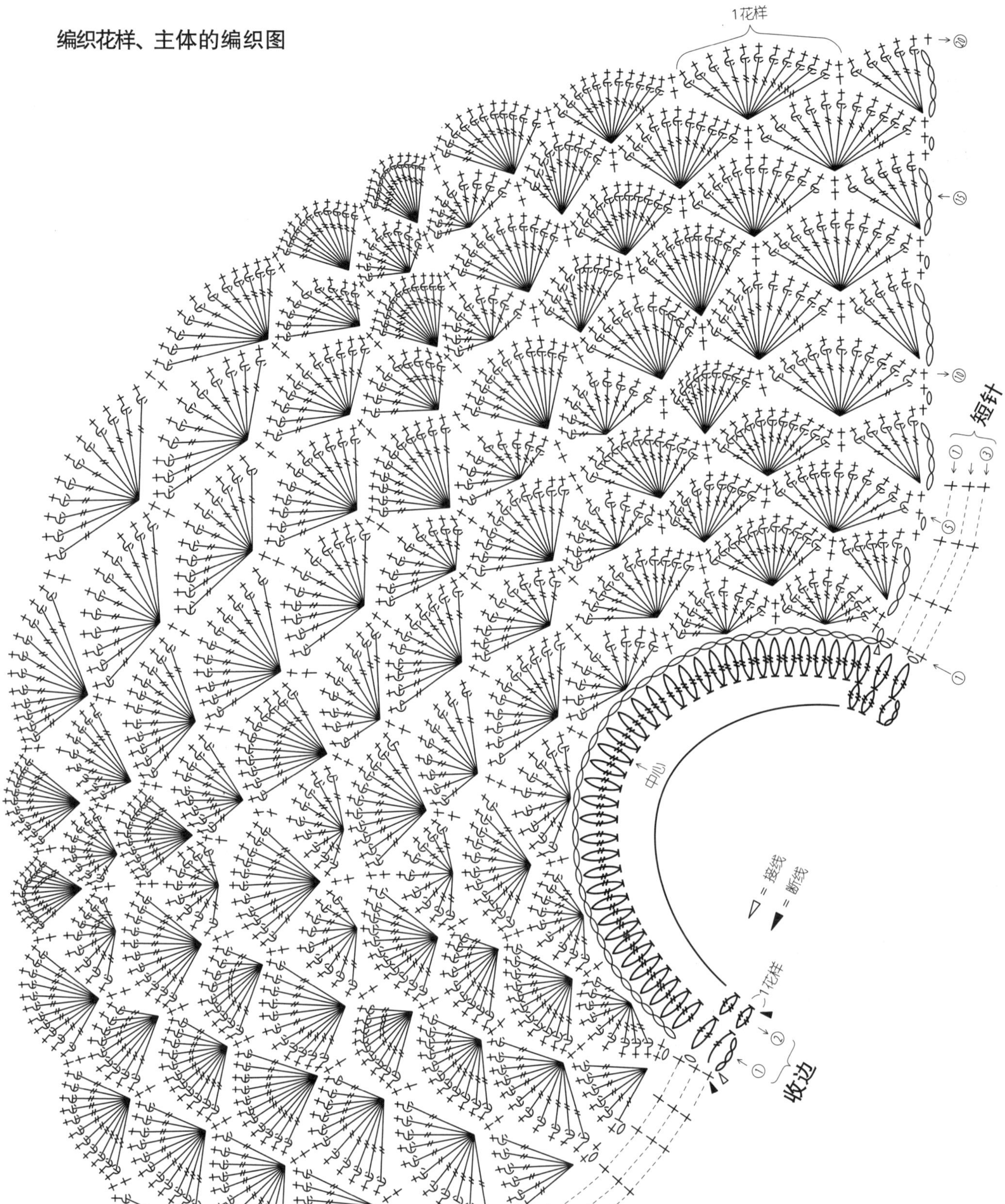

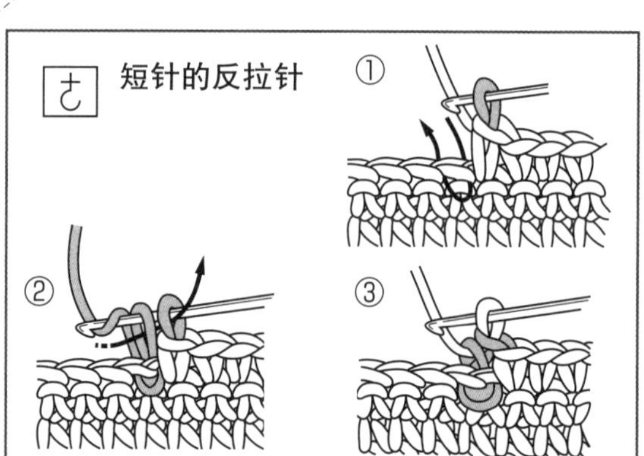

棒针编织基本技法

手指起针

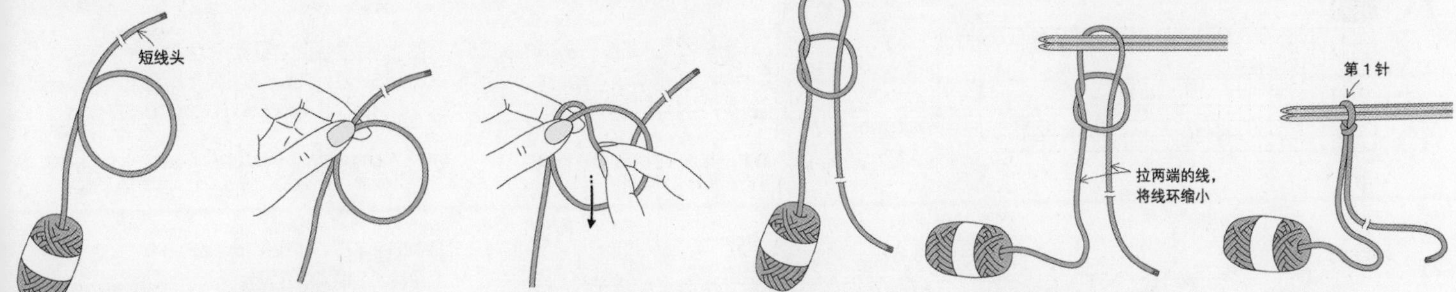

❶短线头的一侧要留出 3 倍于编织宽度的长度。

❷用线做成环形，用左手按住交叉的地方。

❸在圆圈中捏住短线头。

❹从环中拉出线，做出小圆环。

❺在小圆环中插入 2 根棒针，拉紧两端的线。

❻ 1 针完成。

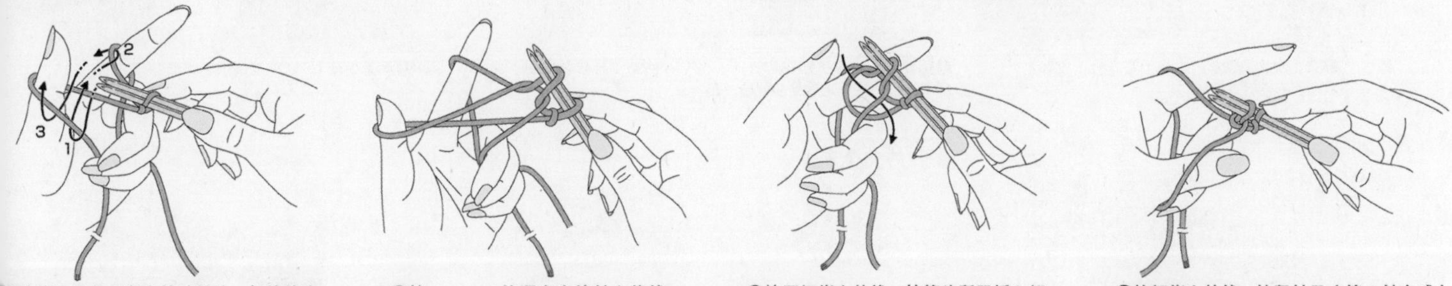

❼按箭头的号码顺序转动针头，把线绕在棒针上。

❽按 1、2、3 的顺序在棒针上绕线，挑起线 3。

❾放开拇指上的线，按箭头所示插入拇指。

❿拉拇指上的线，拉紧针目（第 2 针完成）。重复步骤❼～❿

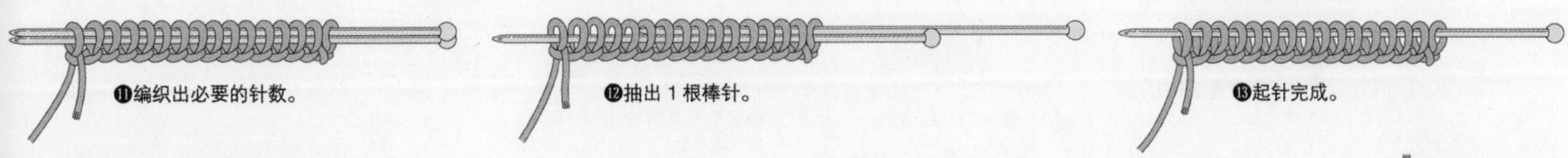

⓫编织出必要的针数。

⓬抽出 1 根棒针。

⓭起针完成。

从内山挑起另线锁针的起针

锁针起针

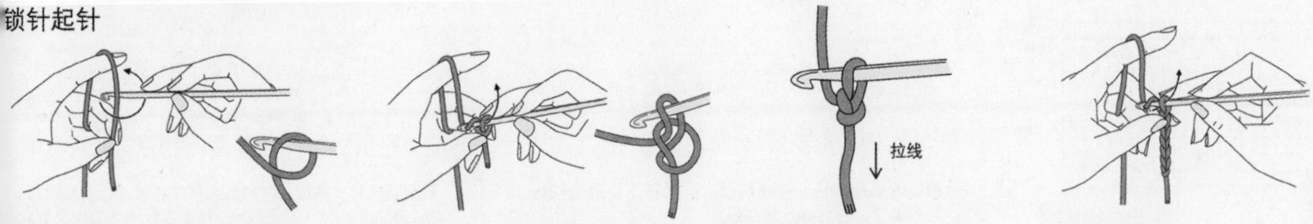

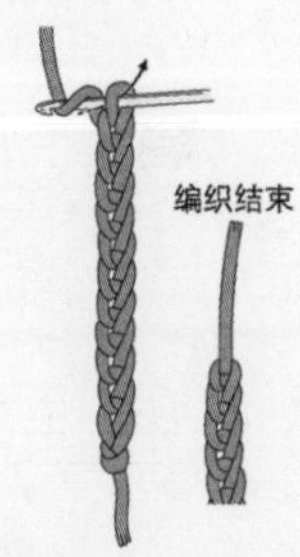

❶将钩针按箭头方向旋转 1 圈，使线绕于针上。

❷用钩针钩线，穿过线环拉出线。

❸拉住线头使线环收紧。这个针目不能算作 1 针。

❹重复步骤❷。

❺编织必要的针数，最后剪断线，从针目中拉出。

从内山挑起另线锁针的方法

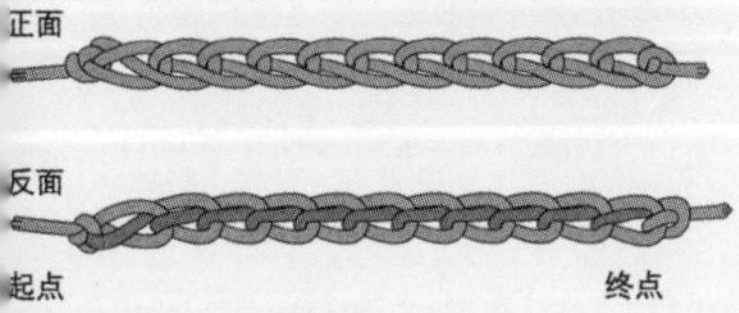

确认锁针的正面和反面。

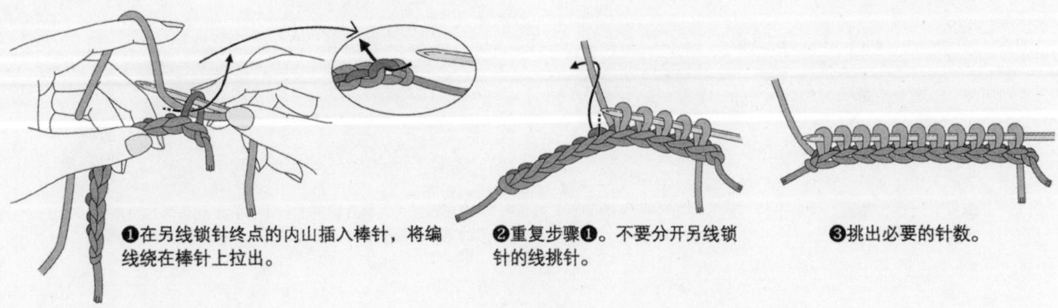

❶在另线锁针终点的内山插入棒针，将编线绕在棒针上拉出。

❷重复步骤❶。不要分开另线锁针的线挑针。

❸挑出必要的针数。

从内山挑起共线锁针的起针

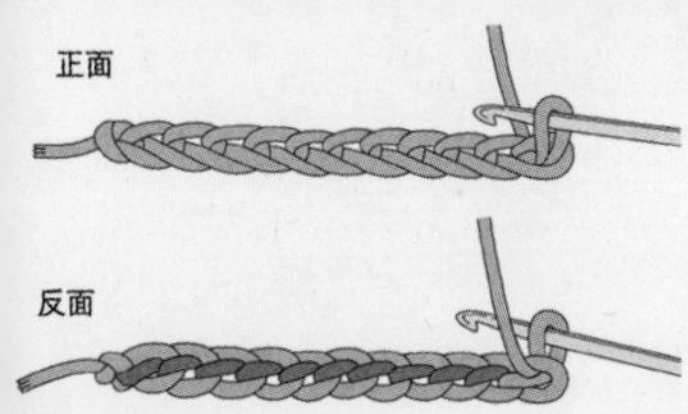

确认锁针的正面和反面。

❶编织必要针数的锁针，在最后的针目中插入棒针。

❷空 1 针，在锁针的内山插入棒针，将线绕在棒针上拉出。

❸重复步骤❷。这些针目构成了第 1 行。

休针的往返编织

右侧

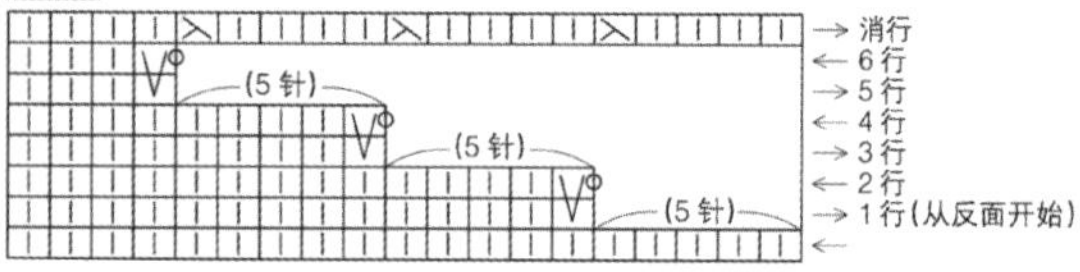

第 1 行

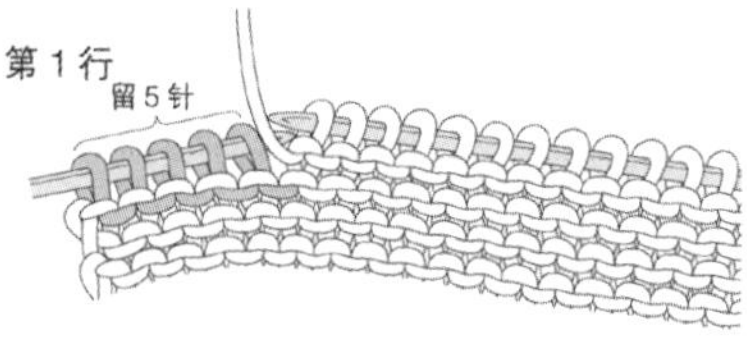

❶前一行反面的全部针目不编织，在左针上留 5 针。

第 2 行

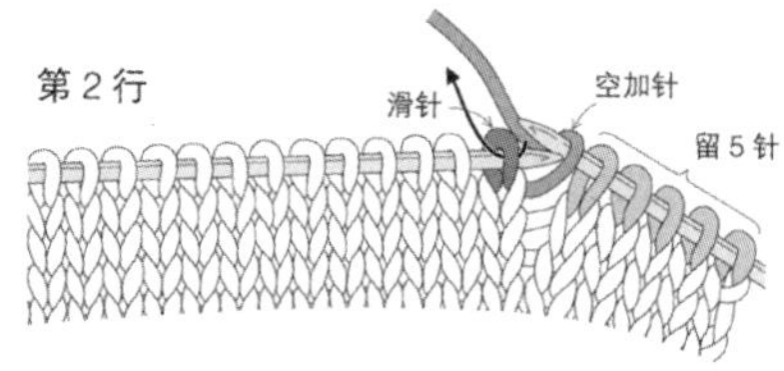

❷翻转织片，将线从前向后地挂在右针上，左针上的第 1 针不编织，移至右针。之后织下针。

第 3 行

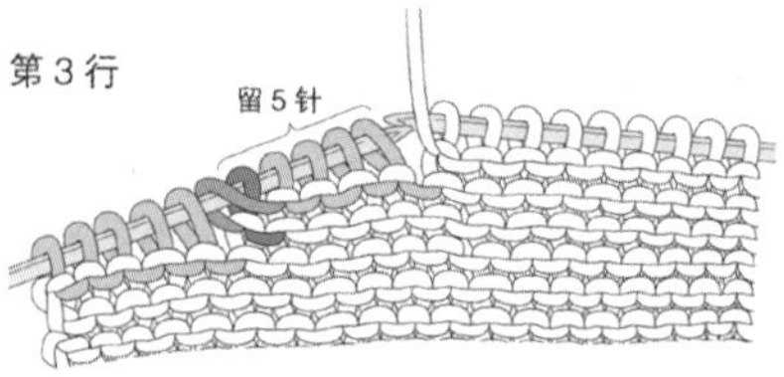

❸第 2 次往返编织。左针上留 5 针（和第 1 次加起来共计 10 针）。

第 4 行

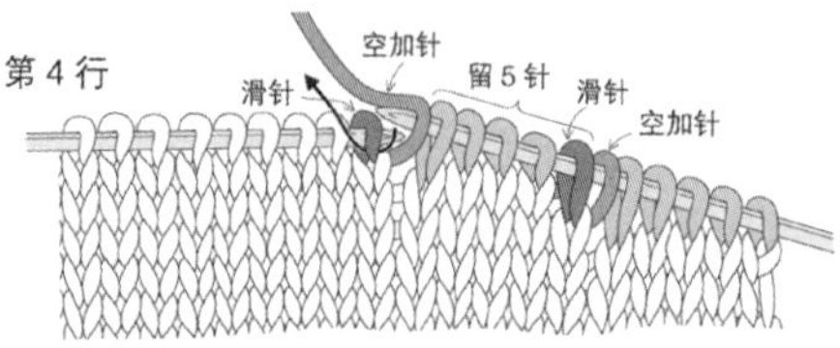

❹翻转织片，将线挂在右针上，将左针的第 1 针移至右针。之后织下针。接下来重复步骤❸、❹。

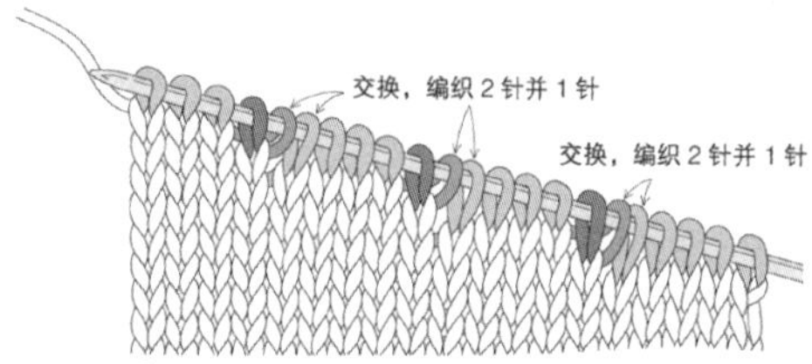

❺织完 6 行（3 次往返编织）的情形。

消行

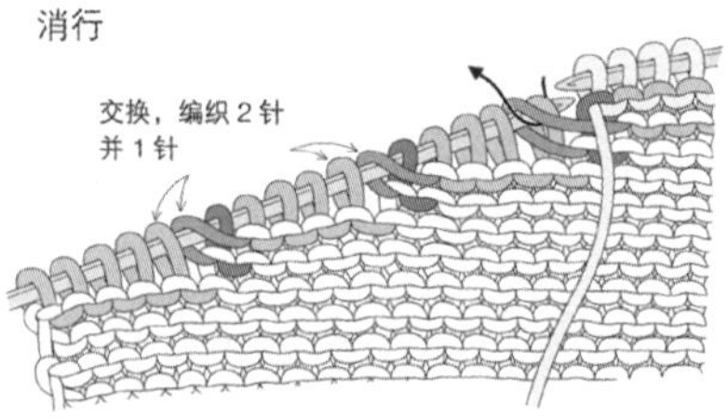

❻看着反面，编织 1 行消行。将空加针和前一行左侧相邻的针目编织上针的 2 针并 1 针（交换针目，正面看不见空加针的渡线）。

针目的交换方法

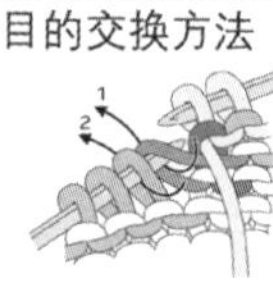

❶按照 1、2 的顺序，将针目移至右针。

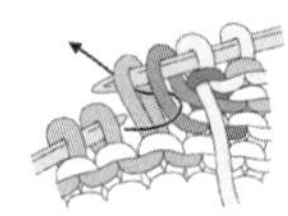

❷将左针插入已移到右针上的 2 针中。

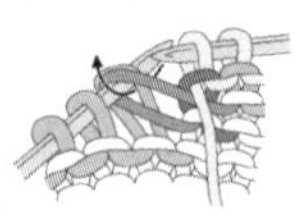

❸将 2 针移至左针。

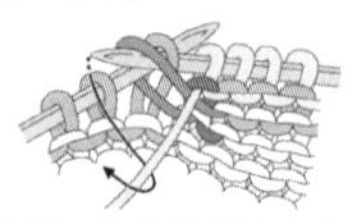

❹将右针从后侧插入 2 针中，织上针。

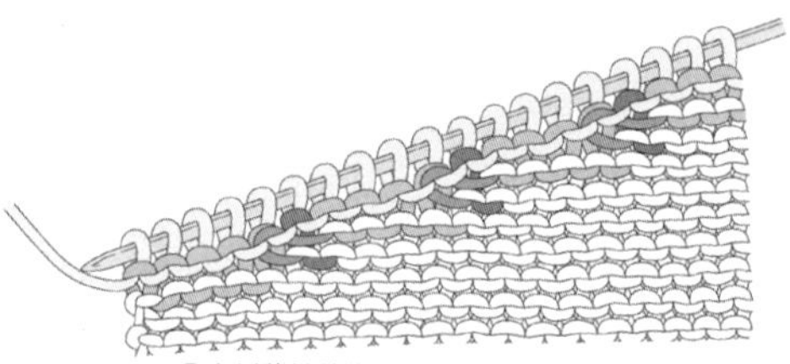

❼右侧休针的往返编织完成（从反面可看到空加针）。

左侧

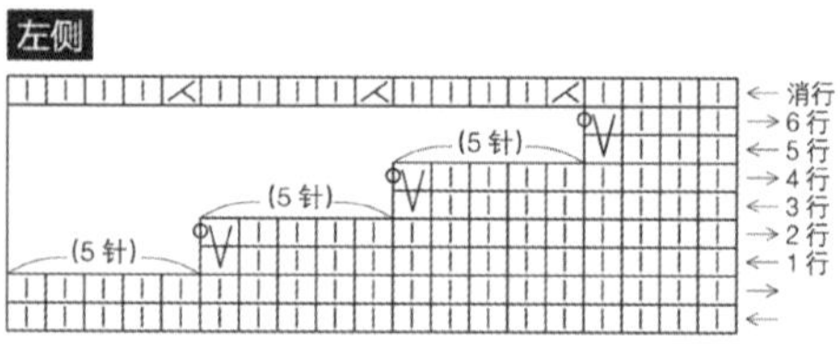

第 1 行（从正面开始）

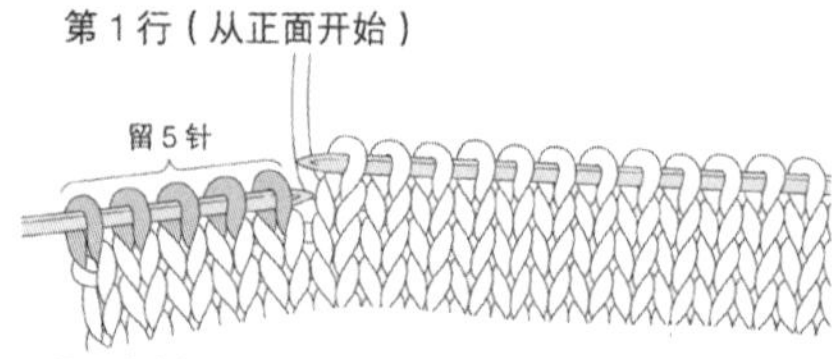

❶比右侧少 1 行，开始编织。前一行正面的全部针目不编织，在左针上留 5 针。

第 2 行

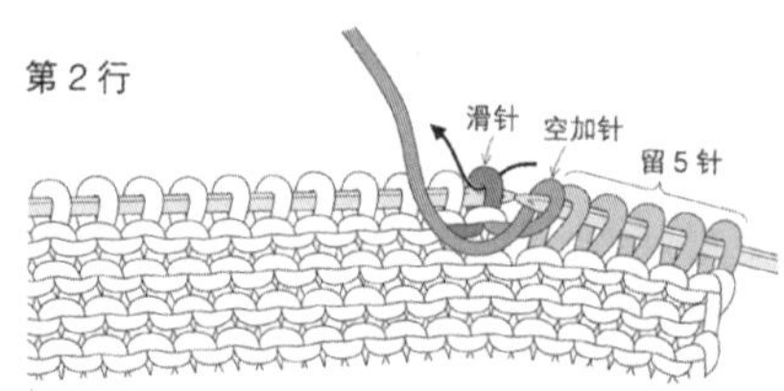

❷翻转织片，将线从前向后地挂在右针上，再回到前面，左针上的第 1 针不编织，移至右针。之后织上针。

第 3 行

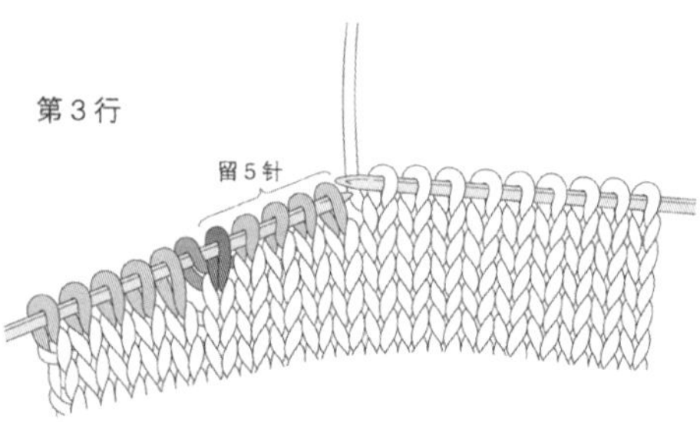

❸第 2 次往返编织。左针上留 5 针（和第 1 次加起来共计 10 针）。

第 4 行

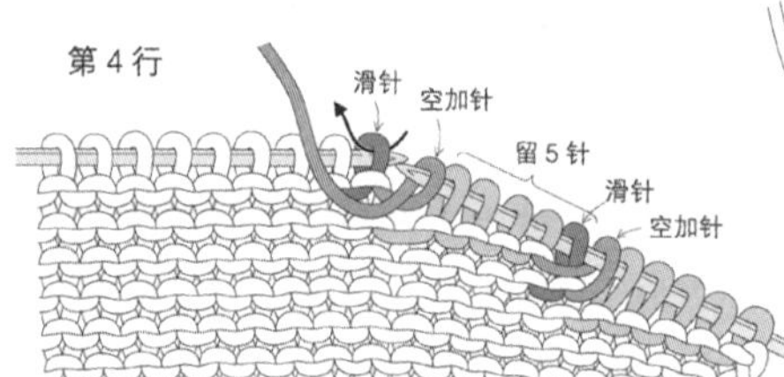

❹翻转织片，将线挂在右针上，再回到前面，将左针的第 1 针移至右针。之后织上针。接下来重复步骤❸、❹。

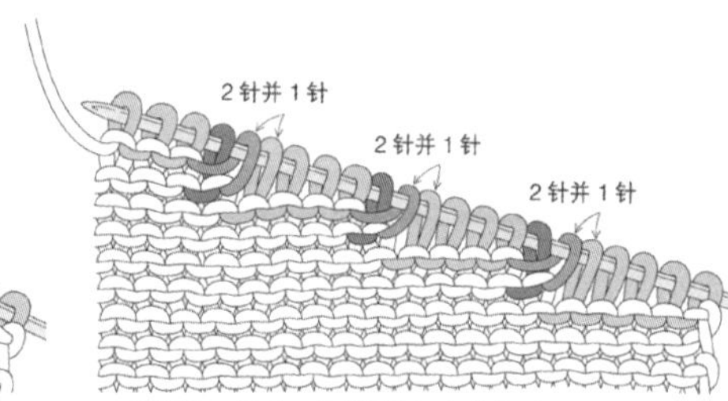

❺织完 6 行（3 次往返编织）的情形。

消行

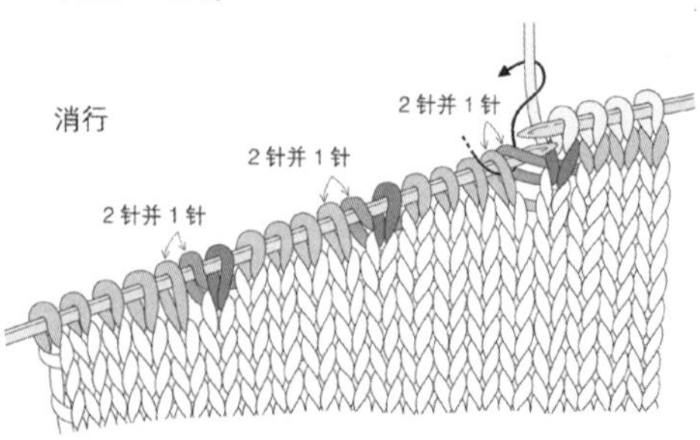

❻看着正面，编织 1 行消行。将空加针和前一行左侧相邻的针目做下针 2 针并 1 针。

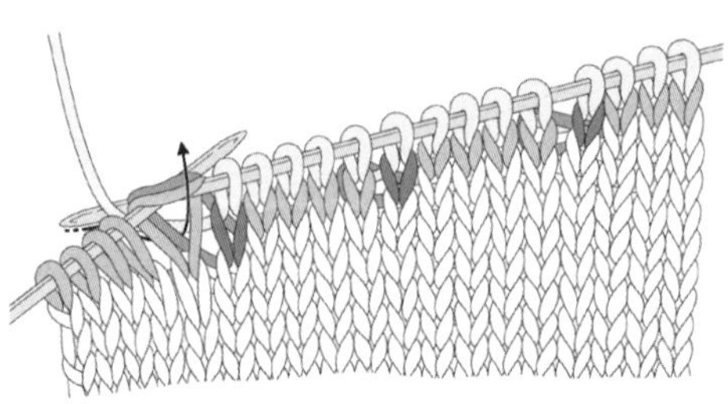

❼将第 1 次的往返位置编织 2 针并 1 针的情形。

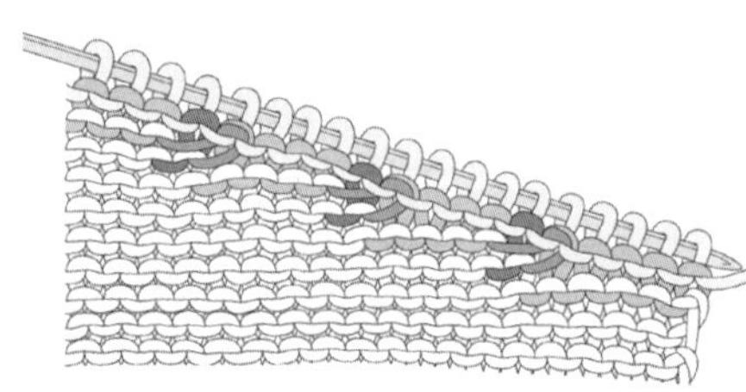

❽从反面看到的左侧休针的往返编织完成的情形（从反面可看到空加针）。

伏针收针

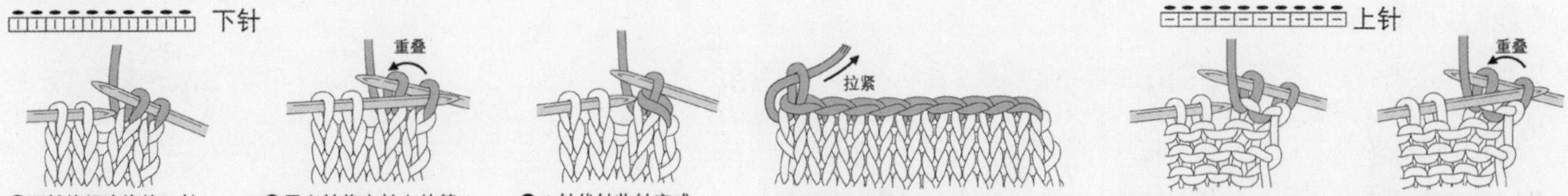

❶下针编织边缘的 2 针。 ❷用左针将右针上的第 1 针重叠在第 2 针上。 ❸ 1 针伏针收针完成。 ❹重复步骤❷、❸，直到最后 1 针。最后在针目中穿线，拉紧。

❶用上针编织边缘的 2 针。 ❷用左针将右针上的第 1 针重叠在第 2 针上。重复这样做。

引拔缝合

行与行的缝合

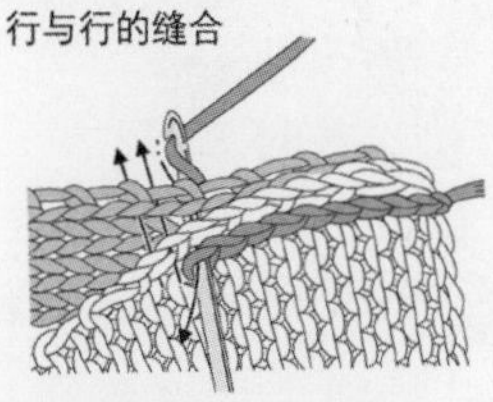

将织片正面相对，使用钩针一边织引拔针一边缝合。

曲线部位的缝合

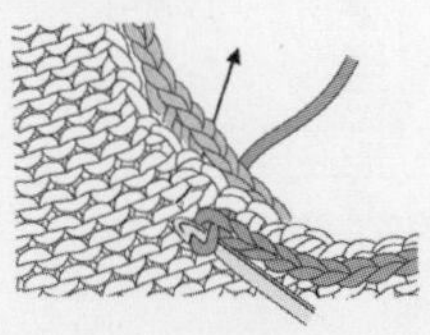

将织片正面相对，使用钩针一边织引拔针一边缝合。用珠针等固定袖窿等重要部分，可以更好地完成。

订缝

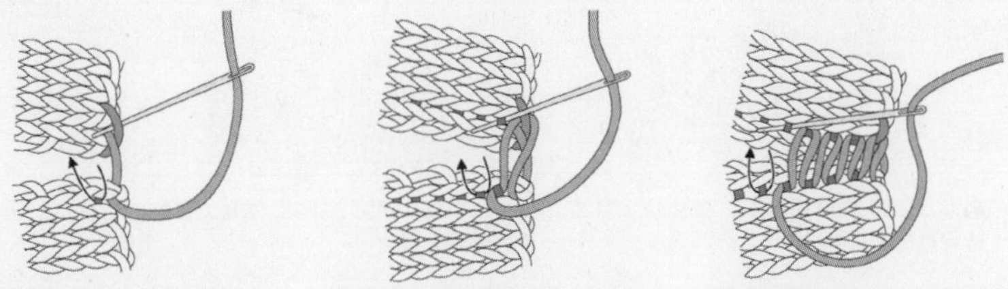

❶要缝合的两片都挑起针线，拉线。 ❷一行一行交替挑起每一针反面的渡线，拉线。 ❸挑起渡线，拉线，不要过分用力。

半回针缝

行的缝合

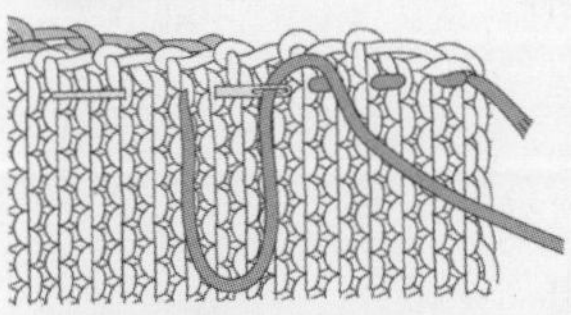

将织片正面相对，用毛线缝针一边回针一边缝合。

曲线部位的缝合

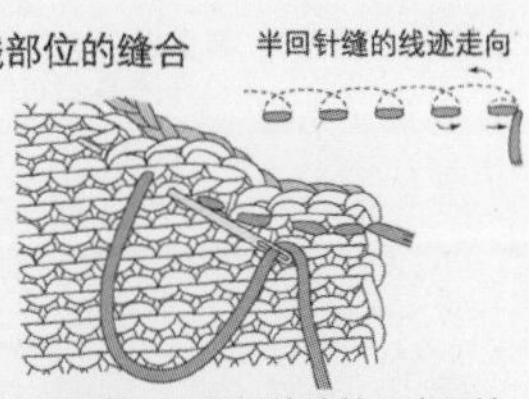

将织片正面相对，用毛线缝针一边回针一边缝合。用珠针等固定袖窿等重要部分，可以更好地完成。

针和行的拼接

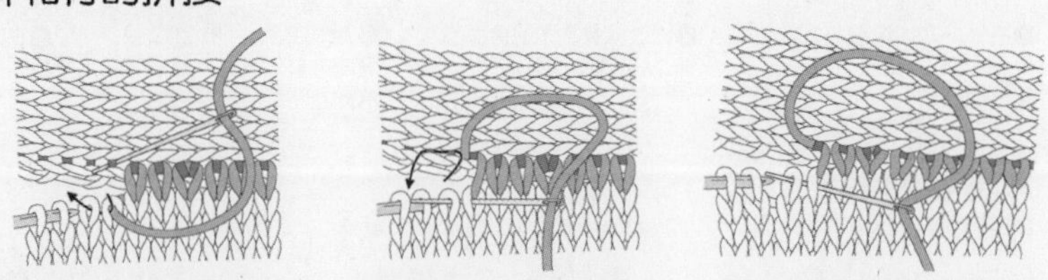

❶挑取 1 针内侧的渡线，按箭头所示将缝针插入 2 针中，拉线。 ❷交替穿过行（也有穿过 2 行渡线的部分）、针目拉线。 ❸一边调整行数，一边在针和行上交替插入缝针。

下针订缝

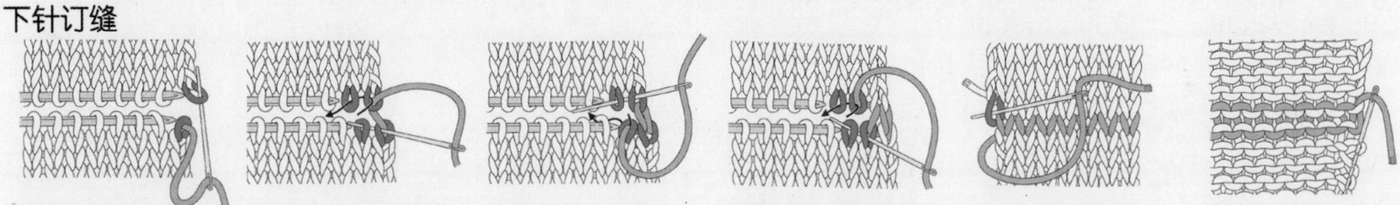

❶从一织片反面将缝针插入正面边缘的针目中，拉线。后侧也从边缘的针目后面插入缝针，从前面出针，拉线。 ❷从正面将缝针插入前面的 2 针中，拉线。按箭头所示将缝针插入后面的 2 针中。 ❸拉线，按箭头所示将缝针插入前面的 2 针中。 ❹拉线，接下来按箭头所示将缝针插入后面的 2 针中，拉线。重复步骤❸、❹。 ❺最后从前面将缝针插入后面的针目中，拉线。 ❻将线穿入边缘的针目中。

引拔拼接

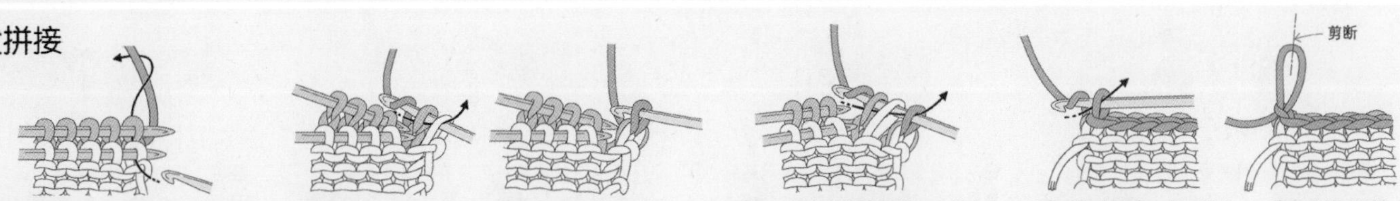

❶将织片正面相对，将钩针插入边缘的针目中，用钩针钩线。 ❷将钩针上的 2 针一起钩出。 ❸ 2 针一起钩出的情形。 ❹下一针也是将钩针插入 2 针中，钩线，从 2 针中一起钩出。 ❺重复步骤❹，最后钩出 1 针。 ❻钩出线，剪断。

盖针订缝

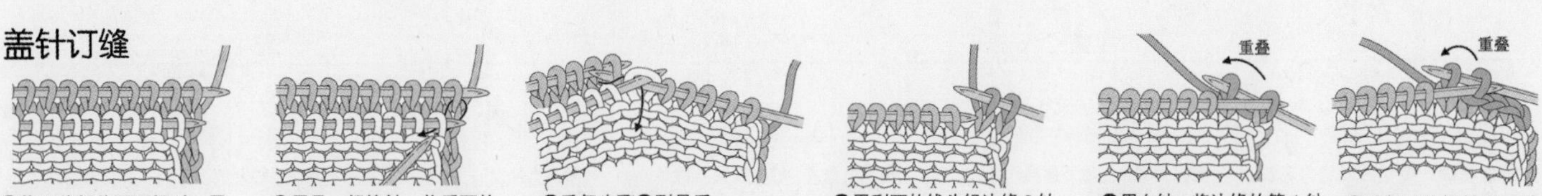

❶将 2 片织片正面相对，用左手拿着织片。 ❷用另一根棒针，将后面的针目从前面的针目中拉出。 ❸重复步骤❷到最后。 ❹用剩下的线头织边缘 2 针下针。 ❺用左针，将边缘的第 1 针重叠在第 2 针上。 ❻重复“编织针目，重叠”。

单罗纹针收针

右侧 2 针下针，左侧 1 针下针

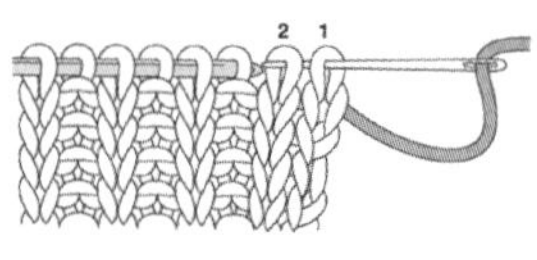

❶从针目 1 前面插入针，从针目 2 的后面将线拉至前面。

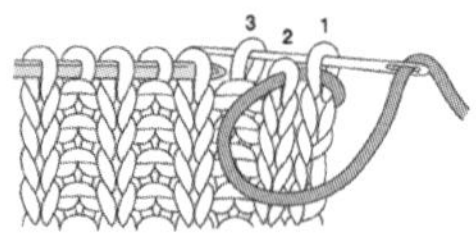

❷再次从针目 1 的前面入针，从针目 3 的后面拉出线。

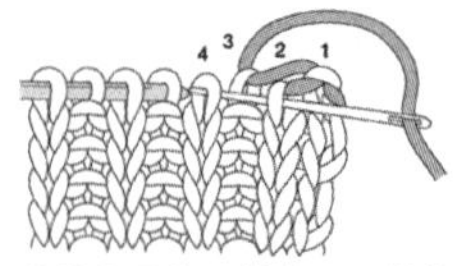

❸从相同的下针针目 2 的前面入针，从针目 4 的后面将线拉至前面。

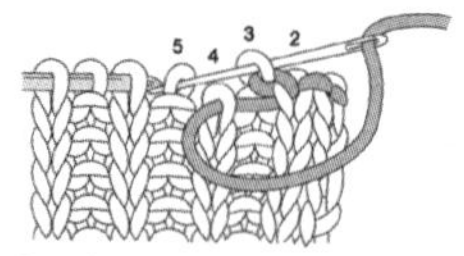

❹从相同的上针针目 3 的后面入针，从针目 5 的后面拉出线。

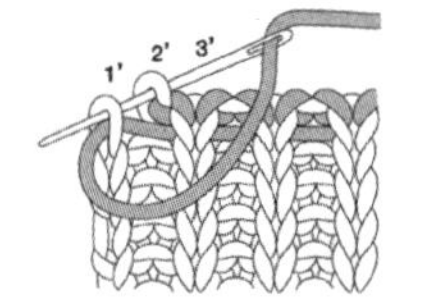

❺最后从针目 2’ 的后面入针，从针目 1’ 的后面将线拉至前面。在每一针中插入 2 次缝针。

右侧 1 针下针

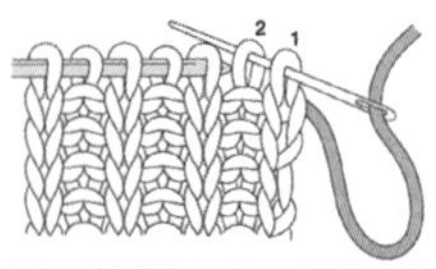

❶从针目 1 前面插入针，将线从针目 2 的前面拉至后面。

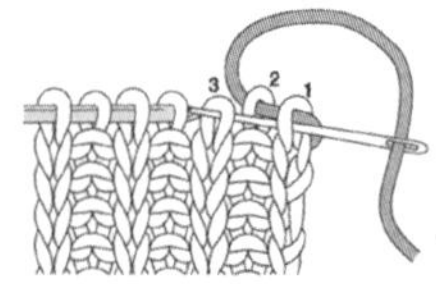

❷将针插入相同下针中。重复上图的步骤❸、❹。

左侧 2 针下针

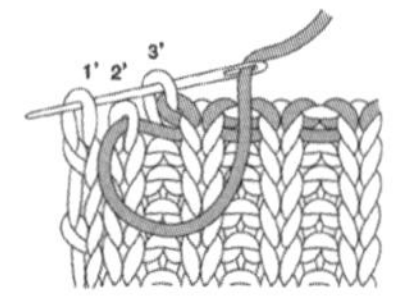

❶从后侧将针插入针目 3’ 和 1’ 中。

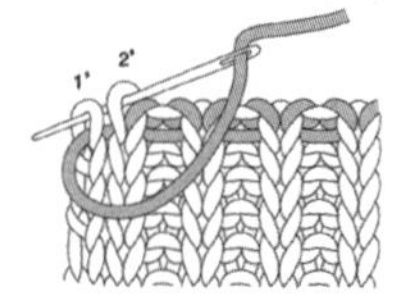

❷将针插入针目 2’ 和 1’ 中，完成。

环形编织

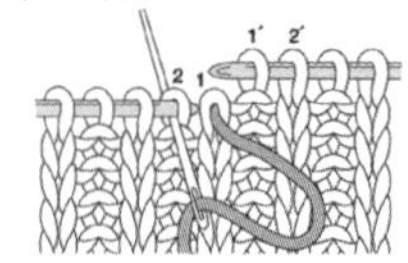

❶将针从开始编织的针目 1 的后侧插入，从针目 2 的后面拉出线。

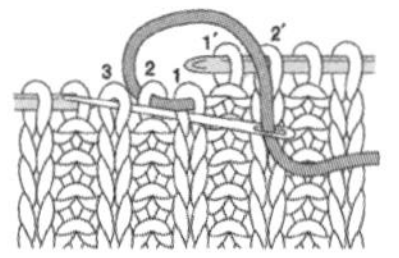

❷再次从针目 1 的前面插入针，从针目 3 的前面拉出线。

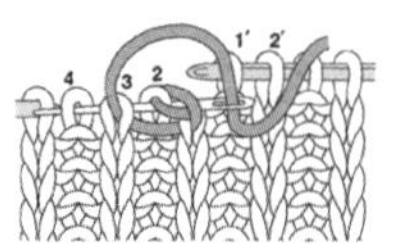

❸相同上针、针目 2 从后面入针，针目 4 从前面入针。

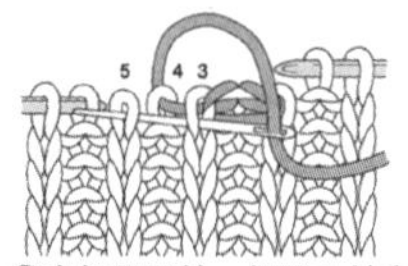

❹在相同下针、相同上针中插入缝针。

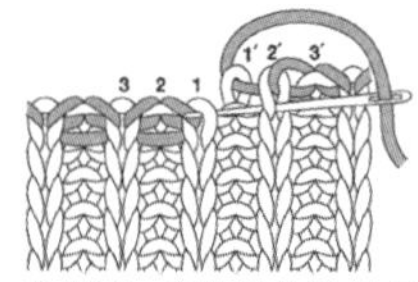

❺最后，在结尾的针目 2’ 和开始的针目 1 中插入缝针。

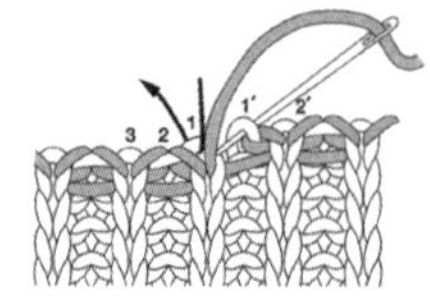

❻连接同为上针的针目 1’ 和针目 2，完成。

双罗纹针收针

两侧均为 2 针下针

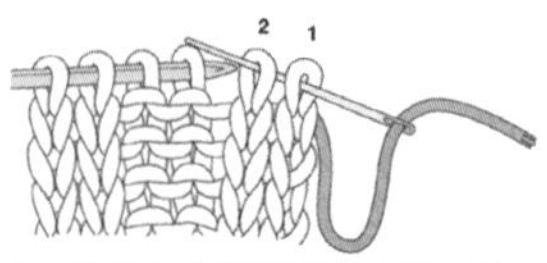

❶从针目 1 的前面插入缝针，从针目 2 的前面出针，拉线。

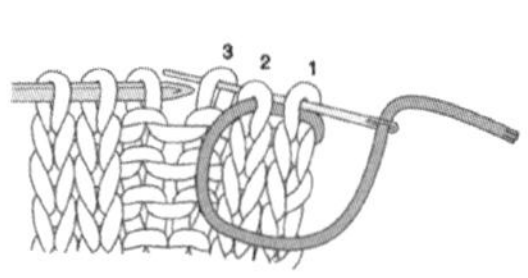

❷从针目 1 的前面插入缝针，在针目 3 的后面出针，拉线。

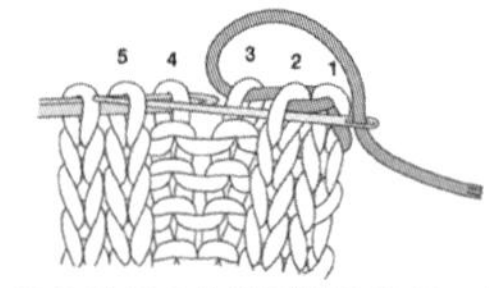

❸从针目 2 的前面插入缝针，从针目 5 的前面出针，拉线（下针和隔开的下针）。

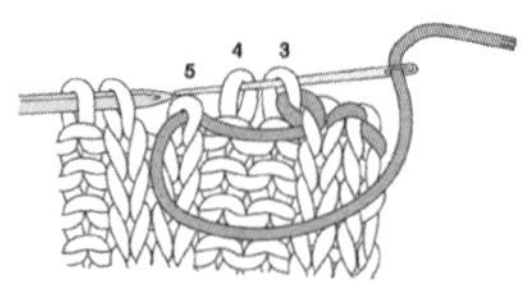

❹从针目 3 的后面插入缝针，在针目 4 的后面出针，拉线（上针和相邻的上针）。

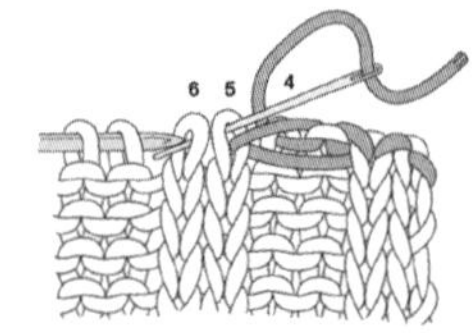

❺从针目 5 的前面插入缝针，从针目 6 的前面出针，拉线（下针和相邻的下针）。

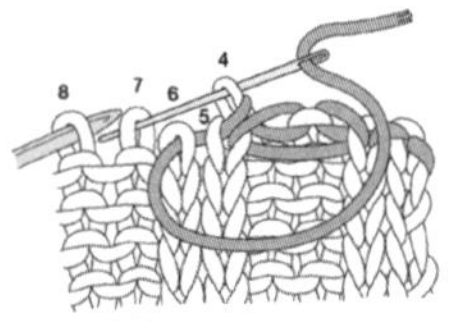

❻从针目 4 的前面插入缝针，在针目 7 的后面出针，拉线（上针和隔开的上针）。之后重复步骤❸～❻

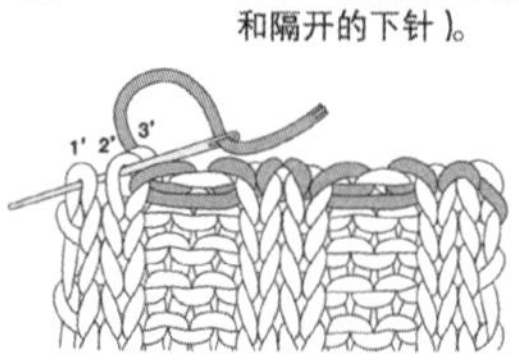

❼编织结尾从针目 2’ 的前面插入缝针，在针目 1’ 的前面出针，拉线。

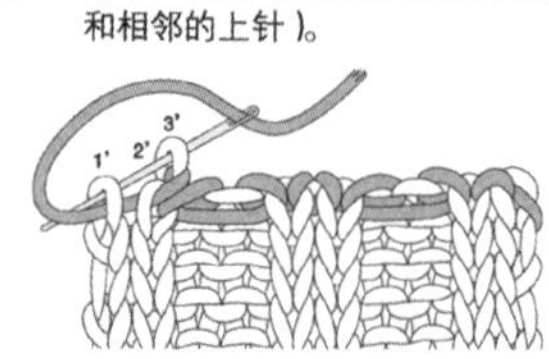

❽从针目 3’ 的后面插入缝针，从针目 1’ 的前面出针，拉线。

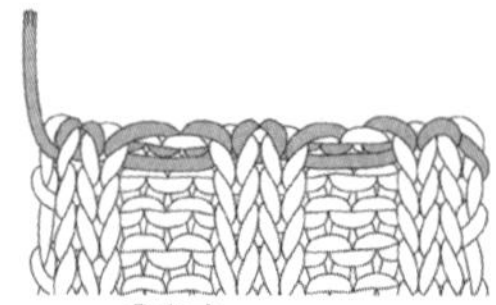

❾完成。

右侧是 3 针下针，左侧是 2 针下针

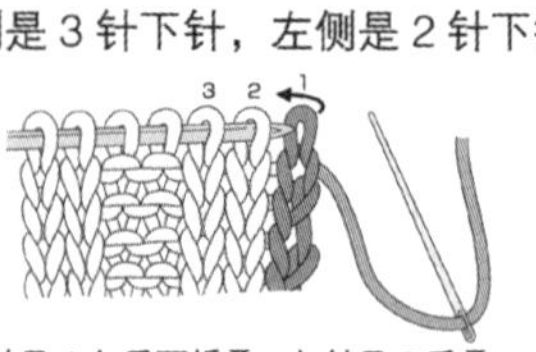

❶将针目 1 向反面折叠，与针目 2 重叠。

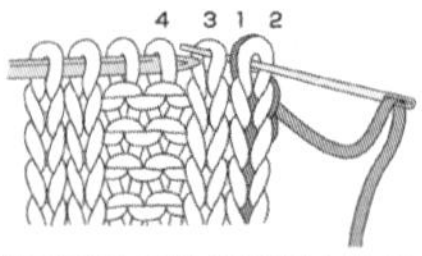

❷从 2 针重叠针目的前面插入缝针，从针目 3 的前面出针，拉线。

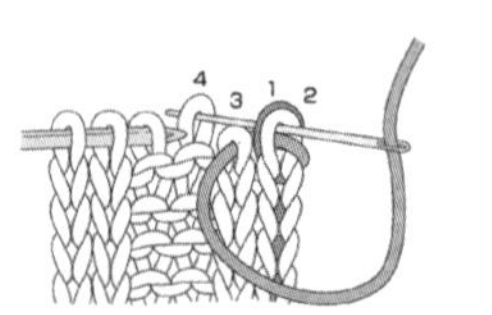

❸从 2 针重叠针目的前面插入缝针，从针目 4 的后面出针，拉线。之后与两侧均为 2 针下针的步骤❸～❽一样。

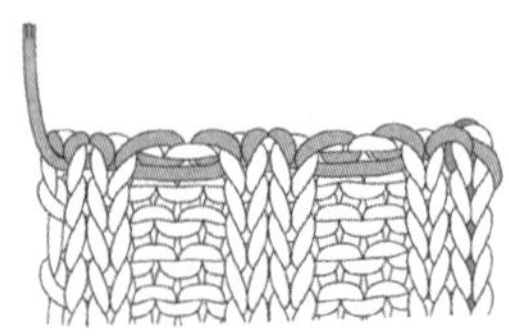

❹完成。右侧 2 针重叠。

右侧是 2 针下针，左侧是 3 针下针

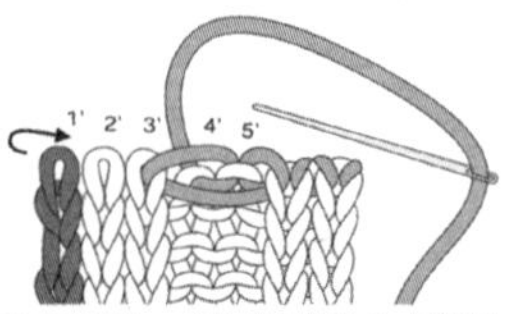

❶步骤❶～❻和两侧均为 2 针下针时一样。将左侧的 1 针回折到针目 2’ 的反面一侧重叠。

❷从针目 3’ 的前面插入缝针，从 2’、1’ 的重叠针目前面出针，拉线。

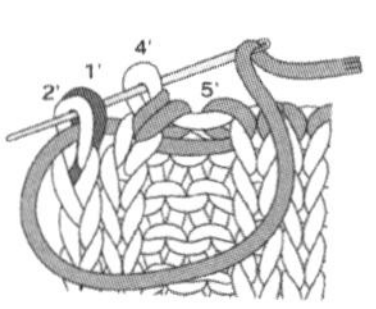

❸从针目 4’ 的后面插入缝针，从 2’、1’ 的重叠针目前面出针，拉线。

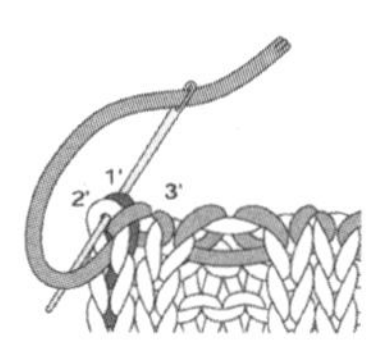

❹再次从 2’、1’ 的重叠针目后面插入缝针，拉线。

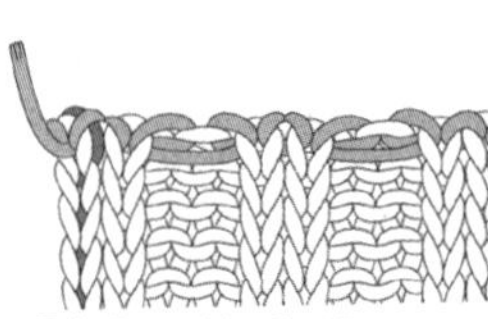

❺完成。左侧 2 针重叠。